O CAMPO

Lynne McTaggart

O CAMPO

A FORÇA SECRETA QUE MOVE O UNIVERSO

TRADUÇÃO:
Claudia Gerpe Duarte

goya

O CAMPO

TÍTULO ORIGINAL:
The Field

REVISÃO TÉCNICA:
Hugo Milward

COPIDESQUE:
Luís Henrique Valderato

CAPA:
Angelo Bottino

REVISÃO:
Tássia Carvalho
Caroline Bigaiski

DADOS INTERNACIONAIS DE CATALOGAÇÃO NA PUBLICAÇÃO (CIP)
DE ACORDO COM ISBD

M478c McTaggart, Lynne
O campo: a força secreta que move o universo / Lynne McTaggart, traduzido por Claudia Gerpe Duarte. - São Paulo : Goya, 2023.
352 p.; 14cm x 21cm.

Tradução de: The field: the quest for the secret force of the universe
Inclui bibliografia.
ISBN: 978-85-7657-567-2

1. Ciência e parapsicologia. 2. Campo. 3. Força Vital.
I. Duarte, Claudia Gerpe. II. Título.

2023-1304 CDD 615.5
CDU 615

ELABORADO POR ODILIO HILARIO MOREIRA JUNIOR - CRB-8/9949

ÍNDICES PARA CATÁLOGO SISTEMÁTICO:

1. Terapêutica 615.5
2. Terapêutica 615

Rua Bento Freitas, 306, cj. 71
01220-000 – São Paulo – SP – Brasil
Tel.: 11 3743-3202

WWW.EDITORAGOYA.COM.BR

Para Caitlin,
você nunca esteve sozinha.

SUMÁRIO

AGRADECIMENTOS

Comecei a escrever este livro há oito anos, quando não parava de me deparar com milagres ao longo do meu trabalho. Não estou me referindo a milagres no sentido comum do termo, quando o mar se abre ou pães se multiplicam, mas no sentido de terem violado por completo a maneira como pensamos que o mundo funciona. Os milagres com os quais me defrontei diziam respeito a sólidas evidências científicas relacionadas a métodos de cura que zombam de todas as nossas noções de biologia.

Descobri, por exemplo, alguns bons trabalhos sobre homeopatia. Pesquisas aleatórias, duplamente cegas e controladas por placebos – o padrão de ouro da medicina científica moderna –, demonstraram que é possível pegar uma substância, diluí-la a ponto de não restar nenhuma molécula dela, dar essa diluição – que nada mais é do que água – a um paciente e este se recuperar.[1] Descobri pesquisas semelhantes em relação à acupuntura; foi verificado, em trabalhos sérios, que introduzir agulhas finas em certos pontos do corpo ao longo dos chamados meridianos de energia melhora determinados problemas.

No que diz respeito à cura espiritual, embora algumas pesquisas fossem de má qualidade, várias eram boas o suficiente para indicar que algo interessante estava acontecendo, e que talvez a cura a distância encerrasse algo mais do que um mero efeito placebo ou uma sensação agradável. Em um grande número de trabalhos científicos, os pacientes nem mesmo sabiam que alguém estava tentando curá-los. Contudo, havia indícios de que certas pessoas podiam se concentrar em um paciente a distância e, de alguma maneira, o estado de saúde do doente melhorava.

Tais descobertas me deixaram surpresa, mas também profundamente confusa. Todas essas atividades se baseavam em um paradigma do corpo humano inteiramente distinto daquele defendido pela ciência moderna. Eram sistemas médicos que diziam trabalhar em "níveis energéticos", mas eu continuava a me perguntar qual seria a exata energia a que eles poderiam estar se referindo.

Na comunidade alternativa, palavras como "energia sutil" eram mencionadas com frequência, mas a desmistificadora que há em mim estava insatisfeita. De onde vinha essa energia? Em que ela se baseava? O que era tão sutil a seu respeito? Os campos de energias humanas de fato existiam? Seriam eles responsáveis não apenas por essas formas alternativas de cura, mas por muitos dos mistérios da vida que não podem ser explicados? Havia uma fonte de energia que realmente não entendíamos?

Se algo como a homeopatia funcionava, isso derrubava tudo em que acreditávamos a respeito da nossa realidade física e biológica. Uma das duas – a homeopatia ou a ciência médica convencional – tinha que estar errada. Nada menos do que uma nova biologia, uma nova física pareciam necessárias para abraçar o que parecia ser verdade acerca da chamada medicina da energia.

Dei início a uma investigação pessoal para descobrir se havia cientistas fazendo algum trabalho que sugerisse uma visão alternativa do mundo. Viajei para muitas regiões do planeta para me encontrar com físicos e outros cientistas de vanguarda. Estive na Rússia, na Alemanha, na França, na Inglaterra, na América do Sul, na América Central e nos Estados Unidos. Troquei correspondência e conversei por telefone com muitos cientistas de outros países. Fui a conferências em que novas e radicais descobertas foram apresentadas. Decidi me focar, principalmente, em cientistas com credenciais confiáveis e que trabalhavam de acordo com rigorosos critérios científicos. Uma quantidade suficiente de especulações sobre energias e curas já havia sido realizada pela comunidade alternativa, e eu queria que quaisquer novas teorias fossem matemática ou experimentalmente comprováveis – equações precisas, uma física verdadeira que pudesse ser abraçada e compreendida. Assim como eu olhava para a ciência para comprovar a eficácia da medicina convencional ou alternativa, eu também queria que a comunidade científica me fornecesse, de certa maneira, uma nova ciência.

Quando comecei a me aprofundar, descobri uma comunidade pequena, porém coesa, de cientistas de alto nível com esplêndidas credenciais, todos trabalhando em algum pequeno aspecto da mesma coisa. As descobertas deles eram incríveis. Estavam se dedicando a algo que parecia derrubar as leis atuais da bioquímica e da física. Seus trabalhos não ofereciam apenas uma explicação de por que a homeopatia e a cura espiritual poderiam funcionar. Suas teorias e experiências também se combinavam em uma nova ciência, uma nova visão do mundo.

O campo é resultado, em grande parte, de entrevistas com todos os principais cientistas mencionados no livro e da leitura dos principais trabalhos que eles publicaram. Entre eles estão: Jacques Benveniste, William Braud, Brenda Dunne, Bernhard Haisch, Basil Hiley, Robert Jahn, Ed May, Peter Marcer, Edgar Mitchell, Roger Nelson, Fritz-Albert Popp, Karl Pribram, Hal Puthoff, Dean Radin, Alfonso Rueda, Walter Schempp, Marilyn Schlitz, Helmut Schmidt, Elisabeth Targ, Russell Targ, Charles Tart e Mae Wan-Ho. Recebi uma quantidade imensa de ajuda e apoio pessoal de cada um deles, em pessoa, por telefone e pelo correio. Quase todos os cientistas estiveram individualmente envolvidos em múltiplas entrevistas – muitos deles em dez ou mais. Sou grata a eles por terem concordado com tantas consultas e por terem permitido que eu verificasse laboriosamente os fatos. Toleraram a minha constante intromissão, assim como minha ignorância. A ajuda deles foi incalculável.

Preciso agradecer especialmente a Dean Radin por me instruir em estatística, a Hal Puthoff, Fritz Popp e Peter Marcer pelo que equivaleu a um curso de física, a Karl Pribram por ter me oferecido um treinamento em neurodinâmica do cérebro e a Edgar Mitchell por compartilhar comigo os avanços mais recentes.

Também sou grata às seguintes pessoas, com quem conversei ou me correspondi: Andrei Apostol, Hanz Betz, Dick Bierman, Marco Bischof, Christen Blom-Dahl, Richard Broughton, Toni Bunnell, William Corliss, Deborah Delanoy, Suitbert Ertel, George Farr, Peter Fenwick, Peter Gariaev, Valerie Hunt, Ezio Insinna, David Lorimer, Hugh MacPherson,

Robert Morris, Richard Obousy, Mareei Odier, Beverly Rubik, Rupert Sheldrake, Dennis Stillings, William Tiller, Marcel Truzzi, Dieter Vaitl, Harald Walach, Hans Wendt e Tom Williamson.

Embora um grande número de livros e dissertações tenha contribuído de alguma maneira para minhas ideias e conclusões, sou particularmente grata aos livros *The Conscious Universe: The Scientific Truth of Psychic Phenomena*, de Dean Radin, e *Parapsychology: The Controversial Science*, de Richard Broughton, por suas compilações de evidências dos fenômenos psíquicos; a Larry Dossey, cujos diversos livros foram imensamente úteis para a evidência da cura espiritual; e a Ervin Laszlo, por suas fascinantes teorias sobre o vácuo em *The Interconnected Universe: Conceptual Foundations of Transdisciplinary Unified Theory.*

Uma vez mais, tenho uma dívida especial de gratidão com toda a equipe da HarperCollins, em particular com a minha editora, Wanda Whiteley, por ter compreendido de imediato no que consistia este livro e por ter me apoiado com tanto entusiasmo. Quero agradecer também a Andrew Coleman, por ter editado o livro com extrema meticulosidade. Também sou grata à minha equipe na *What Doctors Don't Tell You* pelo apoio que me deram neste projeto. Julie McLean e Sharyn Wong ofereceram uma ajuda vital no último instante, e o apoio inesgotável de Kathy Mingo possibilitou que eu mantivesse um equilíbrio entre a minha casa e o trabalho.

Agradeço especialmente a Peter Robinson, meu agente no Reino Unido, e a Daniel Benor, meu agente internacional, por se dedicarem ao projeto com tanto entusiasmo. Também quero agradecer em particular ao meu agente nos Estados Unidos, Russell Galen, cuja inquebrantável confiança neste projeto foi nada menos do que impressionante.

Uma menção especial precisa ser feita às minhas filhas Caitlin e Anya, por intermédio de quem experimento diretamente *o campo*. Como sempre, a maior dívida deste livro é para com o meu marido, Bryan Hubbard, por me ajudar a compreender o verdadeiro significado deste livro e também o verdadeiro significado da interconexão.

PRÓLOGO

A revolução iminente

Estamos equilibrados na iminência de uma revolução, de uma revolução tão ousada quanto a descoberta da relatividade por Einstein. Estão emergindo na fronteira da ciência novas ideias que desafiam tudo em que acreditamos a respeito da maneira como o nosso mundo funciona e de como definimos a nós mesmos. Estão sendo feitas descobertas que comprovam o que a religião sempre sustentou, ou seja, que os seres humanos são bem mais extraordinários do que um agrupamento de carne e ossos. Em sua base essencial, essa nova ciência responde a perguntas que deixaram os cientistas perplexos durante centenas de anos. Em sua parte mais profunda, trata-se de uma ciência do miraculoso.

Há várias décadas, cientistas respeitados de diversas disciplinas ao redor do mundo vêm conduzindo experiências bem planejadas cujos resultados contrariam a biologia e a física atuais. Em conjunto, essas pesquisas nos oferecem informações copiosas acerca da força organizadora central que governa o nosso corpo e o resto do cosmo.

O que eles descobriram é nada menos do que impressionante. Em nossa essência mais elementar, somos uma carga de energia. Os seres humanos e todas as coisas vivas são uma coalescência em um campo de energia conectado a todas as outras coisas que existem no mundo. Esse campo de energia pulsante é o mecanismo central do nosso ser e da nossa consciência, o alfa e o ômega de nossa existência.

Não existe uma dualidade "eu" e "não eu" do nosso corpo em relação ao Universo, mas apenas um único campo fundamental de energia. Esse campo é responsável pelas funções superiores de nossa mente, a fonte de informações que orienta o crescimento do nosso corpo. Ele é o nosso cérebro, o nosso coração, a nossa memória – na verdade, ele é um projeto do mundo para toda a eternidade. O campo é a força, e não micróbios ou genes, que determina se estamos saudáveis ou doentes, a força que precisa ser utilizada para que possamos ficar curados. Estamos conectados e envolvidos com o nosso mundo, somos inseparáveis dele, e a nossa única verdade fundamental é o nosso relacionamento com ele. "O campo", como Einstein certa vez o chamou sucintamente, "é a única realidade."[1]

Até o momento, a biologia e a física têm sido serviçais dos conceitos defendidos por Isaac Newton, o pai da física clássica. Tudo em que acreditamos a respeito do nosso mundo e do lugar que ocupamos nele deriva de ideias formuladas no século XVII, mas que ainda compõem a espinha dorsal da ciência moderna – teorias que apresentam todos os elementos do Universo como sendo isolados uns dos outros, divisíveis e de todo independentes.

Essas concepções, em sua essência, criaram uma visão de mundo de separação. Newton descreveu um mundo material em que as partículas individuais da matéria seguem certas leis de movimento através do espaço e do tempo, ou seja, o Universo como uma máquina. Antes de Newton formular suas leis do movimento, o filósofo francês René Descartes apresentara uma ideia que na época era revolucionária: que nós, representados por nossa mente, éramos separados dessa matéria inerte e sem vida de nosso corpo, que era apenas outro tipo de máquina bem lubrificada. O mundo era composto de uma carga de pequenos objetos distintos, que se comportavam de maneira previsível. O mais separado deles era o ser humano. Nós nos sentávamos fora desse Universo e olhávamos para dentro. Até mesmo o nosso corpo era de alguma maneira separado e *diferente* do nosso verdadeiro eu, a mente consciente que fazia a observação.

O mundo newtoniano talvez fosse obediente à lei, mas em última análise era um lugar solitário e desolado. O mundo seguia adiante, uma vasta caixa de câmbio, quer estivéssemos presentes, quer não. Por meio de algumas medidas hábeis, Newton e Descartes haviam arrancado Deus e a vida do mundo da matéria, e retirado nós mesmos e nossa consciência do centro do nosso mundo. Eles arrancaram o coração e a alma do Universo, deixando em sua esteira uma coleção inanimada de partes entrelaçadas. O mais importante de tudo é que, como observou Danah Zohar em *The Quantum Self*, "a visão de Newton nos retirou da estrutura do Universo".[2]

Nossa autoimagem se tornou ainda mais sombria com a obra de Charles Darwin. A teoria da evolução, agora um pouco refinada pelos neodarwinistas, é a teoria de uma vida aleatória, predatória, sem sentido e solitária. Para sobreviver, você simplesmente tem que ser o melhor. Você nada mais é do que um acidente evolucionário. A vasta e complexa herança biológica de nossos ancestrais é desnudada até ser reduzida a um aspecto central: a sobrevivência. Coma ou seja comido. A essência da condição humana é um terrorista genético, que se liberta com eficácia de quaisquer elos mais fracos. A vida não consiste no compartilhamento ou na interdependência. A vida diz respeito a vencer, a chegar primeiro. E se consegue sobreviver, você fica por sua própria conta no topo da árvore evolucionária.

Esses paradigmas, o mundo encarado como uma máquina, e o homem como uma máquina de sobrevivência, conduziram a um domínio tecnológico do Universo e a um conhecimento verdadeiro muito pequeno que encerre qualquer importância fundamental para nós. Em um nível espiritual e metafórico, eles provocaram um sentimento desesperado e brutal de isolamento. Tampouco nos deixaram mais próximos dos mistérios mais essenciais de nossa existência: como pensamos, como começa a vida, por que ficamos doentes, como uma única célula se transforma em uma pessoa plenamente formada e até mesmo o que acontece com nossa consciência quando morremos.

Permanecemos apóstolos relutantes dessas visões do mundo como que mecanizado e separado, mesmo que isso não faça parte de nossa experiência habitual. Muitos de nós buscam se proteger do que encaramos como o fato adverso e niilista de nossa existência na religião, que pode nos oferecer alguma ajuda com seus ideais de unidade, comunhão e propósito, mas por intermédio de uma visão de mundo que contraria a opinião defendida pela ciência. Qualquer pessoa que esteja buscando uma vida espiritual precisa lutar com essas concepções de mundo opostas e tentar, infrutiferamente, conciliá-las.

Esse mundo de separações deveria ter sido destruído de uma vez por todas pela descoberta da física quântica na primeira parte do século XX. Quando os pioneiros da física quântica esquadrinharam a essência da matéria, ficaram impressionados com o que viram. Os fragmentos mais minúsculos da matéria não eram nem mesmo matéria, como a conhecemos, não eram nem mesmo *algo* fixo, mas às vezes uma coisa e às vezes outra bem diferente. E mais estranho ainda é que eles eram com frequência muitas coisas possíveis ao mesmo tempo. No entanto, o mais importante é que essas partículas subatômicas, isoladamente, não possuíam sentido nenhum; só significavam alguma coisa se estivessem relacionadas com todo o resto. Em sua essência mais básica, a matéria não podia ser desmembrada em pequenas unidades independentes, sendo completamente indivisível. Só era possível compreender o Universo como uma rede dinâmica de interligações. As coisas que em algum dia estiveram em contato permaneciam sempre em contato através de todo o espaço e de todo o tempo. Na verdade, o tempo e o espaço pareciam ser conceitos arbitrários, não mais aplicáveis a este nível do mundo. Na realidade, o tempo e o espaço como os conhecemos não existiam. Tudo que aparecia, até onde os olhos conseguiam enxergar, era um longo cenário do aqui e agora.

Os pioneiros da física quântica – Erwin Schrödinger, Werner Heisenberg, Niels Bohr e Wolfgang Pauli – tinham uma pista do território metafísico que haviam violado. Se os elétrons estavam conectados simultaneamente em toda parte, isso indicava algo profundo a respeito da natureza do mundo como um todo. Os cientistas se voltaram para textos de filosofia clássica na tentativa de compreender a verdade mais profunda sobre o estranho mundo subatômico que estavam observando. Pauli examinou a psicanálise, os arquétipos e a cabala; Bohr, o Tao e a filosofia chinesa; Schrödinger, a filosofia hindu; e Heisenberg, a teoria platônica da Grécia antiga.[3] Não obstante, uma teoria coerente das implicações espirituais da física quântica permaneceu além do alcance desses estudiosos. Niels Bohr pendurou uma placa em sua porta com os dizeres "Proibida a entrada de filósofos. Gente trabalhando".

A física quântica continha outra questão bastante prática e inacabada. Bohr e seus colegas só avançaram até certo ponto em suas experiências e entendimentos. As experiências que haviam realizado para demonstrar esses efeitos quânticos ocorreram em laboratório, com partículas subatômicas sem vida. A partir dali, os cientistas que os sucederam partiram do princípio de que esse estranho mundo quântico só existia no mundo da matéria sem vida. Qualquer coisa viva ainda funcionaria de acordo com as leis de Newton e de Descartes, concepção essa que inspirou toda a medicina e biologia modernas. Até mesmo a bioquímica depende da força newtoniana e da colisão para funcionar.

E o que dizer de nós? De repente, havíamos nos tornado fundamentais para todos os processos físicos, mas ninguém reconhecera esse fato plenamente. Os pioneiros quânticos haviam descoberto que o nosso envolvimento com a matéria era crucial. As partículas subatômicas existiam em todos os estados possíveis até que as perturbássemos, observando-as ou medindo-as, e, nesse ponto, elas afinal se estabilizavam em algo real. A nossa observação – a nossa consciência humana – era absolutamente fundamental para que esse processo de fluxo subatômico de fato se tornasse algo definido, mas não fazíamos parte dos cálculos matemáticos de Heisenberg ou Schrödinger. Eles compreenderam que éramos de algum modo muito importantes, mas não sabiam como nos incluir. No que dizia respeito à ciência, ainda estávamos do lado de fora olhando para dentro.

Os fios soltos da física quântica nunca foram amarrados em uma teoria coerente, e a física quântica foi reduzida a uma ferramenta extremamente bem-sucedida da tecnologia, vital para a fabricação de bombas e para a eletrônica moderna. As implicações filosóficas foram esquecidas, e tudo o que restou foram as vantagens práticas. A maioria dos físicos de hoje se mostrou disposta a aceitar, sem uma análise mais profunda, a natureza bizarra do mundo quântico, pois os processos matemáticos, como a equação de Schrödinger, funcionam bastante bem. Mas balançaram a cabeça diante da qualidade contraintuitiva de tudo aquilo.[4] Como poderiam os elétrons estar em contato com tudo ao mesmo tempo? Como poderia um elétron não ser uma coisa definida enquanto não fosse examinado ou medido? Como poderia, na verdade, qualquer coisa ser concreta no mundo, se era ilusória assim que começávamos a examiná-la mais de perto?

A resposta deles foi dizer que havia uma única verdade para tudo o que era pequeno e outra para tudo o que era muito maior, uma verdade para as coisas vivas, outra para as coisas inanimadas, e aceitar essas aparentes contradições da mesma forma como poderíamos aceitar um axioma básico de Newton. Essas eram as regras do mundo e deveriam simplesmente ser aceitas sem discussão. A matemática funciona, e isso é tudo que importa.

Um pequeno grupo de cientistas espalhado pelo planeta não estava nada satisfeito em continuar lidando automaticamente com a física quântica. Eles exigiam uma resposta mais adequada para muitas das grandes perguntas que haviam sido deixadas sem resposta. Eles prosseguiram com suas investigações e experiências a partir do ponto em que os pioneiros da física quântica haviam parado e começaram a fazer um exame mais profundo.

Vários deles repensaram algumas equações que sempre haviam sido descartadas na física quântica. Essas equações correspondiam ao "campo de ponto zero", um oceano de vibrações microscópicas no espaço entre as coisas. Eles perceberam que se o campo de ponto zero fosse incluído em nossa concepção da natureza mais fundamental da matéria, o suporte do Universo seria um agitado mar de energia, um vasto campo quântico. Se isso fosse verdade, tudo estaria interligado por algo como uma teia invisível.

Eles também descobriram que éramos formados pelo mesmo material básico. No nível mais fundamental, os seres vivos, inclusive os seres humanos, eram pacotes de energia quântica que trocavam constantemente informações com esse inexaurível mar de energia. Os seres vivos emitiam uma radiação fraca, e esse era o aspecto mais crucial dos processos biológicos. As informações a respeito de todos os aspectos da vida, desde a comunicação celular até o vasto conjunto de controles do DNA, eram retransmitidas por meio de uma troca de informações no nível quântico. Até mesmo nossa mente, esse *outro* supostamente tão extrínseco às leis da matéria, operava de acordo com processos quânticos. O pensamento, o sentimento – todas as funções cognitivas superiores – estavam relacionados com as informações quânticas que pulsavam simultaneamente por nosso cérebro e nosso corpo. A percepção humana ocorreu devido às interações entre as partículas subatômicas de nossos cérebros e o mar de energia quântica. Ressoávamos literalmente com o nosso mundo.

As descobertas desses cientistas foram extraordinárias e heréticas. De uma vez só, desafiaram várias das leis mais básicas da biologia e da física. Talvez tenham descoberto nada menos do que a chave para todo o processamento e troca de informações em nosso mundo, da comunicação entre as células à maneira de ver o mundo como um todo. Eles sugeriram respostas para algumas das questões mais profundas da biologia da morfologia humana e da consciência viva. Aqui, no suposto espaço "morto", possivelmente residia a chave da própria vida.

Eles forneceram evidências de que todos estamos ligados uns aos outros na base do nosso ser. Demonstraram por meio de experiências científicas que talvez haja uma força vital circulando pelo Universo, algo que tem sido alternadamente chamado de consciência coletiva ou, como os teólogos o denominaram, de Espírito Santo. Esses cientistas apresentaram uma explicação plausível para todas as áreas em que a humanidade tem tido fé ao longo dos séculos sem, no entanto, conseguir obter nenhuma evidência confiável, ou uma justificativa adequada, da eficácia da medicina alternativa e das preces até a vida após a morte. De certo modo, eles nos ofereceram uma ciência da religião.

Ao contrário da visão de mundo de Newton ou Darwin, a perspectiva desses cientistas estimulava a vida. Eram ideias que poderiam nos fortalecer com suas implicações de ordem e controle. Não éramos simples acidentes da natureza. Havia um propósito e uma unidade em nosso mundo e no lugar que ocupávamos nele, e tínhamos uma influência considerável em tudo isso. O que fazíamos e pensávamos era importante; na verdade, era fundamental para a criação do nosso mundo. Os seres humanos não estavam mais separados uns dos outros. Não havia mais nós e eles. Já não estávamos na periferia do Universo, do lado de fora olhando para dentro. Poderíamos ocupar o nosso lugar legítimo, regressar ao centro do mundo.

Essas ideias eram a substância da traição. Em muitos casos, esses cientistas tiveram que travar uma batalha defensiva contra um grupo dominante, obstinado e hostil. Essas investigações vêm acontecendo há trinta anos, em grande medida não reconhecidas ou refreadas, mas não por causa da qualidade do trabalho. Os cientistas, todos oriundos de instituições confiáveis como as universidades de Princeton e Stanford, as melhores instituições da França e da Alemanha, realizaram experiências impecáveis. Não obstante, tais experimentos atacaram vários princípios considerados sagrados e situados no âmago da ciência moderna. Eles não se encaixavam na visão científica predominante no mundo, no mundo encarado como uma máquina. Reconhecer essas novas ideias exigiria que nos livrássemos de grande parte do que a ciência moderna acredita e, em certo sentido, que começássemos do zero. A velha guarda nem quis ouvir falar dessas teorias, que não se encaixavam na visão de mundo delas e, portanto, estavam necessariamente erradas.

Contudo, já é tarde demais. A revolução é irreversível. Os cientistas que foram destacados em *O campo* são apenas alguns dos pioneiros, uma pequena representação de um movimento mais amplo.[5] Muitos outros estão vindo em seus rastros, desafiando, experimentando e modificando seus pontos de vista, envolvidos com o trabalho com o qual todos os verdadeiros exploradores se envolvem. Em vez de descartar essas informações como inadequadas segundo a visão científica do mundo, a ciência ortodoxa terá que começar a adaptar sua concepção de mundo para que ela se torne adequada. É chegada a hora de relegar Newton e Descartes aos seus devidos lugares, isto é, o de profetas de uma visão histórica hoje superada. A ciência só pode ser um processo que visa entender o nosso mundo e a nós mesmos, em vez de um conjunto fixo de regras eternas. E, com a introdução do novo, o velho quase sempre precisa ser descartado.

O campo é a história dessa revolução que está se formando. À semelhança de muitas revoluções, começou com pequenos focos de rebelião, que reuniam força individual e ímpeto – um avanço revolucionário em uma área, uma descoberta em outro lugar em vez de um movimento de reforma grande e unificado. Embora conscientes do trabalho uns dos outros, são homens e mulheres que vivem em seus laboratórios e que muitas vezes não gostam de se aventurar além da experiência para examinar todas as implicações de suas descobertas ou que nem sempre têm o tempo necessário para colocá-las no contexto e outras evidências científicas. Cada cientista participou de uma viagem de descoberta, e cada um descobriu uma porção de terra, mas nenhum deles foi corajoso o bastante para declará-la um continente.

Este livro representa uma das primeiras tentativas de sintetizar essa pesquisa desmembrada em um todo coerente. Nesse processo, também oferece uma confirmação científica de áreas que estavam sob o domínio da religião, do misticismo, da medicina alternativa ou da especulação da Nova Era.

Apesar de todo o conteúdo deste livro se basear em experimentações científicas, às vezes, com a ajuda dos cientistas envolvidos, tive que me envolver em especulações sobre como tudo isso se encaixa. Por conseguinte, devo enfatizar que essa teoria é, como Robert Jahn, reitor emérito da Universidade de Princeton, gosta de dizer, um trabalho em andamento. Em alguns casos, algumas das evidências científicas apresentadas em *O campo* ainda não foram reproduzidas por grupos independentes. Assim como acontece com todas as novas ideias, *O campo* precisa ser encarado como uma tentativa inicial de inserir descobertas individuais em um modelo coerente, do qual algumas partes estão destinadas a ser aperfeiçoadas no futuro.

Também é sensato ter em mente a conhecida máxima de que uma ideia correta nunca pode ser definitivamente comprovada. O melhor que a ciência pode um dia conseguir é refutar ideias erradas. Muitos cientistas com boas credenciais e métodos de provas adequados fizeram várias tentativas de desacreditar as novas ideias elaboradas neste livro, mas até agora ninguém obteve êxito. Até que sejam desacreditadas ou aprimoradas, as descobertas desses cientistas permanecem em vigor.

Este livro foi escrito para um público leigo, e com o intuito de tornar compreensíveis noções bastante complicadas, precisei, com frequência, procurar metáforas que representam apenas uma grosseira aproximação da verdade. Às vezes, as novas e radicais ideias apresentadas exigirão paciência, e não posso prometer que a leitura será sempre fácil. Uma série de noções são bastante problemáticas para os newtonianos e cartesianos entre nós, acostumados como estamos a pensar em tudo no mundo como separado e inviolável.

Também é importante enfatizar que nada do que está aqui foi descoberto por mim. Não sou cientista. Sou apenas a repórter e, ocasionalmente, a intérprete. Os aplausos vão para os homens e mulheres dos laboratórios, em grande medida desconhecidos, que desenterraram e compreenderam o extraordinário no desenrolar do dia a dia. Muitas vezes, sem que nem mesmo eles entendessem completamente, seus trabalhos transformaram-se em uma busca da física do impossível.

Lynne McTaggart
Londres, julho de 2001

PRIMEIRA PARTE

O Universo ressonante

"Agora eu sei que não estamos no Kansas."

Dorothy, *O Mágico de Oz*

CAPÍTULO 1

Luz na escuridão

O que aconteceu a Ed Mitchell talvez tenha sido causado pela ausência de gravidade, ou talvez pelo fato de que todos os seus sentidos estavam desorientados. Ele estava a caminho de casa, que no momento estava a cerca de 400 mil quilômetros de distância, em algum lugar da superfície do azul-celeste nublado e do crescente branco que apareciam intermitentemente na janela triangular do módulo de comando da *Apollo 14*.[1]

Dois dias antes, ele se tornara o sexto homem a aterrissar na Lua. A viagem fora um triunfo: a primeira alunissagem destinada a efetuar investigações científicas. Os 150 quilos de amostras de rocha e do solo no compartimento de carga confirmavam isso. Embora ele e seu comandante, Alan Shepard, não tivessem chegado ao cume da antiquíssima cratera do Cone com 230 metros de altitude, os itens restantes que constavam da meticulosa programação presa ao pulso de ambos, que detalhava praticamente cada minuto da jornada de dois dias, tinham sido metodicamente assinalados como concluídos.

O que eles não haviam racionalizado por completo era o efeito desse mundo desabitado, de baixa gravidade, desprovido do efeito amenizante da atmosfera, sobre os sentidos. Sem a sinalização de árvores ou fios de telefone, na verdade sem qualquer outra coisa além do Antares, no módulo lunar dourado semelhante a um inseto, em meio a toda aquela extensão de paisagem cinzenta, todas as percepções de espaço, escala, distância ou profundidade ficavam terrivelmente distorcidas; Ed ficara chocado ao descobrir que todos os pontos de navegação que haviam sido cuidadosamente assinalados nas fotografias de alta-resolução ficavam pelo menos duas vezes mais distantes do que o esperado.

Era como se ele e Alan tivessem encolhido durante a viagem espacial, e o que na Terra deu a impressão de ser montículos e pequenas cadeias montanhosas, na superfície da Lua parecia ter crescido e atingido uma altura de quase dois metros. No entanto, embora se sentissem menores em tamanho, também estavam mais leves do que nunca. Experimentaram uma estranha leveza devida à fraca atração da gravidade, e, apesar do peso e do volume do desgracioso traje espacial, sentiam que flutuavam a cada passo que davam.

Houvera também o efeito de distorção do Sol, puro e não adulterado nesse mundo sem ar. Na ofuscante luminosidade, mesmo naquela manhã relativamente fresca, antes das temperaturas máximas que poderiam ultrapassar 130° C, as crateras, os pontos de referência, o solo e a Terra – até mesmo o próprio céu – destacavam-se com absoluta clareza. Para a mente acostumada ao suave filtro da atmosfera, as sombras pronunciadas e as cores cambiantes do solo cinza-ardósia conspiravam para pregar peças nos olhos. Sem saber, ele e Alan tinham estado a apenas dezenove metros da borda da cratera do Cone, a cerca de 10 segundos de distância, quando decidiram voltar, convencidos de que não a alcançariam a tempo – insucesso que deixaria Ed amargamente desapontado, pois ele ansiara por olhar para dentro desse buraco de 340 metros de diâmetro no meio dos terrenos elevados da Lua. Os olhos dos dois não souberam interpretar esse hiperestado de visão. Nada estava vivo, tampouco algo estava oculto da vista, e tudo carecia de sutileza. Todos os cenários esmagavam os olhos com contrastes e sombras brilhantes. Ele estava enxergando, de certo modo, com mais clareza e menos clareza do que jamais enxergara.

Durante a implacável atividade da programação, pouco tempo tiveram para refletir sobre quaisquer ideias relacionadas a um propósito mais amplo do que a viagem. Haviam ido mais longe no Universo do que qualquer homem antes deles. No entanto, oprimidos por saberem que estavam custando 200 mil dólares por minuto aos contribuintes norte-americanos, sentiam-se obrigados a manter os olhos no relógio, assinalando os detalhes concluídos da lista planejada por Houston na compacta programação. Apenas depois que o módulo lunar se conectou de novo ao módulo de comando e iniciou a jornada de dois dias de volta à Terra é que Ed pôde tirar o traje especial, agora sujo de solo lunar, sentar-se vestindo suas ceroulas e tentar ordenar de alguma maneira a sua frustração e o seu emaranhado de pensamentos.

O módulo de comando *Kittyhawk* girava lentamente, como um frango no espeto, a fim de equilibrar o efeito térmico em cada um dos lados da espaçonave; e na sua lenta revolução, a Terra era intermitentemente emoldurada pela janela como um fino crescente em uma noite de estrelas que circundavam tudo. A partir dessa perspectiva, enquanto a Terra trocava de lugar com o restante do sistema solar, entrando e saindo de vista, o céu que estava sobre os astronautas não era como em geral o vemos, e sim como uma entidade abrangente que embalava a Terra por todos os lados.

Foi então que, enquanto olhava para fora da janela, Ed experimentou o sentimento mais estranho que teria na vida: um sentimento de *conexidade,* como se todos os planetas e todas as pessoas em todos os tempos estivessem ligados por uma teia invisível. Ele mal conseguia respirar devido à grandiosidade do momento. Embora continuasse a girar maçanetas e apertar botões, sentiu-se distante do corpo, como se outra pessoa estivesse fazendo a navegação.

Um enorme campo de força parecia estar presente, ligando para sempre todas as pessoas, com suas intenções e pensamentos, e todas as formas animadas e inanimadas. Qualquer coisa que ele fizesse ou pensasse influenciaria o resto do cosmo, e qualquer ocorrência neste teria um efeito semelhante nele. O tempo era apenas um conceito artificial. Tudo que ele aprendera sobre o Universo e a separação das pessoas e das coisas parecia errado. Não havia acidentes ou intenções individuais. A inteligência natural que continuara a existir durante bilhões de anos, que moldara as moléculas do seu ser, também era responsável por sua jornada atual. Isso não era algo que ele estava simplesmente percebendo em sua mente, e sim um sentimento visceral, como se estivesse se estendendo fisicamente para fora da janela, em direção aos confins mais longínquos do cosmo.

Ele não vira a face de Deus. Parecia mais uma ofuscante epifania de significado do que uma experiência religiosa convencional – o que as religiões orientais com frequência chamam de "êxtase de unidade". Era como se, em um único instante, Ed Mitchell tivesse descoberto e sentido A Força.

Ele olhou de soslaio para Alan e Stu Roosa, os outros astronautas na missão *Apollo 14*, para verificar se eles estavam experimentando algo remotamente semelhante. Houvera um momento em que eles tinham descido pela primeira vez da Antares e pisado nas planícies de Fra Mauro, uma região elevada da lua, quando Alan, veterano do primeiro lançamento espacial norte-americano, em geral impassível, com pouco tempo para esse tipo de superstição mística, espremeu-se em seu volumoso traje espacial para olhar para cima e chorou ao avistar a Terra, incrivelmente bela no céu desprovido de ar. Mas Alan e Stu pareciam estar se dedicando às suas tarefas, de modo que Ed ficou com medo de dizer qualquer coisa a respeito do que estava começando a ter a impressão de ser o seu momento supremo da verdade.

Ed sempre fora, de certo modo, o homem esquisito do programa espacial. Aos 41 anos de idade, embora mais jovem do que Shepard, era um dos veteranos da *Apollo*. Ele representava bem o seu papel, com o cabelo vermelho, rosto largo, aparência típica do meio-oeste e a fala arrastada de um piloto comercial. Mas, para os outros, ele era um pouco intelectual: o único entre eles que tinha doutorado e brevê de piloto de provas. A maneira como ele entrara no programa espacial fora decididamente fora do comum. Fazer o doutorado em astrofísica no MIT foi a maneira pela qual ele achou que se tornaria indispensável – foi dessa maneira que deliberadamente havia traçado o seu caminho em direção à NASA – e apenas depois lhe ocorreu usar as horas de voo que somava no exterior para se qualificar. Não obstante, Ed era muito eficiente quando se tratava de voar. Como todos os outros companheiros, ele praticava no circo voador de Chuck Yeager no deserto de Mojave, levando os aviões a fazerem manobras para as quais não tinham sido projetados. Em certa ocasião, chegara até a ser o instrutor. Mas Ed gostava de pensar em si mesmo mais como explorador do que como piloto de provas: uma espécie de buscador da verdade dos dias de hoje. Sua atração pela ciência lutava a todo tempo com o ardente fundamentalismo batista de sua juventude. Não parecia ter sido por acaso que ele fora criado em Roswell, Novo México, onde alienígenas teriam supostamente sido vistos pela primeira vez – apenas a um quilômetro e meio além da casa de Robert Goddard, o pai da astronáutica. A ciência e a espiritualidade coexistiam nele, disputando a primazia, mas Ed desejava que elas de algum modo apertassem as mãos e fizessem as pazes.

Havia outra coisa que ele se abstivera de contar aos seus companheiros na *Apollo*. Mais tarde naquela mesma noite, enquanto Alan e Stu dormiam em suas redes, Ed silenciosamente retomou o que fora uma experiência contínua durante toda a jornada para a Lua e depois em direção à terra. Nos últimos tempos, ele andara se envolvendo em experiências com a consciência e a percepção extrassensorial (PES), dedicando algum tempo ao estudo do trabalho do dr. Joseph B. Rhine, um biólogo que conduzia muitas experiências sobre a natureza extrassensorial da consciência humana. Dois dos seus mais recentes amigos eram médicos que tinham realizado experiências dignas de crédito acerca da natureza da consciência. Juntos, haviam compreendido que a viagem de Ed à Lua estava lhes oferecendo a oportunidade única de verificar se a telepatia humana poderia ocorrer em distâncias maiores do que as do laboratório do dr. Rhine. Eles estavam diante de uma oportunidade raríssima de constatar se esse tipo de comunicação poderia se estender para além de quaisquer distâncias possíveis na Terra.

Quarenta e cinco minutos depois do início do período de sono, como fizera nos dois dias de viagem para a Lua, Ed pegou uma pequena lanterna portátil e, no papel de sua prancheta, copiou alguns números de maneira aleatória, cada um dos quais correspondia aos famosos símbolos Zener do dr. Rhine – quadrado, círculo, cruz, estrela e par de linhas onduladas. Então, Ed se concentrou intensamente neles, de forma metódica, de um em um, tentando "transmitir" as suas escolhas aos colegas na Terra. Mesmo estando extremamente estimulado pela experiência, ele a guardou para si mesmo. Tentara certa vez ter uma conversa com Alan sobre a natureza da consciência, mas não era muito próximo de seu chefe e aquele não era o tipo de assunto que animava os outros tanto quanto ele. Alguns dos astronautas tinham pensado em Deus enquanto estavam no espaço, e todo mundo no programa espacial sabia que eles estavam procurando alguma coisa nova a respeito da maneira como o Universo funcionava. Mas se Alan e Stu soubessem que Ed estava tentando transmitir pensamentos para pessoas na Terra, teriam achado que ele era ainda mais excêntrico do que já imaginavam.

Ed encerrou a experiência da noite e faria outra na noite seguinte, mas, depois do que lhe acontecera mais cedo, dificilmente parecia necessário repeti-las; ele tinha agora a sua própria convicção interior de que tudo era verdade. As mentes humanas estavam interconectadas, assim como estavam ligadas a tudo o mais neste mundo e em todos os outros mundos. A sua parte intuitiva aceitava esse fato, mas para o cientista que havia dentro dele isso não era o bastante. Nos 25 anos seguintes ele se voltaria para a ciência esperando que ela lhe explicasse exatamente o que lhe havia acontecido naquela viagem.

Edgar Mitchell voltou para casa em segurança. Nenhuma outra exploração física na Terra poderia se comparar com uma viagem à Lua. Ele deixou a NASA dois anos depois, quando os três últimos voos lunares foram cancelados por falta de recursos financeiros, e foi então que a sua verdadeira jornada teve início. A exploração do espaço interior se revelaria infinitamente mais longa e difícil do que aterrissar na Lua ou vasculhar a cratera do Cone.

A sua pequena experiência com a PES foi bem-sucedida, indicando que alguma forma de comunicação que desafiava todas as lógicas tinha ocorrido. Ed não conseguira fazer todas as experiências que havia planejado, e foi preciso algum tempo para correlacionar as quatro que ele fizera com as seis sessões de adivinhação que tinham sido realizadas na Terra. Mas, quando os quatro conjuntos de dados que Ed reunira durante a viagem de nove dias foram afinal comparados com os de seus colegas na Terra, a correspondência entre eles se revelou significativa, com uma chance em três mil de que tivesse acontecido por acaso.[2] Esses resultados estavam de acordo com milhares de experiências semelhantes conduzidas na Terra por Rhine e seus colegas ao longo dos anos.

A fantástica experiência de Edgar Mitchell no espaço deixara minúsculas rachaduras em um grande número de seus sistemas de crença. No entanto, o que mais incomodava Ed a respeito de sua experiência no espaço eram as explicações científicas da biologia, em particular acerca da consciência, que agora lhe parecia impossivelmente redutiva. Apesar do que aprendera na física quântica a respeito da natureza do Universo nos anos que passou no MIT, ele tinha a impressão de que a biologia permanecia atolada em uma visão de mundo com 400 anos de idade. O modelo biológico ainda parecia se basear em uma visão newtoniana clássica da matéria e da energia, de corpos sólidos e separados que se movimentam de maneira previsível no espaço vazio, e em uma concepção cartesiana do corpo como sendo separado da alma, ou da mente. Nada nesse modelo poderia refletir com precisão a verdadeira complexidade de um ser humano, de sua relação com o seu mundo ou, mais particularmente, com a sua consciência; os seres humanos e as suas partes ainda eram tratados, para todos os efeitos, como máquinas.

A maioria das explicações biológicas dos grandes mistérios das coisas vivas tenta compreender o todo desmembrando-o em partes cada vez mais microscópicas. O corpo supostamente assume a sua forma devido às informações genéticas, à síntese da proteína e da mutação cega. De acordo com os neurocientistas da época, a consciência residia no córtex cerebral – o resultado de uma simples mistura de substâncias químicas com as células cerebrais. As substâncias químicas eram responsáveis pela televisão ligada em nosso cérebro, e também por "aquilo" a que assistimos nela.[3] Conhecemos o mundo por causa das complexidades do nosso mecanismo. A biologia moderna não acredita em um mundo que seja essencialmente indivisível.

Em seu trabalho de física quântica no MIT, Ed Mitchell aprendera que, no nível subatômico, a visão newtoniana, ou clássica – que diz que tudo funciona de maneira previsível, confiável e, portanto, mensurável – tinha sido descartada há muito tempo em favor das teorias quânticas, que sustentam que o Universo e a forma como ele funciona não são tão comportados quanto os cientistas costumavam imaginar.

A matéria, em seu nível mais fundamental, não poderia ser dividida em unidades que existem de modo independente, nem mesmo ser plenamente descrita. As partículas subatômicas não eram pequenos objetos sólidos como bolas de bilhar, mas pacotes de energia que não poderiam ser quantificados ou compreendidos em si mesmos com exatidão. Ao contrário, eles eram esquizofrênicos, às vezes se comportando como partículas – uma coisa determinada e confinada a um pequeno espaço – e às vezes como onda – algo vibrante e mais difuso espalhado sobre uma grande região de espaço e do tempo. E em outras ocasiões se comportava simultaneamente como onda e partícula. As partículas quânticas também eram onipresentes. Por exemplo, ao passar de um estado de energia para outro, os elétrons pareciam estar experimentando ao mesmo tempo todas as novas órbitas possíveis, como alguém que deseja comprar uma casa e esteja tentando morar em todas as casas do quarteirão *no mesmo instante* para escolher em qual irá por fim se instalar. E nada era certo. Não havia localizações definidas, apenas a possibilidade de que um elétron, digamos, poderia estar em determinado lugar, nenhuma ocorrência garantida, mas apenas a probabilidade de que aquilo pudesse acontecer. Nesse nível de realidade, não se tinha certeza de nada; os cientistas precisavam ficar satisfeitos com o fato de poder apostar nas possibilidades. O melhor que jamais poderia ser calculado era a probabilidade de que, quando você fizesse uma medida, obteria determinado resultado em certa percentagem do tempo. Os relacionamentos de causa e efeito não mais eram válidos no nível subatômico. Átomos que pareciam estáveis poderiam, de repente, sem nenhuma causa aparente, experimentar um distúrbio interior; os elétrons, sem qualquer motivo, decidem passar de um estado de energia para outro. Depois de observar cada vez mais atentamente a matéria, ela já não era mais matéria, não era uma coisa sólida que você poderia tocar ou descrever, e sim uma grande quantidade de *eus* experimentais, todos se exibindo ao mesmo tempo. Em vez de um Universo de certeza estática, no nível mais fundamental da matéria, o mundo e os seus relacionamentos eram incertos e imprevisíveis, um estado de puro potencial, de infinitas possibilidades.

Os cientistas levavam em consideração uma conexão universal no Universo, mas somente no mundo quântico, ou seja, na esfera das coisas inanimadas, e não das vivas. A física quântica descobrira uma estranha propriedade, chamada "não localidade", no mundo subatômico. Ela se refere à capacidade de uma entidade quântica, como um elétron individual, influenciar instantaneamente outra partícula quântica a distância, mesmo sem ter ocorrido nenhuma troca de força ou energia. Ela indicava que, quando as partículas quânticas entram em contato umas com as outras, elas mantêm uma ligação mesmo quando separadas, de modo que as ações de uma sempre influenciarão nas da outra, não importa o quanto se separem. Albert Einstein desacreditou essa "misteriosa ação a distância", que foi uma das principais razões pelas quais ele desconfiava da mecânica quântica, mas esse fato tem sido decididamente confirmado por uma série de físicos desde 1982.[4]

A não localidade abalou os alicerces da física. O assunto não mais poderia ser examinado em separado. As ações não precisavam ter uma causa observável em um espaço observável. O axioma mais fundamental de Einstein não estava correto: em certo nível da matéria, as coisas podiam viajar mais rápido do que a velocidade da luz. As partículas subatômicas não encerravam nenhum significado enquanto entidades isoladas, podendo apenas ser compreendidas por intermédio de seus relacionamentos. O mundo, em sua essência básica, existia como uma rede complexa de relacionamentos interdependentes, para sempre indivisíveis.

Talvez o componente mais essencial desse Universo interligado fosse a consciência viva que o observava. Na física clássica, o experimentador era considerado uma entidade separada, um observador silencioso atrás do vidro, tentando entender um Universo que seguia adiante, quer ele o estivesse observando, quer não. A física quântica, contudo, descobriu que o estado de todas as possibilidades de qualquer partícula quântica colapsava em uma entidade determinada assim que era observada. Para explicar esses estranhos eventos, os físicos quânticos haviam postulado que existia um relacionamento participativo entre o observador e o objeto observado – essas partículas só poderiam ser consideradas como "provavelmente" existindo no espaço e no tempo até serem "perturbadas", e o ato de serem observadas e medidas as obrigava a assumir um estado definido – um ato similar à solidificação de uma substância gelatinosa. Essa espantosa observação também teve implicações devastadoras na interpretação da natureza da realidade. Ela sugeria que a consciência do observador conferia vida ao objeto observado. Nada no Universo existia como uma "coisa" efetiva independentemente da nossa percepção dela. Criamos nosso mundo a cada minuto de cada dia.

Na opinião de Ed, havia um paradoxo fundamental no fato de os físicos desejarem que acreditássemos que os galhos e as pedras continham conjuntos de regras físicas diferentes das partículas atômicas que existiam dentro deles, que deveria haver uma regra para as coisas pequenas e outra para as grandes, uma regra para as coisas vivas, e outra para as inertes. As leis clássicas eram sem dúvida úteis para as propriedades fundamentais do movimento, para descrever como o esqueleto nos sustenta ou como o pulmão respira, como o coração bate ou os músculos carregam grandes pesos. E muitos dos processos básicos do corpo, como a alimentação, a digestão, o sono e a função sexual, são de fato governados por leis físicas.

Mas nem a física clássica ou a biologia eram capazes de explicar questões fundamentais, por exemplo: por que somos capazes de pensar, por que as células se organizam da maneira como o fazem, como muitos processos moleculares ocorrem praticamente de modo instantâneo, por que os braços se desenvolvem como braços e as pernas como pernas, embora tenham os mesmos genes e proteínas, por que contraímos câncer, por que esta nossa máquina consegue milagrosamente curar a si mesma, e até mesmo o que é o conhecimento, como sabemos o que sabemos. Os cientistas talvez conhecessem em detalhes os parafusos, os pinos, as dobradiças e vários maquinismos, mas nada sabiam a respeito da força que provê energia para a máquina. Eles conseguiam tratar das mais minúsculas estruturas mecânicas do corpo, mas mesmo assim revelavam-se ignorantes a respeito dos mistérios mais fundamentais da vida.

Caso fosse verdade que as leis da mecânica quântica também se aplicavam ao mundo como um todo, e não apenas ao mundo subatômico, à biologia e não só ao mundo da matéria, todo o paradigma da ciência biológica era imperfeito ou estava incompleto. Assim como as teorias de Newton haviam com o tempo sido aperfeiçoadas pelos teóricos quânticos, talvez os próprios Heisenberg e Einstein estivessem errados ou apenas parcialmente certos. Se a teoria quântica fosse aplicada à biologia em maior escala, seríamos encarados mais como uma rede complexa de campos de energia em uma espécie de interação dinâmica com os nossos sistemas celulares químicos. O mundo existiria como uma matriz de inter-relação indivisível, exatamente como Ed experimentara no espaço cósmico. O que estava faltando na biologia clássica era uma explicação para o princípio organizador – para a consciência humana.

Ed começou a devorar livros a respeito de experiências religiosas, do pensamento oriental e da pequena evidência científica que existia sobre a natureza da consciência. Iniciou pesquisas preliminares com uma série de cientistas de Stanford, criou o Institute of Noetic Sciences (uma organização sem fins lucrativos cujo papel era financiar esse tipo de pesquisa) e começou a reunir, em um livro, trabalhos científicos sobre a consciência. Em pouco tempo, Ed não conseguia pensar em mais nada, e o que se tornara uma obsessão destruiu o seu casamento.

O trabalho dele talvez não tenha acendido uma chama revolucionária, mas ele com certeza a alimentou. Ilhas de uma silenciosa revolução estavam germinando nas mais renomadas universidades do planeta, contrárias à visão de mundo de Newton e de Darwin, ao dualismo na física e à atual perspectiva da percepção humana. Ao longo de sua pesquisa, Ed começou a entrar em contato com cientistas com esplêndidas credenciais em muitas das grandes e respeitáveis universidades, como Yale, Stanford, Berkeley e Princeton, que estavam fazendo descobertas que simplesmente não se encaixavam na concepção convencional.

Ao contrário de Edgar, esses cientistas não haviam passado por uma epifania para chegar a uma nova visão do Universo. O que aconteceu foi que, no decurso de seus trabalhos, eles se depararam com resultados científicos que eram pinos quadrados que tentavam se encaixar no buraco redondo da teoria científica consagrada, e por mais que tentassem introduzir os pinos no lugar – e, em muitos casos, os cientistas de fato queriam que eles se encaixassem –, estes resistiam obstinadamente. Quase todos os cientistas haviam chegado por acidente às suas conclusões e, como se tivessem ido parar na estação de trem errada, quando se viam lá, concluíam que sua única possibilidade era saltar do trem e explorar o novo território. O verdadeiro explorador dá seguimento à exploração mesmo quando ela o conduz a um lugar que não estava nos planos.

A mais importante qualidade comum a todos esses pesquisadores era a simples disposição de interromper temporariamente a descrença e se abrir à verdadeira descoberta, mesmo que isso significasse desafiar a ordem existente das coisas, indispondo-se com colegas ou tornando-se vulneráveis à censura e à ruína profissional. Ser um revolucionário na ciência hoje em dia significa flertar com o suicídio profissional. Por mais que a área afirme encorajar a liberdade de experimentação, a estrutura da ciência como um todo, com seu sistema de subvenção altamente competitivo, aliada ao sistema de publicações e de revisão realizada por especialistas da área, chamada de revisão por pares, depende amplamente de que as pessoas se sujeitem à consagrada visão científica do mundo. O sistema tende a encorajar os profissionais a realizarem experiências cujo propósito seja confirmar a visão existente das coisas, ou a desenvolver de maneira mais detalhada a tecnologia para a indústria, em vez de estimular a verdadeira inovação.[5]

Todos aqueles que trabalharam nessas experiências tinham a sensação de que estavam beirando algo que iria transformar tudo que conhecíamos a respeito da realidade e dos seres humanos, mas na época eles eram apenas cientistas pioneiros que trilhavam seus caminhos sem uma bússola. Vários cientistas que trabalhavam de forma independente tinham resolvido uma parte isolada do quebra-cabeça e estavam com medo de comparar suas anotações. Não havia uma linguagem comum porque o que estavam descobrindo parecia *desafiar* a linguagem.

Mesmo assim, quando Mitchell entrou em contato com eles, o trabalho isolado de cada um começou a se aglutinar em uma teoria alternativa da evolução, da consciência humana e da dinâmica de todas as coisas vivas. Ela oferecia a melhor perspectiva de uma visão unificada do mundo baseada na experimentação efetiva e em equações matemáticas, e não apenas na teoria. O principal papel de Ed foi fazer apresentações, financiar parte da pesquisa e, por meio de sua disposição para usar sua condição de celebridade como herói nacional, para tornar público esse trabalho, convencer os cientistas de que não estavam sozinhos.

O trabalho dele convergia para um único ponto: o eu tinha um campo de influência no mundo e vice-versa. Todos esses cientistas também estavam de acordo em outra questão: as experiências que estavam sendo realizadas fincaram uma estaca no coração da teoria científica existente.

CAPÍTULO 2

O mar de luz

Bill Church estava sem gasolina. Normalmente, essa não seria uma situação capaz de arruinar o dia de ninguém. Mas em 1973, em meio à primeira crise do petróleo, encher o tanque dependia de duas coisas: do dia da semana e do último algarismo da placa do carro. As pessoas cujos carros tinham placas terminadas em número ímpar tinham permissão para encher o tanque às segundas, quartas ou sextas-feiras; as placas pares ficavam com as terças, quintas e sábados, e o domingo era um dia de descanso, sem gasolina. A placa de Bill era ímpar e o dia era terça-feira, o que significava que, independentemente de onde ele precisasse ir, por mais importante que fossem as suas reuniões, ele estava preso em casa, refém de alguns potentados do Oriente Médio e da OPEP. Mesmo que o número de sua placa fosse compatível com o dia da semana, ele teria que ficar duas horas em filas que ziguezagueavam ao redor de esquinas por muitos quarteirões. E isso se ele conseguisse encontrar um posto de gasolina que ainda estivesse aberto.

Dois anos antes, houvera combustível suficiente para mandar Edgar Mitchell à Lua. Agora, metade dos postos de gasolina do país tinha falido. O presidente Nixon se pronunciara recentemente à nação, recomendando com insistência que os norte-americanos diminuíssem a temperatura dos termostatos, participassem do transporte solidário e não usassem mais de 40 litros de gasolina por semana. Foi pedido às empresas que reduzissem a iluminação à metade nas áreas de trabalho e desligassem as luzes nos corredores e depósitos. Washington daria o exemplo mantendo apagada a tradicional árvore de Natal no jardim da Casa Branca. A nação, gorda e satisfeita, acostumada a gastar energia como comem cheeseburgers, estava em choque, obrigada, pela primeira vez, a restringir o consumo. Falava-se até em racionar os livros que estavam sendo impressos. Cinco anos depois, Jimmy Carter chamaria esse período de "equivalente moral da guerra", e foi o que isso pareceu para a maioria dos norte-americanos de meia-idade, que não precisava racionar nada desde a Segunda Guerra Mundial.

Bill voltou furioso para dentro de casa e pegou o telefone para se queixar com Hal Puthoff. Hal, um físico com especialização em lasers, atuava com frequência como uma espécie de alter ego científico de Bill.

– Tem que haver uma maneira melhor – gritou Bill, frustrado.

Hal concordou que estava na hora de começar a procurar algumas alternativas para o combustível fóssil, algo além do carvão, da madeira e da energia nuclear.

– Mas o que mais existe? – perguntou Bill.

Hall recitou uma ladainha com as atuais possibilidades. Havia a energia fotovoltaica (usando células solares), as células de combustível ou as baterias a água (uma tentativa de converter o hidrogênio da água em eletricidade na célula). Também havia o vento, os refugos industriais e até mesmo o metano. Mas nenhum deles, nem mesmo os mais exóticos, estavam se revelando sólidos ou realistas.

Bill e Hall concordaram que de fato era necessária uma fonte inteiramente nova: um suprimento de energia barato, inesgotável, talvez ainda não descoberto. A conversa dos dois com frequência se desviava para esse tipo de orientação especulativa. Hal apreciava principalmente a tecnologia de vanguarda; quanto mais futurista, melhor. Ele era mais um inventor do que um físico comum, e aos 35 anos de idade já tinha a patente de um laser infravermelho sintonizável. Hal era um homem que, em grande parte, vencera pelo próprio esforço, tendo custeado os próprios estudos depois que o pai morreu quando ele estava no início da adolescência. Formara-se pela Universidade da Flórida em 1958, ano seguinte ao do lançamento do *Sputnik 1*, mas atingira a maioridade durante o governo Kennedy. À semelhança de muitos rapazes de sua geração, levou a sério a principal metáfora de Kennedy, que dizia que os Estados Unidos deviam partir em direção a uma região inexplorada. Ao longo dos anos, e mesmo depois de o programa espacial norte-americano ter desaparecido gradualmente devido tanto à falta de interesse quanto à ausência de financiamentos, Hal conservaria um idealismo humilde a respeito do seu trabalho e do papel fundamental que a ciência desempenhava no futuro da humanidade. Hal acreditava que a ciência impulsionava a civilização. Ele era um homem pequeno e forte, que lembrava vagamente Mickey Rooney, de cabelo castanho avermelhado, cuja vida interior efervescente de pensamentos alternativos e de possibilidades do tipo "o que aconteceria se" escondia-se atrás de um exterior fleumático e despretensioso. À primeira vista, ele dificilmente aparentava ser um cientista de vanguarda. No entanto, Hal tinha a opinião de que o trabalho de vanguarda era vital para o futuro do planeta, para oferecer inspiração para o ensino e para o crescimento econômico. Ele também gostava de sair do laboratório e tentar utilizar a física para solucionar questões da vida real.

Bill Church podia ser um empresário de sucesso, mas compartilhava de grande parte do idealismo de Hal a respeito da influência da ciência na melhoria da civilização. Ele era um modesto Médici para o Da Vinci de Hal. Bill interrompeu a sua carreira científica quando foi convocado para administrar o negócio da família, Churchs Fried Chicken, a resposta texana ao Kentucky Fried Chicken. Ele despendera dez anos no empreendimento e recentemente levara o Churchs para o mercado. Ganhara o seu dinheiro e estava disposto a retomar as aspirações da sua juventude; entretanto, por carecer da formação necessária, teve que fazê-lo por meio de um representante. Bill encontrara em Hal o seu perfeito equivalente – um físico talentoso disposto a se dedicar a áreas que os cientistas comuns poderiam descartar de imediato. Em setembro de 1982, Bill presentearia Hal com um relógio de ouro para assinalar a colaboração mútua. "To Glacier Genius from Snow", eram as palavras gravadas no relógio. A ideia era que Hal era o silencioso inovador, obstinado e frio como uma geleira, e Bill, a "neve" que lançava novos desafios para ele.

– Existe um gigantesco reservatório de energia sobre o qual não falamos – declarou Hal.

Todo físico quântico, explicou ele, tem bastante consciência do "campo de ponto zero". A mecânica quântica demonstrou que não existe o vácuo ou o nada. O que temos a tendência de imaginar como sendo um vazio absoluto se toda a matéria e a energia fossem retiradas do espaço é, se examinássemos até mesmo o espaço entre as estrelas a partir do ponto de vista subatômico, um enxame de atividade.

O princípio da incerteza desenvolvido por Werner Heisenberg, um dos principais arquitetos da teoria quântica, sugere que nenhuma partícula jamais permanece completamente em repouso, estando em constante movimento devido a um campo de energia em estado fundamental que interage sem parar com toda a matéria subatômica. Significa que a subestrutura básica do Universo é um mar de campos quânticos que não podem ser eliminados por nenhuma lei conhecida da física.

O que acreditamos ser o nosso Universo estável e estático é, na verdade, um turbilhão fervilhante de partículas subatômicas que transitoriamente adquirem vida e deixam de existir. Embora o princípio de Heisenberg se refira mais notoriamente à incerteza agregada à mensuração das propriedades físicas do mundo subatômico, ele também tem outro significado: não podemos conhecer simultaneamente a energia e o tempo de vida de uma partícula, de modo que um evento subatômico que ocorra dentro de um minúsculo intervalo de tempo envolve uma quantidade de energia incerta. Basicamente, devido às teorias de Einstein e à sua famosa equação $E = mc^2$, que relaciona a energia à massa, todas as partículas elementares interagem umas com as outras trocando energia por meio de outras partículas quânticas, que se acredita que surjam do nada, combinando-se e aniquilando umas às outras em menos de um instante – 10^{-23} segundos, para ser exata –, causando flutuações aleatórias de energia sem nenhuma causa aparente. As partículas transitórias geradas durante esse breve momento são conhecidas como "partículas virtuais". Elas diferem das partículas reais porque só existem durante essa troca – o tempo de "incerteza" permitido pelo princípio da incerteza. Hal gostava de pensar nesse processo como algo semelhante ao borrifo desprendido de uma gigantesca catarata.[1] Esse tango subatômico, por mais breve que seja, quando adicionado por todo o Universo, dá origem a uma enorme energia, maior do que a contida em toda a matéria do mundo. Também chamado pelos físicos de "o vácuo", o campo de ponto zero foi chamado de "zero" porque as flutuações nele ainda são detectáveis em temperaturas de zero absoluto, o estado energético mais baixo possível, do qual toda a matéria foi removida e supostamente nada resta para executar qualquer movimento. A energia do ponto zero era a energia presente no estado mais vazio do espaço na energia mais baixa possível, do qual mais nenhuma energia poderia ser removida – o mais próximo que o movimento da matéria subatômica chega de zero.[2] No entanto, por causa do princípio da incerteza, sempre haverá alguma agitação residual devido à troca das partículas virtuais, que sempre fora descartada por se encontrar eternamente presente. Nas equações da física, a maioria dos físicos costumava remover a problemática energia do ponto zero, processo que se chama "renormalização".[3] Como a energia do ponto zero estava sempre presente, afirmava a teoria, ela não alterava nada. Como não alterava nada, não era levada em conta.[4]

Hal estivera interessado no campo de ponto zero durante vários anos, desde que se deparara com os textos de Timothy Boyer, da Universidade da Cidade de Nova York, em uma biblioteca de física. Boyer havia demonstrado que a física clássica, aliada à existência de um fundo de campos de ponto zero flutuantes aleatórios, poderia explicar muitos dos estranhos fenômenos atribuídos à teoria quântica.[5] Acreditar em Boyer significaria que não precisávamos de dois tipos de física, a newtoniana clássica e a das leis quânticas, para esclarecer as propriedades do Universo. Poderíamos explicar tudo que acontecia no mundo quântico por meio da física clássica, desde que levássemos em conta o campo de ponto zero.

Quanto mais Hal pensava no assunto, mais convencido ficava de que o campo de ponto zero satisfazia todos os critérios que ele estava procurando: era livre, ilimitado e não poluía. O campo de ponto zero poderia simplesmente representar uma vasta fonte de energia não aproveitada.

– Se pudéssemos utilizar isso de alguma maneira – disse Hal a Bill –, poderíamos até prover energia para naves espaciais.

Bill adorou a ideia e se ofereceu para financiar algumas pesquisas exploratórias. Não era a primeira vez que ele financiava os planos de Hal; já custeara planos ainda mais loucos. No entanto, de certo modo, era o momento apropriado para Hal. Aos 36 anos, ele estava com algumas questões não resolvidas. Seu primeiro casamento terminara, ele havia acabado de escrever, como coautor, um livro que era um importante compêndio da eletrônica quântica. Cinco anos antes, ele obtivera o seu doutorado em engenharia elétrica em Stanford e se distinguira na área dos lasers. Quando o mundo acadêmico se revelou tedioso, ele seguiu adiante, e nessa ocasião era pesquisador de lasers no Stanford Research Institute (SRI), um gigantesco mercado de pesquisas, na época associado à Universidade de Stanford. O SRI erguia-se como a sua própria vasta universidade de retângulos, quadrados e disposições em Z de prédios de três andares de tijolo vermelho escondidos em uma sossegada esquina de Menlo Park, espremidos entre o seminário de St. Patrick e a cidade, com os telhados de telhas espanholas representando a própria Universidade de Stanford. Ao mesmo tempo, o SRI era o segundo maior órgão de pesquisa do mundo, onde qualquer pessoa poderia estudar praticamente qualquer coisa desde que conseguisse os recursos financeiros necessários para tal.

Hal dedicou vários anos à leitura de literatura científica e à execução de alguns cálculos elementares. Examinou outros aspectos correlatos do vácuo e da relatividade geral de uma maneira mais fundamental. Hal, que tinha tendência a ser taciturno, procurava manter-se dentro dos limites do puramente intelectual, mas de vez em quando não conseguia evitar que sua mente avançasse de maneira vertiginosa. Embora esses fossem os primeiros dias, Hal sabia que tropeçara em algo extremamente importante para a física. Tratava-se de um incrível avanço, possivelmente até uma maneira de aplicar a física quântica ao mundo em larga escala, ou talvez fosse uma ciência de todo nova. Isso estava além dos lasers ou de qualquer outra coisa que ele já havia feito até então. Ele se sentia um pouco como se fosse Einstein descobrindo a relatividade. Com o tempo, Hal compreendeu com exatidão o que tinha nas mãos: estava prestes a descobrir que a "nova física" do mundo subatômico talvez estivesse errada, ou pelo menos precisasse de uma drástica revisão.

De certo modo, a descoberta de Hal não foi uma descoberta, mas uma situação que os físicos aceitavam como verdade absoluta desde 1926 e a descartavam como irrelevante. Para o físico quântico, ela é um contratempo a ser retirado e desprezado. Para o religioso ou o místico, é a ciência comprovando o milagroso. O que os cálculos quânticos demonstram é que nós e o nosso Universo respiramos em algo que corresponde a um mar de movimento, um mar quântico de luz. Segundo Heisenberg, que desenvolveu o princípio da incerteza em 1927, é impossível conhecer todas as propriedades de uma partícula ao mesmo tempo, como sua posição e seu *momentum*, devido ao que parecem ser flutuações inerentes na natureza. O nível de energia de qualquer partícula conhecida não pode ser determinado com precisão porque está sempre mudando. Parte desse princípio também estipula que nenhuma partícula subatômica pode ser levada a um repouso completo, pois ela sempre possuirá um minúsculo movimento residual. Os cientistas sabem há muito tempo que essas flutuações são responsáveis pelo ruído aleatório dos receptores de micro-ondas ou dos circuitos eletrônicos, limitando o nível ao qual os sinais podem ser amplificados. Até mesmo as lâmpadas fluorescentes tubulares dependem das flutuações do vácuo para operar.

Imagine pegar uma partícula subatômica carregada e anexá-la a uma pequena mola sem atrito (como os físicos gostam de fazer para calcular suas equações). Ela deverá saltar para cima e para baixo durante algum tempo, e depois, a uma temperatura de zero absoluto, parar de se mover. O que os físicos, a partir de Heisenberg, descobriram é que a energia no campo de ponto zero continua a atuar sobre a partícula, de modo que ela nunca atinge a posição de repouso, continuando a se movimentar ininterruptamente sobre a mola.[6]

Para rebater as objeções de seus contemporâneos, que acreditavam no espaço vazio, Aristóteles foi uma das primeiras pessoas a sustentar que o espaço era na verdade um *plenum* (uma estrutura de fundo repleta de coisas). Bem mais tarde, em meados do século XIX, o cientista Michael Faraday introduziu o conceito de um campo com referência à eletricidade e o magnetismo, acreditando que o aspecto mais importante da energia não era a fonte, mas o espaço ao seu redor, assim como a influência de um sobre o outro por meio de alguma força.[7] Na opinião de Faraday, os átomos não eram duros como bolas de bilhar, e sim o centro mais concentrado de uma força que se estenderia pelo espaço.

Um campo é uma matriz ou um meio que liga dois ou mais pontos no espaço, geralmente por meio de uma força, como a gravidade ou o eletromagnetismo. A força é em geral representada por ondulações no campo. Um campo eletromagnético, usando apenas um exemplo, é formado por um campo elétrico e um campo magnético que se cruzam, emitindo ondas de energia na velocidade da luz. Um campo elétrico e magnético se forma ao redor de qualquer carga elétrica (que é simplesmente um excesso ou um déficit de elétrons). Tanto o campo elétrico quanto o magnético possuem duas polaridades (negativa e positiva), e ambas farão com que qualquer outro objeto carregado seja atraído ou repelido, dependendo de as cargas serem opostas (uma positiva e outra negativa) ou iguais (ambas positivas ou ambas negativas). O campo é considerado a área do espaço onde essa carga e seus efeitos podem ser detectados.

A noção de campo eletromagnético é uma abstração conveniente inventada pelos cientistas (e representada por linhas de "força", indicadas pela direção e pela forma) para tentar entender as ações aparentemente extraordinárias da eletricidade e do magnetismo, e a sua capacidade de influenciar objetos a distância – e, tecnicamente, até o infinito – sem nenhuma substância ou matéria detectável entre eles. Para simplificar, um campo é uma região de influência. Como descreveram dois pesquisadores: "Todas as vezes que usamos a nossa torradeira, os campos ao redor dela perturbam, levemente, partículas energizadas nas galáxias mais distantes".[8]

James Clerk Maxwell sugeriu, a princípio, que o espaço era um éter de luz eletromagnética, e essa ideia foi dominante até ser refutada de maneira decisiva por um físico polonês chamado Albert Michelson em 1881 (e seis anos depois em colaboração com um professor de química norte-americano chamado Edward Morley), em uma experiência com a luz que demonstrou que a matéria não existia em uma massa de éter.[9] O próprio Einstein acreditava que o espaço constituía um verdadeiro vácuo, até que as suas ideias, que com o tempo evoluíram para sua grande teoria da relatividade, demonstraram que o espaço, na verdade, encerrava um *plenum* de atividade. Mas foi só em 1911, com uma experiência de Max Planck, um dos fundadores da teoria quântica, que os físicos entenderam que o espaço vazio estava repleto de atividade.

No mundo quântico, os campos quânticos não são mediados por forças, mas pela troca de energia, que é constantemente redistribuída em um padrão dinâmico. Essa troca constante é uma propriedade intrínseca das partículas, de modo que até mesmo as partículas "reais" nada mais são do que um pequeno aglomerado de energia que emerge por um curto período de tempo e volta a desaparecer no campo subjacente. De acordo com a teoria do campo quântico, a entidade individual é transitória e insubstancial. As partículas não podem ser separadas do espaço vazio que as cerca. O próprio Einstein reconheceu que a matéria era "extremamente intensa" – de certo modo, um distúrbio da perfeita aleatoriedade – e que a única realidade fundamental era a entidade subjacente: o próprio campo.[10]

As flutuações no mundo atômico correspondem a um incessante passar da energia de um lado para o outro, como uma bola em um jogo de pingue-pongue. Essa troca de energia é análoga a emprestar um centavo para alguém: ficamos um centavo mais pobres, e a outra pessoa um centavo mais rica, até que ela paga o centavo de volta e os papéis se invertem. Esse tipo de emissão e reabsorção das partículas virtuais ocorre não só entre fótons e elétrons, mas em todas as partículas quânticas do Universo. O campo de ponto zero é um repositório de todos os campos, de todos os estados fundamentais de energia e de todas as partículas virtuais – um campo de campos. Toda troca de cada partícula virtual irradia energia. A energia do ponto zero em qualquer transação particular em um campo eletromagnético é inimaginavelmente minúscula – a metade de um fóton.

Mas, se somarmos todas as partículas de todas as variedades no Universo que estão constantemente adquirindo vida e deixando de existir, nos vemos diante de uma vasta e inexaurível fonte de energia – igual ou maior do que a densidade de energia em um núcleo atômico – discretamente posicionada em segundo plano no espaço vazio à nossa volta, como um pano de fundo difuso e sobrecarregado. Foi calculado que a energia total do campo de ponto zero excede toda a energia da matéria por um fator de 10^{40}, ou 1 seguido de 40 zeros.[11] Como descreveu certa vez o grande físico Richard Feynman ao tentar explicar uma ideia dessa magnitude, a energia em um único metro cúbico é suficiente para ferver todos os oceanos do mundo.[12]

O campo de ponto zero sugeria duas possibilidades irresistíveis para Hal. É claro que representava o Santo Graal da pesquisa sobre energia. Se pudéssemos de alguma maneira utilizar esse campo, poderíamos ter toda a energia que um dia iríamos precisar, não apenas para não faltar combustível na Terra, mas para a propulsão espacial que nos conduziria às estrelas mais distantes. No momento, viajar para a estrela mais próxima fora de nosso sistema solar exigiria um foguete tão grande quanto o Sol para transportar o combustível necessário.

Mas havia também uma implicação maior, a de um vasto mar de energia subjacente. A existência do campo de ponto zero sugeria que toda a matéria no Universo estava interligada por ondas, que estão espalhadas através do tempo e do espaço e podem prosseguir infinitamente, ligando cada parte do Universo a todas as outras. A ideia do Campo talvez ofereça uma explicação científica para muitas questões metafísicas, como a crença chinesa na força vital, ou *qi*, descrita nos textos antigos como algo semelhante a um campo de energia. Essa ideia refletia o relato da primeira máxima de Deus no Antigo Testamento: "Faça-se a luz", a partir da qual a matéria foi criada.[13]

Hal posteriormente viria a demonstrar em um trabalho publicado pela *Physical Review*, uma das publicações mais consagradas da física, que a existência do estado estável da matéria depende dessa permuta dinâmica de partículas subatômicas com o campo de energia de sustentação do ponto zero.[14] Na teoria quântica, um problema com o qual os físicos constantemente se debatem diz respeito à questão de por que os átomos são estáveis. Essa questão poderia ser examinada no laboratório ou matematicamente, utilizando-se átomos de hidrogênio. Contendo um elétron e um próton, o hidrogênio é o átomo mais simples de ser examinado. Os cientistas quânticos lutaram com a questão de por que o elétron descreve uma órbita ao redor do próton. No entanto, no mundo atômico, qualquer elétron em movimento que tivesse uma carga não seria estável como um planeta em órbita, com o tempo irradiaria energia ou a esgotaria, movendo-se na forma de espiral em direção ao núcleo, fazendo com que toda a estrutura atômica do objeto entrasse em colapso.

O físico dinamarquês Niels Bohr, outro fundador da teoria quântica, lidou com o problema declarando que não o permitiria.[15] A explicação de Bohr foi: só há irradiação ou absorção de energia, quando um elétron salta de uma órbita para outra, e as órbitas precisam ter a diferença adequada de energia para explicar, respectivamente, qualquer emissão ou absorção de um *quantum* de energia. Bohr criou sua própria lei, que basicamente dizia o seguinte: "Não há energia, ela é proibida. Proíbo que o elétron colapse". Essa afirmação e suas implicações conduziram a outras suposições a respeito de a matéria e a energia possuírem características de onda e de partícula, o que mantinha os elétrons no lugar e em órbitas particulares, e, em última análise, levavam ao desenvolvimento da mecânica quântica. Ao menos em termos matemáticos, não existe nenhuma dúvida de que Bohr estava parcialmente certo ao prognosticar essa diferença nos níveis de energia.[16]

Mas o que Timothy Boyer havia feito, e que Hal depois aperfeiçoou, foi mostrar que, se levarmos em conta o campo de ponto zero, não teremos que nos apoiar na máxima de Bohr. Podemos mostrar matematicamente que os elétrons constantemente ganham e perdem energia a partir do campo de ponto zero em um equilíbrio dinâmico, equilibrado com exatidão na órbita certa. Os elétrons obtêm energia para seguir em frente sem perder velocidade, porque se reabastecem utilizando essas flutuações do espaço vazio. Em outras palavras, o campo de ponto zero é responsável pela estabilidade do átomo de hidrogênio – e, por inferência, pela estabilidade de toda matéria. Hal demonstrou que, se interrompêssemos a energia do ponto zero, toda a estrutura atômica entraria em colapso.[17]

Hal também demonstrou por meio de cálculos físicos que as flutuações das ondas do campo de ponto zero determinam o movimento das partículas subatômicas e que todos os movimentos de todas as partículas do Universo, por sua vez, geram o campo de ponto zero, uma espécie de circuito de *feedback* autogerador através do cosmo.[18] Na cabeça de Hal, o processo era parecido com um gato que corre atrás do próprio rabo.[19] Eis o que ele escreveu em um trabalho:

> A interação do campo de ponto zero equivale a um estado de vácuo subjacente, estável, do "nível mais baixo", no qual a interação do campo de ponto zero simplesmente reproduz o estado existente em uma base de equilíbrio dinâmico.[20]

Isso implica, diz Hal, um "tipo de estado fundamental autogerador e grandioso do Universo",[21] que a todo tempo se renova e permanece constante, a não ser que seja de alguma maneira perturbado. Também significa que nós e toda a matéria do Universo estamos literalmente conectados aos confins mais distantes do cosmo por meio das ondas do campo de ponto zero das mais imensas dimensões.[22]

De uma maneira bastante semelhante às ondulações do mar ou de um lago, no nível subatômico as ondas são representadas por oscilações periódicas que se deslocam através de um meio, que neste caso é o campo de ponto zero. Elas são representadas por um S lateral, ou curva senoidal, como uma corda de pular que é segurada nas duas pontas e balançada para cima e para baixo. A amplitude da onda é a metade da altura da curva da crista ao cavado, e um único comprimento de onda, ou ciclo, é uma oscilação completa, ou a distância entre, digamos, duas cristas ou dois cavados adjacentes. A frequência é o número de ciclos em um segundo, em geral medida em hertz, em que 1 hertz equivale a um ciclo por segundo. No Reino Unido, a eletricidade da rede elétrica é fornecida em uma frequência de 50 hertz, ou ciclos, por segundo;

nos Estados Unidos, a frequência é de 60 hertz. Os telefones celulares operam em 900 ou 1.800 megahertz.

Quando os físicos usam o termo "fase", estão se referindo ao ponto em que a onda se encontra na sua jornada oscilante. Diz-se que duas ondas estão em fase quando ambas estão, na verdade, tendo um máximo ou um mínimo ao mesmo tempo, mesmo que tenham diferentes frequências ou amplitudes. Entrar "em fase" é o mesmo que entrar em sincronia.

Um dos aspectos mais importantes das ondas é que elas são codificadoras e portadoras de informações. Quando duas ondas estão em fase e coincidem parcialmente uma com a outra – o que é chamado de "interferência" –, a amplitude combinada das ondas é maior do que cada amplitude individual. O sinal fica mais forte. Isso equivale a uma impressão ou troca de informações, chamada "interferência construtiva". Se uma está chegando ao máximo e a outra ao mínimo, elas tendem a se neutralizar mutuamente, processo que se chama "interferência destrutiva". Depois que colidem, cada onda passa a conter informações a respeito da outra, sob a forma de codificação de energia, além das outras informações que já continha. Os padrões de interferência correspondem a uma constante acumulação de informações, e as ondas possuem uma capacidade quase infinita de armazenamento.

Se toda matéria subatômica do mundo está constantemente interagindo com esse campo de energia do estado fundamental ambiente, as ondas subatômicas do campo estão a todo momento gravando um registro da forma de tudo. Na qualidade daquele que precede e registra todos os comprimentos de onda e todas as frequências, o campo de ponto zero é uma espécie de sombra do Universo para todos os tempos, uma imagem especular e um registro de tudo que já existiu. De certo modo, o vácuo é o início e o fim de tudo no Universo.[23]

Embora toda matéria esteja cercada pela energia do ponto zero, que bombardeia de maneira uniforme determinado objeto, houve casos em que os distúrbios no campo puderam ser mensurados. Um dos distúrbios causados pelo campo de ponto zero é o deslocamento de Lamb, que recebeu o nome em homenagem ao físico norte-americano Willis

Lamb e foi desenvolvido durante a década de 1940 com a utilização de um radar do período da guerra, que mostra que as flutuações do ponto zero fazem com que os elétrons se desloquem um pouco em suas órbitas, provocando desvios de cerca de mil megahertz na frequência.[24]

Outra ocorrência foi descoberta na mesma década, quando um físico holandês chamado Hendrik Casimir demonstrou que duas placas de metal colocadas próximas uma da outra formam uma atração que parece puxá-las para mais perto uma da outra. Isso acontece porque, quando duas placas são colocadas bem perto uma da outra, as ondas do ponto zero entre as placas ficam restringidas àquelas que essencialmente abarcam a lacuna. Como alguns comprimentos de onda do campo são excluídos, isso provoca um distúrbio no equilíbrio do campo e o resultado é um desequilíbrio de energia, com menos energia no intervalo entre as placas do que no espaço vazio do lado de fora. Essa maior densidade de energia faz com que as duas placas de metal se atraiam.

Outra demonstração clássica do campo de ponto zero é o efeito Van der Waals, que também recebeu o nome em homenagem ao seu descobridor, o físico holandês Johannes Diderik van der Waals. Ele descobriu que forças de atração e repulsão atuam entre os átomos e moléculas por causa da maneira como a carga elétrica é distribuída. E com o tempo descobriu-se que, uma vez mais, isso tem a ver com um desequilíbrio local no equilíbrio do Campo. Essa propriedade permite que certos gases se transformem em líquidos. Também foi demonstrado que a emissão espontânea, quando os átomos decaem e emitem radiação sem nenhuma razão aparente, é um efeito do campo de ponto zero.

Timothy Boyer, o físico cujo trabalho entusiasmou Puthoff, demonstrou que muitas das propriedades do outro lado do espelho* da matéria subatômica com as quais os físicos se debatiam, e que resultaram na formulação de um conjunto de estranhas regras quânticas,

---

* Referência ao famoso livro de Lewis Carroll, *Alice através do espelho*, a continuação de *Alice no País das Maravilhas*. Trata-se de uma analogia em que a matéria subatômica teria as mesmas propriedades do espelho de Alice, ou seja, quem o atravessasse seria instantaneamente transportado para um mundo onde as coisas funcionam segundo leis diferentes. [N. de T.]

poderiam facilmente ser explicadas na física clássica, desde que o campo de ponto zero fosse incluído como um fator. A incerteza, a dualidade onda-partícula, o movimento flutuante das partículas: tudo tinha a ver com a interação da matéria e o campo de ponto zero. Hal até mesmo começou a se perguntar se isso não poderia explicar o que continua a ser a mais misteriosa e exasperante das forças: a gravidade.

A gravidade é a Waterloo da física. A tentativa de entender a base dessa propriedade fundamental da matéria e do Universo tem atormentado os maiores gênios da física. O próprio Einstein, que foi capaz de descrever a gravidade de uma maneira bastante satisfatória por meio da sua teoria da relatividade, não conseguiu explicar qual era a origem dela. Ao longo dos anos, muitos físicos, inclusive Einstein, fizeram diversas tentativas: tentaram atribuir à gravidade uma natureza eletromagnética, defini-la como uma força nuclear ou até mesmo conferir um conjunto próprio de regras quânticas para ela, mas tudo foi inútil. Mais tarde, em 1968, o respeitado físico soviético Andrei Sakharov virou de cabeça para baixo a premissa habitual. E se a gravidade não fosse uma interação entre objetos, e sim um efeito residual? Falando de maneira mais clara, e se a gravidade fosse um efeito secundário do campo de ponto zero, causado por alterações no campo motivadas pela presença da matéria?[25]

Toda matéria no nível dos quarks e dos elétrons sacoleja devido à sua interação com o campo de ponto zero. Uma das regras da eletrodinâmica é que uma partícula energizada flutuante emite um campo de radiação eletromagnético. Isso significa que, além do campo de ponto zero primário propriamente dito, existe um mar desses campos secundários. Estes últimos causam uma fonte atrativa entre duas partículas, fonte essa que Sakharov acreditava ter alguma relação com a gravidade.[26]

Hal começou a refletir sobre essa ideia. Se fosse verdade, os físicos estariam errados ao tentar estabelecer a gravidade como uma entidade autônoma. Em vez disso, ela deveria ser considerada uma espécie de pressão. Ele começou a pensar a gravidade como uma espécie de efeito Casimir de longo alcance, com dois objetos que bloqueavam algumas das ondas do campo de ponto zero passando a ser atraídos um pelo outro,[27] ou talvez ela fosse até mesmo uma força Van der Waals de longo alcance, como a atração de dois átomos situados a determinada distância.[28] Uma partícula no campo de ponto zero começa a vibrar devido à sua interação com o mesmo; duas partículas, além de possuírem suas próprias vibrações, são influenciadas pelo campo gerado por outras partículas, que também estão vibrando do seu modo particular. Por conseguinte, os campos gerados por essas partículas, que representam um escudo parcial do difuso campo de ponto zero do estado fundamental, causam a atração que chamamos de gravidade.

Sakharov desenvolveu essas ideias apenas como uma hipótese; Puthoff foi mais adiante e começou a formulá-las matematicamente. Demonstrou que os efeitos gravitacionais eram totalmente compatíveis com o movimento da partícula do ponto zero, que os alemães tinham apelidado de "*zitterbewegung*" ou "movimento trepidante".[29] Relacionar a gravidade com a energia do ponto zero solucionou vários enigmas que confundiam os físicos há muitos séculos. Respondeu, por exemplo, à pergunta de por que a gravidade é fraca e por que não pode ser neutralizada (o próprio campo de ponto zero, que sempre está presente, não pode ser neutralizado por completo). Explicou, também, por que podemos ter uma massa positiva, mas não uma negativa. Por fim, reuniu a gravidade às outras forças da física, como a força nuclear e o eletromagnetismo, formando uma teoria convincente e unificada, algo que os físicos sempre estiveram ansiosos por fazer, mas que nunca haviam conseguido.

Hal publicou a sua teoria da gravidade e obteve aplausos educados e comedidos. Embora ninguém tenha se apressado em reproduzir os seus dados, ao menos ele não foi ridicularizado, embora o que tivesse escrito contrariasse fundamentalmente a base da física do século XX. A física quântica afirma que uma partícula pode ser simultaneamente uma onda, a não ser que seja observada e em seguida mensurada, momento em que todas as suas possibilidades colapsam em uma entidade fixa. Já a teoria de Hal diz que uma partícula é sempre uma partícula, e seu estado apenas parece indeterminado porque ela está constantemente interagindo com esse campo de energia no segundo plano. Outra qualidade de partículas subatômicas como os elétrons que é considerada um dado básico na teoria quântica é a "não localidade" – a "misteriosa ação a distância" de Einstein. Essa qualidade também pode ser explicada pelo campo de ponto zero. Para Hal, ela era análoga a duas varas fincadas na areia à beira do oceano prestes a serem atingidas por uma onda. Se não desconhecêssemos a existência da onda, e as duas varas tombassem por causa dela, uma depois da outra, poderíamos achar que uma delas havia afetado a outra a distância e chamar isso de um efeito não local. Mas e se flutuações do ponto zero fossem o mecanismo subjacente que atuasse sobre entidades quânticas e fizesse com que uma entidade afetasse a outra?[30] Se isso fosse verdade, significaria que cada parte do Universo poderia estar instantaneamente em contato com todas as outras.

Enquanto dava seguimento ao seu trabalho no SRI, Hal montou um pequeno laboratório em Pescadero, nos contrafortes do litoral norte da Califórnia, dentro da casa de Ken Shoulders, um brilhante engenheiro pesquisador que ele conhecia havia anos e a quem contratara recentemente para ajudá-lo. Hal e Ken começaram a trabalhar na tecnologia de carga condensada: uma versão sofisticada de quando esfregamos o pé no tapete e depois levamos um choque quando tocamos em algum objeto de metal. Os elétrons se repelem e não gostam de ser colocados muito perto uns dos outros. Entretanto, é possível agrupar com firmeza a carga eletrônica se inserirmos no cálculo o campo de ponto zero, o qual, em algum ponto, começará a juntar os elétrons como se fosse uma minúscula força de Casimir. Isso nos permite desenvolver instrumentos eletrônicos em espaços muito pequenos.

Hal e Ken começaram a produzir aparelhos que usavam essa energia e depois patenteavam as descobertas. Com o tempo, inventaram um dispositivo especial que conseguia encaixar um dispositivo de raios X na extremidade de uma agulha hipodérmica, possibilitando que os profissionais da área médica tirassem fotografias de partes do corpo situadas em fendas minúsculas. Depois, desenvolveram um dispositivo de radar gerador de sinal de alta frequência que possibilitava que o radar fosse gerado a partir de uma fonte que não era maior do que um cartão de crédito. Eles mais tarde estariam entre os primeiros a projetar uma televisão de tela plana, com a largura de um quadro pendurado na parede. Todas as patentes foram aceitas com a explicação de que a suprema fonte de energia "parece ser a radiação do ponto zero do *continuum* do vácuo".[31]

As descobertas de Hal e Ken receberam um impulso inesperado quando o Pentágono, que classifica as novas tecnologias em ordem de importância para a nação, relacionou a tecnologia de carga condensada, como era chamada na época a pesquisa da energia do ponto zero, como o item número 3 na Lista de Assuntos Nacionais Essenciais, vindo depois apenas dos bombardeiros invisíveis e da computação óptica. Um ano mais tarde, a tecnologia de carga condensada avançaria para a segunda posição. O Interagency Technological Assessment Group estava convencido de que Hal estava trabalhando em algo importante para o interesse nacional e que o aeroespaço só poderia ser mais bem desenvolvido se fosse possível extrair energia do vácuo.

Com o governo dos Estados Unidos apoiando seu trabalho, Puthoff e Shoulders puderam escolher entre um leque de empresas privadas dispostas a financiar suas pesquisas. Em 1989, por fim aceitaram a oferta da Boeing, que estava interessada no minúsculo dispositivo de radar dos dois e planejava financiar o desenvolvimento dele como parte de um grande projeto. Este último definhou por alguns anos, e depois a Boeing deixou de ter os recursos financeiros necessários. Quase todas as outras companhias exigiam um protótipo em escala natural antes de começar a financiar o projeto. Hal decidiu criar a sua própria empresa para desenvolver o dispositivo de raios X. Chegou a percorrer metade do caminho nessa direção, mas lhe ocorreu que estava prestes a fazer um desvio indesejável. Hal poderia ganhar muito dinheiro, mas ele só estava interessado no projeto por causa do dinheiro que poderia usar para financiar a sua pesquisa em energia. Ele calculou que fundar e administrar a sua empresa tomaria pelo menos dez anos de sua vida, assim como o negócio de família de Bill consumira uma década da vida dele. Era bem melhor, raciocinou Hal, simplesmente procurar um financiamento para a pesquisa da energia propriamente dita. Naquele momento, Hal tomou uma decisão. Manteria sua mente voltada para o objetivo altruísta com o qual começara, e com o tempo apostaria todas as suas fichas nele. Primeiro o serviço, em seguida a glória e por último, caso acontecesse, a remuneração.

Hal esperaria quase vinte anos para que outra pessoa reproduzisse e expandisse suas teorias. A confirmação chegou em uma mensagem telefônica, deixada às três horas da manhã, que teria parecido arrogante, até mesmo ridícula, para a maioria dos físicos. Bernie Haisch estivera concluindo alguns detalhes finais em seu escritório, em Lockheed, Paio Alto, preparando-se para se dedicar a uma bolsa de pesquisa que conseguira no Instituto Max Planck em Garching, Alemanha. Bernie era um astrofísico que aguardava ansioso pela última parte do verão, que passaria fazendo pesquisas sobre a emissão de raios X pelas estrelas, e achava que tinha tido sorte por ter conseguido essa oportunidade. Bernie era um híbrido estranho; tinha uma postura formal e cautelosa no trabalho, que camuflava uma expressividade que encontrava seu escoadouro escrevendo canções folclóricas. No laboratório, contudo, ele era tão pouco inclinado a exageros quanto o seu amigo colombiano Alfonso Rueda, respeitado físico e especialista em matemática aplicada da Universidade do Estado da Califórnia em Long Beach, que deixara a mensagem. Os físicos dificilmente eram famosos por terem algum senso de humor em relação ao trabalho deles, e Rueda era um homem quieto e detalhista, com certeza pouco inclinado à presunção. Talvez aquela fosse uma pegadinha idealizada pelo colombiano.

A mensagem deixada na secretária eletrônica de Haisch dizia o seguinte: "Oh meu Deus, acho que acabo de deduzir F = ma".

Para um físico, uma pessoa fazer essa declaração era o mesmo que dizer que havia resolvido uma equação matemática que provava a existência de Deus. Nesse caso, Deus era Newton e F = ma, o Primeiro Mandamento. A fórmula F = ma é um princípio central da física, postulado em 1687 por Newton em seu *Principia*, a bíblia da física clássica, como a equação fundamental do movimento. Ele era tão crucial para a teoria da física que era um dado básico, um postulado, não era uma coisa demonstrável; era simplesmente algo que se supunha ser verdade e jamais era colocado em discussão. A força é igual à massa (ou à inércia) multiplicada pela aceleração. Ou então, a aceleração que obtemos é inversamente proporcional à massa para qualquer força considerada. A inércia – a tendência de os objetos ficarem quietos no lugar e terem dificuldade para entrar em movimento, e uma vez em movimento terem dificuldade em parar – se opõe à nossa capacidade de aumentar a velocidade de um objeto. Quanto maior o objeto, mais força é necessária para fazer com que ele entre em movimento. A quantidade de esforço para arremessar uma mosca por muitos metros não fará um hipopótamo começar a sair do lugar.

A questão era que não se *demonstra* matematicamente um mandamento. Ele é usado para se construir toda uma religião. Todos os físicos depois de Newton consideraram isso um pressuposto fundamental e construíram suas teorias e experiências com base nesse fundamento. O postulado de Newton havia definido a massa inercial e estabelecido o fundamento da mecânica física para os últimos trezentos anos. Todos sabemos que ele é verdadeiro, embora ninguém pudesse de fato comprová-lo.[32]

E agora Alfonso Rueda estava afirmando, na mensagem telefônica, que essa equação, a mais famosa da física depois de $E = mc^2$, era o resultado final de um complicado cálculo matemático ao qual ele vinha laboriosamente se dedicando até altas horas da noite durante muitos meses. Ele enviaria os detalhes para Haisch na Alemanha.

Embora estivesse envolvido com o trabalho do aeroespaço, Bernie Haisch lera algumas dissertações de Hal Puthoff e se interessara pelo campo de ponto zero, em grande parte por ser uma possível fonte de energia para as viagens espaciais de longa distância. Bernie fora inspirado pelo trabalho dos físicos britânicos Paul Davies e William Unruh da Universidade da Colúmbia Britânica. Os dois haviam descoberto que, se nos deslocamos a uma velocidade constante através do vácuo, nada parece mudar. No entanto, assim que começamos a acelerar, o vácuo começa a parecer um mar morno de radiação de calor a partir da nossa perspectiva enquanto nos movemos. Bernie começou a se perguntar se a inércia – à semelhança dessa radiação de calor – seria causada pela aceleração através do vácuo.[33]

Depois, em uma conferência, ele conhecera Rueda, um cientista famoso com uma extensa formação em matemática de alto nível, e após muito encorajamento e estímulo da parte de Bernie, o quase sempre austero Rueda começou a trabalhar na análise que envolvia o campo de ponto zero e um oscilador idealizado, um dispositivo fundamental usado para resolver muitos problemas clássicos da física. Embora Bernie tivesse a sua própria qualificação técnica, precisava de um matemático de alto nível para fazer os cálculos. Ele ficara intrigado com o trabalho de Hal sobre a gravidade e admitia a possibilidade de que talvez houvesse uma ligação entre a inércia e o campo de ponto zero.

Muitos meses mais tarde, Rueda concluiu os cálculos. Descobriu que um oscilador obrigado a acelerar através do campo de ponto zero enfrentará resistência, e que essa resistência será proporcional à aceleração. Parecia, para o mundo inteiro, que eles tinham acabado de conseguir mostrar por que F = ma. Não era mais do que isso porque Newton havia simplesmente se dignado a defini-lo como tal. Se Alfonso estivesse certo, um dos axiomas fundamentais do mundo fora reduzido a algo que poderíamos deduzir da eletrodinâmica. Não tínhamos que pressupor nada. Poderíamos provar que Newton estava correto simplesmente levando em consideração o campo de ponto zero.

Após receber os cálculos de Rueda, Bernie entrou em contato com Hal Puthoff, e os três decidiram trabalhar juntos. Bernie escreveu um texto muito longo sobre o assunto. Depois de alguma relutância, a *Physical Review*, publicação tradicional e prestigiosa da física, publicou o texto sem alterações em fevereiro de 1994.[34] O trabalho demonstrou que a propriedade de inércia que todos os objetos do Universo físico possuem era simplesmente a resistência a ser acelerada através do campo de ponto zero. No texto, eles demonstraram que a inércia é o que se chama de força de Lorentz, uma força que reduz a velocidade das partículas que se deslocam em um campo magnético. Nesse caso, o campo magnético é um componente do campo de ponto zero, reagindo com as partículas atômicas carregadas. Quanto maior o objeto, maior o número de partículas que ele contém e mais ele é mantido estacionário pelo campo.

Basicamente, o que eles estavam dizendo era que o material sólido e estável que chamamos de matéria, ao qual todos os físicos a partir de Newton têm atribuído uma massa inata, era uma ilusão. Tudo o que estava acontecendo era que esse mar de energia em segundo plano estava oferecendo uma resistência à aceleração ao agarrarem-se às partículas subatômicas sempre que empurrávamos um objeto. A massa, aos olhos desses três cientistas, era um dispositivo de "escrituração contábil", um "*place holder* temporário"* para um efeito mais geral de reação no vácuo quântico.[35]

Hal também compreendeu que a descoberta que tinham feito influenciava a famosa equação $E = mc^2$ de Einstein. Essa equação sempre indicou que a energia (uma entidade física definida no Universo) se transforma em massa (outra entidade física definida). Hal percebia agora que o relacionamento da massa com a energia era mais uma declaração a respeito da energia dos quarks e elétrons no que chamamos de matéria originada pela interação com as flutuações do campo de ponto zero. O que eles estavam querendo dizer, na linguagem bem-educada e neutra da física, era que a matéria não é uma propriedade fundamental da física. A equação de Einstein era simplesmente uma receita para a quantidade de energia necessária para criar a impressão de massa. Significa que não existem duas entidades físicas fundamentais – uma coisa material e outra imaterial –, mas apenas uma: a energia. Tudo em nosso mundo, qualquer coisa que seguremos na mão, por mais densa, pesada ou grande que seja, no nível mais fundamental se reduz a um conjunto de cargas elétricas interagindo com um mar que está em segundo plano de campos eletromagnéticos e outros campos energéticos – uma espécie de força de atrito eletromagnética. Hal

---

* Termo da lógica ou da matemática. Símbolo em uma equação que pode ser substituído pelo nome de qualquer elemento de um conjunto. [N. de T.]

escreveria mais tarde que a massa não equivalia à energia; a massa *era* a energia.[36] Ou então, de um modo ainda mais fundamental, não há nenhuma massa. Só existe a carga.

O famoso escritor de ficção-científica Arthur C. Clarke prognosticou mais tarde que a dissertação de Haisch-Rueda-Puthoff seria um dia considerada um documento "memorável",[37] e em *3001: a odisseia final*, ele aprovou a contribuição dos cientistas criando uma espaçonave movida por um impulso que anulava a inércia, conhecido como o impulso de SHARP (um acrônimo para "Sakharov, Haisch, Alfonso Rueda e Puthoff").[38] Eis o que Clarke escreveu ao justificar o fato de ter imortalizado a teoria deles:

> O texto aborda um problema que é tão fundamental que normalmente é aceito como uma verdade absoluta. Costuma-se dizer, com grande indiferença: "O Universo é assim".
> A pergunta que HR e P fizeram é a seguinte: "O que confere massa (ou inércia) a um objeto para que ele requeira um esforço para começar a se mover, e exatamente o mesmo esforço para ser devolvido ao seu estado inicial?"
> A resposta temporária que eles deram depende do fato pouco conhecido – impressionante e extrínseco às torres de marfim dos físicos – de que o suposto espaço vazio é um caldeirão de energias em ebulição: o campo de ponto zero... HR e P propõem que tanto a inércia quanto a gravidade são fenômenos eletromagnéticos resultantes da interação com esse campo.
> Tem havido inúmeras tentativas, que remontam a Faraday, de associar a gravidade ao magnetismo, e, embora muitos pesquisadores afirmem ter obtido sucesso, nenhum dos resultados jamais foi confirmado. Entretanto, se a teoria de HR e P puder ser comprovada, ela abrirá a perspectiva – por mais remota que seja – de os "impulsos espaciais" antigravitacionais, assim como a possibilidade, ainda mais fantástica, de se controlar a inércia. Isso poderia conduzir a algumas situações interessantes: se tocássemos delicadamente em alguém, a pessoa de imediato desapareceria a milhares de quilômetros

por hora, até surgir do outro lado da sala um milésimo de segundo depois. A boa notícia é que os acidentes de trânsito seriam praticamente impossíveis: os automóveis – e os passageiros – poderiam se chocar a qualquer velocidade sem sofrer qualquer dano.[39]

Em um artigo a respeito das futuras viagens espaciais que escreveu, Clarke disse o seguinte: "Se eu fosse um dos administradores da NASA... determinaria aos meus subordinados mais jovens e brilhantes (ninguém com mais de 25 precisaria se candidatar) que observassem longa e objetivamente as equações de Puthoff *et al*".[40] Mais tarde, Haisch, Rueda e Daniel Cole, da IBM, publicariam um trabalho mostrando que o Universo deve sua estrutura ao campo de ponto zero. Na opinião deles, o vácuo faz com que as partículas se acelerem, o que, por sua vez, as leva a se aglutinar em uma energia concentrada, ou no que chamamos de matéria.[41]

De certo modo, os membros da equipe SHARP fizeram o que Einstein não havia conseguido.[42] Comprovaram uma das leis mais fundamentais do Universo e encontraram uma explicação para um de seus maiores mistérios. O campo de ponto zero fora instituído como a base de uma série de fenômenos físicos fundamentais. Bernie Haisch, com seus anos de NASA, estava voltado para as possibilidades abertas às viagens espaciais tendo a inércia, a massa e a gravidade ligadas a esse mar de energia situado em segundo plano. Tanto ele como Hal obtiveram financiamento para desenvolver uma fonte de energia extraída do vácuo. No caso de Bernie Haisch, as verbas vieram de um setor da NASA que estava ansioso para promover viagens espaciais.

Se fosse possível extrair energia do campo de ponto zero a partir de onde quer que estivéssemos no Universo, não precisaríamos carregar combustível conosco; poderíamos simplesmente içar as velas no espaço e recorrer ao campo de ponto zero – uma espécie de vento universal – sempre que precisássemos. Hal Puthoff demonstrara, em outra dissertação, também em coautoria com Daniel Cole, que, em princípio, nada havia nas leis da termodinâmica que excluísse a possibilidade de que se extraísse energia do campo de ponto zero.[43] A outra ideia era manipular as ondas do campo de ponto zero para que pudessem agir como uma força unilateral, empurrando o nosso veículo. Bernie imaginou que, em algum ponto do futuro, talvez fosse possível simplesmente ajustar nosso transdutor (transformador de ondas) e seguir em frente. No entanto, o que é ainda mais exótico, se pudéssemos modificar ou desligar a inércia, talvez fôssemos capazes de dar a partida em um foguete com muita pouca energia, apenas modificando as forças que o impedem de se mover. Ou então poderíamos usar um foguete muito rápido, modificando a inércia dos astronautas de maneira que eles não fossem achatados pelas forças da gravidade. E se pudéssemos, de algum modo, desligar a gravidade, poderíamos alterar o peso do foguete ou a força necessária para acelerá-lo.[44] As possibilidades eram intermináveis.

Mas esse não era o único aspecto da energia do ponto zero. Em alguns de seus outros trabalhos, Hal se deparara com pesquisas sobre a levitação. A visão cética moderna era que essas façanhas eram executadas por meio de truques ou eram alucinações de fanáticos religiosos. Porém, muitas das pessoas que haviam tentado desmascarar esses feitos tinham falhado. Hal encontrou anotações requintadas sobre tais eventos. Para o físico que existia dentro dele, que sempre precisava desmontar uma situação considerada e examinar as partes, como fizera na juventude com os aparelhos usados pelos radioamadores, o que estava sendo descrito parecia ser um fenômeno relativístico. A levitação é categorizada como psicocinese, que é a capacidade de os seres humanos fazerem com que objetos (ou as próprias pessoas) se movimentem na ausência de qualquer força conhecida. Os casos registrados de levitação com os quais Hal havia topado só pareciam possíveis em termos físicos se a gravidade tivesse sido de alguma maneira manipulada. Se essas flutuações no vácuo, consideradas tão inexpressivas pela maioria dos físicos quânticos, de fato correspondessem a algo que pudesse ser aproveitado à vontade, fosse para abastecer automóveis ou mover objetos apenas concentrando nossa atenção neles, então as implicações, não só de sua utilização como combustível, seriam enormes em todos os aspectos de nossa vida. Poderia ser a coisa mais próxima que temos do que em *Star Wars* era chamado de "A Força".

Em seu trabalho profissional, Hal tinha o cuidado de permanecer sempre dentro dos limites da teoria conservadora da física. Entretanto, no âmbito pessoal, estava começando a entender as implicações metafísicas de um mar de energia existente em um plano de fundo. Se a matéria não era estável, e sim um elemento essencial em um ambiente subjacente (um mar aleatório de energia), então deveria ser possível utilizá-la como uma matriz vazia sobre a qual padrões coerentes poderiam ser inscritos, ainda mais porque o campo de ponto zero havia registrado tudo que já acontecera no mundo por intermédio da codificação da interferência das ondas. Esse tipo de informação poderia explicar a partícula coerente e as estruturas de campo. Mas também poderia haver uma escada ascendente de outras possíveis estruturas de informação, talvez campos coerentes ao redor de organismos vivos, ou quem sabe isso funcionaria como uma "memória" não bioquímica no Universo. Poderia até ser possível de alguma maneira organizar essas flutuações por meio de um ato de vontade.[45] Como Clarke escreveu, "é possível que já estejamos fazendo uso disso de uma maneira bem diminuta, o que talvez explique alguns dos resultados anômalos *over unity* que hoje estão sendo relatados em muitos dispositivos experimentais por técnicos aparentemente respeitáveis".[46]

Assim como Haisch, Hal era um físico que não deixava sua mente correr à solta, mas, quando ele se permitiu alguns momentos de especulação, percebeu que isso representava nada menos do que um conceito unificador do Universo, que mostrava que tudo estava de algum modo conectado e equilibrado com o resto do cosmo. A moeda corrente do Universo poderia ser a informação adquirida, estampada sobre esse campo fluido e mutável de informação. O Campo demonstrou que a verdadeira moeda corrente do Universo – a razão de sua estabilidade – é uma *troca* de energia. Se estávamos todos ligados por meio do campo, então talvez fosse possível recorrer a esse vasto reservatório de informação de energia e extrair informações dele. Com um banco de energia tão vasto a ser utilizado, praticamente qualquer coisa era possível se os seres humanos tivessem algum tipo de estrutura quântica que lhes permitisse ter acesso a ele. Mas havia o obstáculo. Tudo isso exigiria que nosso corpo operasse de acordo com as leis do mundo quântico.

CAPÍTULO 3

Seres de luz

Fritz-Albert Popp achou que havia descoberto a cura do câncer. Estávamos em 1970, um ano antes da viagem de Edgar Mitchell à Lua, e Popp, um biofísico teórico da Universidade de Marburg, na Alemanha, vinha dando aulas sobre radiologia: a interação da radiação eletromagnética nos sistemas biológicos. Ele estivera examinando o benzo(a)pireno, um hidrocarboneto policíclico conhecido como um dos carcinógenos mais letais para os seres humanos, e o iluminara com luz ultravioleta.

Popp brincava muito com a luz. Era fascinado pelo efeito da radiação eletromagnética sobre os sistemas vivos desde os tempos em que estudara na Universidade de Würzburg. Durante o período em que cursou a graduação, ele estudava na casa, às vezes na própria sala, onde Wilhelm Röntgen por acidente tropeçara no fato de que os raios de determinada frequência podiam produzir imagens das estruturas rígidas do corpo.

Popp estivera tentando determinar o que seria obtido se esse composto químico fatal fosse estimulado com luz ultravioleta (UV). Descobriu que o benzo(a)pireno possuía uma propriedade óptica bem estranha: absorvia a luz, mas em seguida a reemitia em uma frequência completamente distinta, como se um agente secreto da CIA interceptasse um sinal de comunicação do inimigo e o confundisse. Era uma substância química que também tinha a função de misturador, ou embaralhador, de frequências biológicas. Popp realizou então o mesmo teste no benzo(e)pireno, outro hidrocarboneto policíclico, que é praticamente idêntico sob todos os aspectos ao benzo(a)pireno, exceto por uma minúscula alteração na estrutura molecular. Essa diferença ínfima em um dos anéis do composto químico era fundamental, pois tornava o benzo(e)pireno inofensivo para os seres humanos. A luz passava inalterada por essa substância química particular.

Popp continuou perplexo com essa diferença e continuou a experimentar com a luz e com os compostos químicos. Ele realizou esse mesmo teste em 37 outras substâncias químicas, algumas causadoras de câncer e outras não. Depois de algum tempo, as coisas chegaram a um ponto em que ele era capaz de prever quais substâncias poderiam causar câncer. Os compostos químicos que eram carcinogênicos sempre recebiam a luz UV, absorviam-na e mudavam a frequência dela.

Esses compostos químicos tinham outra propriedade estranha: cada um dos carcinógenos reagia à luz apenas em um comprimento de onda específico: 380 nanômetros. Popp continuou a se perguntar por que uma substância causadora de câncer seria um misturador de luz. Ele começou a consultar a literatura científica, em particular a respeito das reações biológicas humanas, e se deparou com informações acerca de um fenômeno chamado "fotorreparação". É de conhecimento geral que, a partir de experiências biológicas de laboratório, se pudermos bombardear uma célula com luz UV de maneira que 99% dela, inclusive seu DNA, sejam destruídos, é possível reparar inteiramente o dano em um único dia apenas iluminando a célula com o mesmo comprimento de onda de intensidade muito fraca. Até hoje, os cientistas convencionais não entendem esse fenômeno, mas ninguém o questionou. Popp também sabia que os pacientes com um problema de pele chamado xerodermia acabam morrendo de câncer de pele porque o sistema de fotorreparação deles não funciona e, portanto, não repara o dano causado pelo Sol. Popp ficou aturdido ao descobrir que a fotorreparação obtém máxima eficiência a 380 nanômetros – o mesmo comprimento de onda que os compostos químicos causadores de câncer embaralham e ao qual reagem.

Foi aí que Popp deu seu salto lógico. A natureza era perfeita demais para que isso fosse uma simples coincidência. Se os carcinógenos só reagiam a esse comprimento de onda, ele precisava necessariamente estar de alguma forma relacionado com a fotorreparação. Se fosse este o caso, isso significaria que precisava haver alguma luz no corpo responsável pela fotorreparação. Um composto químico cancerígeno deve causar câncer porque bloqueia permanentemente essa luz e a embaralha, de modo que a fotorreparação não consegue mais funcionar.

Popp ficou profundamente perplexo ao pensar nisso tudo. Decidiu que essa seria a base de seu trabalho futuro. Redigiu sua dissertação, mas falou com poucas pessoas a respeito dela. Ficou contente, mas não propriamente surpreso, quando uma prestigiosa publicação especializada em câncer concordou em publicá-la.[1] Nos meses que antecederam a publicação do trabalho, Popp ficou um tanto impaciente, preocupado com a possibilidade de a sua ideia ser roubada. Qualquer revelação descuidada de sua parte para um observador casual poderia levar o ouvinte a patentear a descoberta de Popp. Tão logo a comunidade científica se desse conta de que Popp havia descoberto a cura do câncer, ele seria um dos cientistas mais celebrados de sua época. Era sua primeira incursão em uma nova área da ciência, que iria proporcionar-lhe o prêmio Nobel.

Popp, afinal de contas, estava acostumado a homenagens. Até aquele momento, ganhara quase todos os prêmios que poderiam ser concedidos na vida acadêmica. Até mesmo conquistara o prêmio Rontgen por seu trabalho final na graduação, que consistiu na construção de um pequeno acelerador de partículas. Esse prêmio, que tinha o nome do herói de Popp, Wilhelm Röntgen, é concedido todos os anos ao melhor aluno da graduação de física da Universidade de Würzburg. Popp estudara como um jovem possuído. Terminara os exames bem antes dos outros alunos. Recebeu o seu doutorado em física teórica em tempo recorde, levando pouco mais de dois anos para concluir o curso, que costumava durar cinco anos para a maioria dos acadêmicos. Na ocasião de sua descoberta, Popp já era famoso entre os colegas como um jovem gênio, não apenas por causa de sua capacidade, mas devido à sua aparência jovem e elegante.

Quando a dissertação foi publicada, Popp tinha 33 anos e era bem apessoado, tinha o queixo erguido, os olhos azuis acinzentados, o olhar direto de um valentão de Hollywood e um rosto de menino que levava todos a supor que ele era anos mais jovem. Até mesmo sua esposa, sete anos mais nova, era frequentemente tida como mais velha do que ele. E, na verdade, havia algo de valentão a respeito dele; Popp tinha a reputação de ser o melhor esgrimista do campus, condição que fora posta à prova em vários duelos, um dos quais o deixara com um corte ao longo do lado esquerdo da cabeça.

A aparência e a postura de Popp não correspondiam à seriedade de seus estudos. À semelhança de Edgar Mitchell, ele era ao mesmo tempo filósofo e cientista. Quando ainda era criança, tentara compreender o mundo, encontrar uma solução geral que pudesse aplicar a tudo na sua vida. Planejara inclusive estudar filosofia, até que um professor o convenceu de que a física talvez fosse um território mais fértil, já que ele desejava encontrar uma única equação que contivesse o segredo da vida. Não obstante, a física clássica, com sua afirmação de que a realidade é um fenômeno que independe do observador, o deixara profundamente desconfiado. Popp havia estudado Kant e acreditava, assim como o filósofo, que a realidade era a criação de sistemas vivos. O observador precisa estar no centro da criação de seu próprio mundo.

Popp foi exaltado por sua dissertação. O Deutsche Krebsforschungszentrum (Centro Alemão de Pesquisa do Câncer), em Heidelberg, convidou-o para falar diante de quinze dos principais especialistas em câncer do mundo durante uma conferência de oito dias sobre todos os aspectos do câncer. O convite para fazer uma palestra para um grupo tão distinto foi uma oportunidade incrível, que aumentou seu prestígio no campus universitário. Ele chegou vestindo um terno novo, era a presença mais elegante no congresso acadêmico, mas foi o pior orador, pois precisou se debater com o seu inglês para se fazer entender.

Tanto na apresentação como na dissertação, a competência científica de Popp era inatacável, exceto por um detalhe: o trabalho partia do princípio que uma luz fraca de 380 nanômetros estava de alguma maneira sendo produzida no corpo. Para os pesquisadores do câncer, esse detalhe era uma espécie de piada. Você não acha, perguntaram eles a Popp, que se houvesse luz no corpo, alguém, em algum lugar, já teria percebido?

Uma única pesquisadora, uma fotoquímica do Instituto Madame Curie, que estava trabalhando na atividade carcinogênica das moléculas, acreditava que Popp estava certo. Convidou-o para trabalhar com ela em Paris, mas morreu de câncer antes que Popp pudesse se juntar a ela.

Os pesquisadores desafiaram Popp a apresentar provas, e ele estava preparado com um contradesafio. Se eles o ajudassem a construir o equipamento adequado, ele mostraria de onde a luz vinha.

Pouco tempo depois, um aluno chamado Bernhard Ruth procurou Popp e pediu que ele orientasse sua dissertação de doutorado.

– Claro – respondeu Popp –, mas você precisa mostrar que existe luz no corpo.

Ruth achou a sugestão ridícula. É claro que não há luz no corpo.

– Tudo bem – disse Popp. – Apresente-me então uma evidência de que não há luz no corpo e você poderá obter seu diploma de doutorado.

Esse encontro foi excelente para Popp, pois Ruth revelou-se um excelente físico experimental. Ele se empenhou em construir um equipamento que iria demonstrar, de uma vez por todas, que nenhuma luz era emanada pelo corpo. Em dois anos, ele produziu uma máquina que lembrava um detector de raios X (EMI 9558QA selected typed), que usava uma fotomultiplicadora que lhe permitia contar a luz, fóton por fóton. Até hoje esse ainda é um dos melhores equipamentos da área. A máquina precisava ser altamente sensível, pois estaria medindo o que Popp supunha ser emissões extremamente fracas.

Em 1976, eles estavam prontos para o primeiro teste. Tinham cultivado pepinos que brotaram de sementes, que estão entre as plantas mais fáceis de cultivar, e os colocaram na máquina. A fotomultiplicadora detectou que fótons, ou ondas luminosas, de intensidade surpreendentemente elevada estavam sendo emitidas pelos pepinos. Ruth mostrou-se muito cético. Isso tinha alguma coisa a ver com a clorofila, argumentou ele – ponto de vista compartilhado por Popp. Decidiram que no teste seguinte, com algumas batatas, cultivariam as plantas no escuro, para que não fizessem fotossíntese. Mesmo assim, quando foram colocadas no fotomultiplicador, as batatas registraram uma intensidade de luz ainda maior.[2] Popp deduziu que era impossível que o efeito tivesse qualquer relação com a fotossíntese. Além disso, esses fótons nos sistemas vivos que eles haviam examinado eram mais coerentes do que qualquer coisa que ele já vira.

Na física quântica, coerência quântica significa que partículas subatômicas são capazes de cooperar. Essas ondas ou partículas subatômicas não apenas têm conhecimento umas das outras, mas estão altamente interligadas por faixas de campos eletromagnéticos comuns, de modo que podem se comunicar em conjunto. Elas são como uma profusão de diapasões que começam a reverberar juntos. Quando as ondas entram em fase, começam a agir como uma única onda gigante e uma única partícula subatômica gigante. Torna-se difícil distingui-las. Muitos dos estranhos efeitos quânticos vistos em uma única onda se aplicam ao todo. Algo feito a uma delas afetará as outras.

A coerência estabelece a comunicação. É como uma rede telefônica subatômica. Quanto maior a coerência, melhor a qualidade da rede telefônica e mais refinados são os padrões de onda do telefone. O resultado final se assemelha um pouco a uma grande orquestra. Todos os fótons estão tocando juntos, mas com instrumentos individuais que são capazes de tocar partes solo. Não obstante, quando estamos ouvindo, é difícil distinguir um instrumento isolado.

Ainda mais impressionante era o fato de Popp estar testemunhando o nível mais elevado possível de ordem quântica, ou coerência, em um sistema vivo. Em geral, essa coerência – chamada de condensado de Bose-Einstein – só é observada em substâncias materiais como os superfluidos ou supercondutores estudados em laboratório com ambientes extremamente frios – apenas poucos graus acima do zero absoluto –, e não no ambiente quente e desarrumado de um ser vivo.

Popp começou a pensar a respeito da luz na natureza. A luz, é claro, estava presente nas plantas, a fonte de energia usada durante a fotossíntese. É possível que, quando comemos alimentos vegetais, pensou ele, absorvamos os fótons e os armazenemos. Por exemplo: se ingerirmos um pouco de brócolis, quando o digerimos ele é metabolizado em dióxido de carbono (CO_2) e água, mais a luz armazenada do Sol e presente na fotossíntese. Extraímos o CO_2 e eliminamos a água, mas a luz, uma onda eletromagnética, precisa ser armazenada. Quando recebida no corpo, a energia desses fótons se espalha, sendo depois distribuída por todos os espectros de frequências eletromagnéticas, da mais baixa à mais alta. Essa energia torna-se a força motriz de todas as moléculas do nosso corpo.

Os fótons ativam os processos do corpo como um maestro introduz cada instrumento individual no som coletivo. Em frequências diferentes, eles executam funções distintas. Popp descobriu, por meio de experiências, que as moléculas nas células respondiam a certas frequências e que uma amplitude de vibrações dos fótons causava uma variedade de frequências em outras moléculas do corpo. As ondas de luz também responderam à pergunta de como o corpo era capaz de realizar, instantaneamente, complicadas façanhas com diferentes partes do corpo ou fazer duas ou mais coisas ao mesmo tempo. Essas "emissões de biofótons", como ele estava começando a chamá-las, podiam fornecer um perfeito sistema de comunicação, transferir informações para muitas células do organismo. Mas a pergunta mais importante permanecia: de onde elas estavam vindo?

Um aluno muito talentoso de Popp o convenceu a tentar uma experiência. Sabe-se que, quando aplicamos uma substância química chamada brometo de etídio em amostras de DNA, a substância se comprime no meio dos pares de bases da dupla hélice fazendo com que ela se desenrole. O aluno sugeriu que, após aplicar a substância, ele e Popp tentassem medir a luz que se desprendia da amostra. Popp descobriu que, quanto mais ele aumentava a concentração da substância química, mais o DNA se desenrolava, e a intensidade da luz também ficava mais forte.[3] Ele também descobriu que o DNA era capaz de emitir uma vasta amplitude de frequências e que algumas delas pareciam associadas a determinadas funções. Se o DNA estivesse armazenando essa luz, ele naturalmente emitiria mais luz quando se desenrolasse.

Essas e outras pesquisas demonstraram a Popp que um dos maiores depósitos de luz e fontes de emissões de biofótons é o DNA. Este último deveria ser como o diapasão principal no corpo. Ele acionaria uma frequência particular e outras moléculas seguiriam o exemplo.

Era perfeitamente possível, compreendeu Popp, que ele tivesse tropeçado no elo perdido da atual teoria do DNA, que talvez pudesse explicar o maior milagre em toda a biologia humana: a maneira como uma única célula se transforma em um ser humano.

Um dos maiores mistérios da biologia é saber como nós e todos os outros seres vivos assumimos formas geométricas. A maioria dos cientistas modernos entende por que temos olhos azuis ou como chegamos a ter 1,80 m de altura, e até mesmo como as células se dividem. No entanto, a maneira como essas células sabem exatamente onde se colocar em cada estágio do processo de formação para que um braço se torne um braço e não uma perna, assim como o próprio mecanismo que leva essas células a se organizarem e se reunirem, formando algo que se parece com uma forma humana tridimensional, são coisas bem mais difíceis de compreender.

A explicação científica habitual está relacionada às interações químicas entre as moléculas e o DNA, a dupla hélice espiralada do código genético que contém um modelo das proteínas e dos aminoácidos do corpo. Cada hélice do DNA, ou cromossomo – e os 26 pares idênticos estão presentes em cada um dos milhares de milhões de milhões de células do nosso corpo[4] –, contém uma longa cadeia de nucleotídeos, ou bases, de quatro diferentes componentes (abreviados como A, T, C e G) dispostos em uma ordem única em cada corpo humano. A ideia preferida é que existe um "programa" genético de genes que operam coletivamente para determinar a forma ou, na perspectiva de neodarwinistas como Richard Dawkins, que genes implacáveis, como os gângsteres de Chicago, têm poderes para criar a forma e que nós somos "máquinas de sobrevivência" – veículos robóticos programados para preservar as moléculas egoístas conhecidas como genes.[5]

Essa teoria promove o DNA como o homem da Renascença do corpo humano – arquiteto, mestre de obras e casa de máquinas –, cujas ferramentas para toda essa incrível atividade são um punhado de substâncias químicas que formam as proteínas. A visão científica moderna é que o DNA de alguma maneira consegue construir o corpo e liderar todas as suas atividades dinâmicas simplesmente desligando e ligando de modo seletivo determinados segmentos, ou genes, cujos nucleotídeos, ou instruções genéticas, escolhem certas moléculas de RNA, que por sua vez selecionam, em um grande alfabeto de aminoácidos, as "palavras" genéticas que criam proteínas específicas. Essas proteínas são supostamente capazes de desenvolver o corpo e ligar e desligar todos os processos químicos no interior da célula que controlam o funcionamento do corpo.

Sem dúvida, as proteínas desempenham um papel importante nas funções corporais. A falha dos darwinistas reside na explicação insuficiente de como o DNA sabe quando coordenar tudo isso e também como essas substâncias químicas, que colidem às cegas umas com as outras, conseguem operar mais ou menos ao mesmo tempo. Cada célula passa, em média, por cerca de cem mil reações químicas por segundo, um processo que se repete simultaneamente em cada célula do corpo. Em qualquer segundo considerado, ocorrem bilhões de reações químicas de um ou outro tipo. A cronometragem precisa ser muito refinada, pois, se qualquer um dos processos químicos individuais em todos os milhões de células do corpo saísse de sincronia por uma fração insignificante de tempo, os seres humanos explodiriam em uma questão de segundos. Mas o que a maior parte dos geneticistas não abordara é: se o DNA é a sala de controle, qual seria então o mecanismo de *feedback* que possibilita que ele sincronize as atividades dos genes e células individuais de modo que ponham em prática os sistemas em uníssono? Qual é o processo químico ou genético que diz a certas células que elas devem se tornar uma mão e não um pé? E quais processos celulares ocorrem em que ocasião?

Se todos esses genes estão funcionando juntos como uma orquestra inimaginavelmente grande, quem ou o que é o maestro? E se todos esses processos são causados por uma simples colisão química entre moléculas, como podem funcionar rápido o bastante para serem responsáveis pelos comportamentos coerentes que os seres humanos apresentam em cada minuto de suas vidas?

Quando um ovo fertilizado começa a se multiplicar e produzir células-filhas, cada uma começa a adotar uma estrutura e uma função que está de acordo com seu futuro papel no corpo. Embora cada filha contenha os mesmos cromossomos, com as mesmas informações genéticas, certos tipos de células imediatamente "sabem" como usar diferentes informações genéticas para se comportar de um modo distinto das outras, de modo que certos genes precisam "saber" que é a sua vez de ser acionado. Além disso, cada célula precisa ser capaz de ter conhecimento das células vizinhas para descobrir como ela se encaixa no plano global. Isso requer nada menos do que um método engenhoso de comunicação entre as células em um estágio muito inicial do desenvolvimento do embrião, e a mesma sofisticação a cada momento de nossa vida.

Os geneticistas reconhecem que a diferenciação das células depende por inteiro do fato de as células saberem se diferenciar desde cedo e depois, de algum modo, lembrarem-se de que são diferentes e passarem adiante essa informação vital para as gerações subsequentes de células. No momento, os cientistas dão de ombros para como tudo isso pode ser realizado, ainda mais por acontecer em um ritmo tão rápido.

O próprio Dawkins admite o seguinte: "Como exatamente isso acaba conduzindo ao desenvolvimento de um bebê é uma história que levará décadas, talvez séculos, para ser solucionada pelos embriologistas. Mas que esse desenvolvimento acontece é um fato".[6]

Em outras palavras, à semelhança de policiais desesperados para encerrar um caso, os cientistas prenderam o suspeito mais provável sem se incomodar com o processo de recolher provas. Os detalhes dessa certeza absoluta, de como as proteínas poderiam realizar tudo isso sozinhas, são deixados sem solução.[7] Quanto à orquestração dos processos celulares, os bioquímicos nunca de fato fazem essa pergunta.[8]

O biólogo britânico Rupert Sheldrake preparou um dos mais constantes e ruidosos desafios a essa abordagem, argumentando que a ativação dos genes e as proteínas não explicam o desenvolvimento da forma, assim como a entrega de materiais de construção no local de uma obra não explica a estrutura da casa que está sendo construída.

A teoria genética atual tampouco esclarece, afirma ele, como um sistema em desenvolvimento pode autorregular-se ou crescer normalmente se uma parte do sistema for acrescentada ou removida, e também não explica como um organismo se regenera, substituindo estruturas ausentes ou danificadas.[9]

Em um ímpeto de febril inspiração enquanto estava em um ashram na Índia, Sheldrake elaborou sua hipótese de causação formativa, que argumenta que a forma das coisas vivas que se auto-organizam – tudo desde moléculas e organismos até a sociedade e as galáxias – é moldada por campos mórficos. Esses campos possuem uma ressonância mórfica, uma memória cumulativa, de sistemas semelhantes através das culturas e do tempo, de modo que espécies de animais e de plantas não apenas "se lembram" de qual deve ser a aparência delas, mas de como devem agir. Rupert Sheldrake usa o termo "campos mórficos" e todo um vocabulário de sua própria criação para descrever as propriedades auto-organizadoras dos sistemas biológicos. A "ressonância mórfica" é, a partir do ponto de vista dele, "a influência de semelhante sobre semelhante através do espaço e do tempo". Ele acredita que esses campos (e acha que existem muitos deles) são diferentes dos campos eletromagnéticos porque reverberam através das gerações com uma memória inerente da forma e do formato corretos.[10] Quanto mais aprendemos, mais facilidade os outros terão para seguirem nossos passos.

A teoria de Sheldrake é bela e elaborada de maneira simples. Não obstante, ele próprio admite que ela não explica as propriedades físicas de como tudo isso pode ser possível, ou de como todos esses campos podem armazenar essas informações.[11]

Popp acreditava que tinha, nas emissões de biofótons, uma resposta para a questão da morfogênese, assim como para a "*Gestaltbildung*" – a coordenação e comunicação das células que só poderiam ocorrer em um sistema holístico, com um orquestrador principal. Popp demonstrou em suas experiências que essas fracas emissões de luz eram suficientes para orquestrar o corpo. As emissões precisavam ser de baixa intensidade porque essas comunicações ocorriam em um nível quântico, e as intensidades mais elevadas só seriam sentidas no mundo das escalas maiores.

Quando Popp começou a pesquisar essa área, percebeu que estava se apoiando nos ombros de muitas outras pessoas, cujos trabalhos sugeriam um campo de radiação eletromagnética que de algum modo orienta o crescimento do corpo celular. Foi o cientista russo Alexander Gurwitsch que teve o mérito de ser o primeiro a descobrir o que ele chamou de "radiação mitogenética" em raízes de cebola na década de 1920. Gurwitsch postulou que, provavelmente, um campo também era responsável pela formação estrutural do corpo, e não só pelas substâncias químicas. Embora o trabalho de Gurwitsch fosse em grande medida teórico, pesquisadores posteriores conseguiram demonstrar que uma radiação fraca dos tecidos estimula o crescimento das células nos tecidos adjacentes do mesmo organismo.[12]

Outras pesquisas antigas sobre esse fenômeno – hoje repetidas por muitos cientistas – foram conduzidas na década de 1940 pelo neuroanatomista Harold S. Burr, da Universidade Yale, que estudou e mediu campos elétricos ao redor dos seres vivos, em particular das salamandras. Burr descobriu que estas possuíam um campo de energia moldado como uma salamandra adulta, e que esse modelo existia inclusive no ovo não fertilizado.[13]

Burr também descobriu campos elétricos ao redor de todos os tipos de organismos, entre eles o mofo, as salamandras, as rãs e os seres humanos.[14] As mudanças nas cargas elétricas pareciam estar correlacionadas com o crescimento, o sono, a regeneração, a luz, a água, as tempestades, o desenvolvimento do câncer – e até mesmo com as fases da lua.[15] Em suas experiências com as plantas cultivadas a partir de sementes, por exemplo, ele descobriu campos elétricos que se pareciam com a planta adulta final.

Outra experiência preliminar interessante foi realizada no início dos anos 20 por Elmer Lund, pesquisador da Universidade do Texas, sobre as hidras, diminuto animal aquático que possui até doze cabeças capazes de se regenerar. Lund (e depois outros cientistas) descobriu que podia controlar a regeneração aplicando minúsculas correntes através do corpo da hidra. Ao usar uma corrente forte o bastante para neutralizar a força elétrica do animal, Lund conseguiu fazer com que uma cabeça se formasse onde deveria ter surgido uma cauda. Em pesquisas posteriores realizadas na década de 1950, G. Marsh e H. W. Beams descobriram que na presença de voltagens elevadas, até mesmo um platelminto intacto começa a se reorganizar, com a *cabeça transformando-se em cauda e vice-versa.*[16] No entanto, outras pesquisas demonstraram que embriões muito jovens, privados de seu sistema nervoso e transplantados para um embrião saudável, sobreviverão, como um irmão siamês, nas costas dos embriões saudáveis. Outras experiências ainda demonstraram que a regeneração pode até mesmo ser revertida ao se passar uma pequena corrente através do corpo de uma salamandra.

O ortopedista Robert O. Becker se dedicou principalmente a um trabalho relacionado a tentativas de estimular ou acelerar a regeneração nos seres humanos e em outros animais. Entretanto, ele também publicou muitos relatos de experiências no *Journal of Bone and Joint Surgery* demonstrando uma "corrente de lesão" – onde animais como as salamandras, com membros amputados, desenvolvem uma mudança de carga no local do coto, cuja voltagem aumenta até que o novo membro apareça.[17]

Muitos biólogos e físicos apresentaram a ideia de que a radiação e as ondas oscilantes são responsáveis pela sincronia da divisão celular e por enviar instruções cromossômicas para todo o corpo. Talvez o mais conhecido deles, Herbert Fröhlich, da Universidade de Liverpool e ganhador da prestigiosa Medalha Max Planck (prêmio anual da German Physical Society que visa homenagear a carreira de um físico importante), tenha sido um dos primeiros a introduzir a ideia de que algum tipo de vibração coletiva era responsável por levar as proteínas a cooperar umas com as outras e cumprir instruções do DNA e das proteínas celulares. Fröhlich até mesmo previu que certas frequências (hoje chamadas de "frequências de Fröhlich") situadas logo abaixo das membranas da célula poderiam ser geradas por vibrações nessas proteínas. A comunicação por onda era supostamente a forma pela qual as menores atividades das proteínas, o trabalho dos aminoácidos, por exemplo, seriam executadas e uma boa maneira de sincronizar as atividades entre as proteínas e o sistema como um todo.[18]

Em suas próprias pesquisas, Fröhlich demonstrara que uma vez que a energia atinge certo limiar, as moléculas começam a vibrar em uníssono até alcançar um nível elevado de coerência. No instante em que as moléculas atingem esse estado de coerência, elas adquirem determinadas qualidades da mecânica quântica, inclusive a não localidade. Elas chegam ao ponto em que podem funcionar em conjunto.[19]

O físico italiano Renato Nobili, da Universidade de Pádua, acumulou provas experimentais de que frequências eletromagnéticas ocorrem em tecidos animais. Ele descobriu em experiências que o fluido nas células promove correntes e padrões de onda, e que eles correspondem a padrões de onda captados em leituras de eletroencefalograma (EEC) realizadas no córtex cerebral e no couro cabeludo.[20] O russo Albert Szent-Györgyi, ganhador do prêmio Nobel, postulou que as células das proteínas atuam como semicondutores, preservando e passando adiante, como informações, a energia dos elétrons.[21]

Contudo, a maior parte dessas pesquisas, inclusive o trabalho inicial de Gurwitsch, havia sido em grande medida desconsiderado, principalmente porque não existia nenhum equipamento sensível o bastante para medir essas minúsculas partículas de luz antes da invenção da máquina de Popp. Além disso, quaisquer ideias a respeito do emprego da radiação na comunicação celular eram totalmente desprezadas em meados do século XX, devido à descoberta dos hormônios e ao nascimento da bioquímica, que propunha que tudo podia ser explicado por meio dos hormônios ou de reações químicas.[22]

Na ocasião em que Popp teve à disposição sua máquina de luz, ele estava mais ou menos sozinho no que dizia respeito a uma teoria de radiação do DNA. Porém, continuou obstinadamente com suas experiências, aprendendo mais acerca das propriedades dessa misteriosa luz. Quanto mais ele testava, mais descobria que todas as coisas vivas – das plantas e animais mais básicos aos seres humanos e sua sofisticada complexidade – emitiam uma corrente permanente de fótons, que variavam de apenas alguns poucos a centenas. O número de fótons emitidos parecia estar relacionado com a posição do organismo na escala evolucionária: quanto mais complexo o organismo, menos fótons eram emitidos. Os animais e plantas rudimentares tendiam a emitir 100 fótons por centímetro quadrado por segundo, em um comprimento de onda entre 200 e 800 nanômetros, que corresponde a uma frequência muito elevada de onda eletromagnética, bem dentro da amplitude de luz visível, ao passo que os seres humanos emitiam apenas dez fótons na mesma área, no mesmo tempo e na mesma frequência. Popp também descobriu outra curiosidade. Quando a luz brilhava sobre células vivas, estas assimilavam a luz e, depois de algum tempo, passavam a brilhar intensamente – um processo chamado de "luminescência com retardo". Ocorreu a Popp que isso poderia ser um dispositivo de correção. O sistema vivo precisaria manter um delicado equilíbrio de luz. Nesse caso, quando estava sendo bombardeado com luz em demasia, ele rejeitava o excesso.

Muito poucos lugares no mundo podem ser considerados completamente escuros. O único candidato adequado seria um recinto onde permanecesse apenas um punhado de fótons. Popp tinha um lugar assim, uma sala tão escura que apenas um número bastante reduzido de fótons de luz podia ser detectado nela por minuto. Esse era o único laboratório próprio para a medição da luz dos seres humanos. Ele começou a estudar os padrões das emissões de biofótons de alguns de seus alunos. Em uma série de pesquisas, pediu a um deles – uma jovem saudável de 27 anos – que se sentasse na sala todos os dias durante nove meses, enquanto ele fazia leituras de fótons em uma pequena área da mão e da testa dela. Popp analisou então os dados e descobriu, para sua surpresa, que as emissões de luz seguiam determinados padrões definidos – ritmos biológicos em 7, 14, 32, 80 e 270 dias, quando as emissões eram idênticas, mesmo depois de um ano. As emissões das mãos esquerda e direita também estavam relacionadas. Quando havia um aumento no número de fótons emitidos pela mão direita, um acréscimo semelhante ocorria nos da mão esquerda. Em um nível subatômico, as ondas de cada mão estavam em fase. Sob o aspecto da luz, a mão direita sabia o que a esquerda estava fazendo.

As emissões também pareciam seguir outros ritmos biológicos naturais; similaridades foram observadas durante o dia ou à noite, por semana, por mês, como se o corpo também estivesse seguindo, além de seus próprios, os biorritmos do mundo. Até então, Popp havia estudado apenas pessoas saudáveis, encontrando uma refinada coerência no nível quântico. Mas que tipo de luz estaria presente em uma pessoa doente? Ele experimentou a sua máquina em uma série de pacientes com câncer. Em todos os casos, os pacientes tinham perdido esses ritmos periódicos naturais, assim como a coerência deles. As linhas de comunicação interna estavam embaralhadas. Haviam perdido a conexão com o mundo. Na verdade, a luz delas estava se extinguindo.

Exatamente o oposto ocorria no caso da esclerose múltipla, um estado de ordem excessiva. As pessoas com essa doença estavam assimilando um excesso de luz, o que inibia a capacidade das células desempenharem suas atividades. O excesso de harmonia cooperativa impedia a flexibilidade e a individualidade: é como um número excessivo de soldados marchando em sincronia quando atravessam uma ponte, fazendo com que ela desmorone. A coerência perfeita é um estado ideal entre o caos e a ordem. No caso do excesso de cooperação, era como se cada membro da orquestra não fosse mais capaz de improvisar. Os pacientes com esclerose múltipla estavam submergindo na luz.[23]

Popp também examinou o efeito do estresse. Em situações de estresse, a incidência de emissões de biofótons aumentava – um mecanismo de defesa destinado a tentar devolver o equilíbrio ao paciente.

Todos esses fenômenos levavam Popp a pensar nas emissões de biofótons como uma espécie de correção da parte de um sistema vivo de flutuações do campo de ponto zero. Todo sistema gosta de ter um mínimo de energia livre. Em um mundo perfeito, todas as ondas cancelariam umas às outras por meio da interferência destrutiva. No entanto, isso é impossível com o campo de ponto zero, onde essas minúsculas flutuações de energia constantemente perturbam o sistema. A emissão de fótons é um gesto compensatório, destinado a interromper esse distúrbio e tentar alcançar uma espécie de equilíbrio energético. No pensamento de Popp, o campo de ponto zero obriga o ser humano a ser uma vela. O corpo mais saudável teria a luz mais baixa e estaria mais próximo do estado zero, o estado mais desejável, o mais perto que as coisas vivas poderiam chegar do nada.

Popp reconheceu então que o objeto de sua experimentação era algo ainda maior do que uma cura para o câncer ou a *Gestaltbildung*. Ele estava diante de um modelo que oferecia uma explicação melhor do que a teoria neodarwinista vigente para a maneira como os seres vivos evoluem no planeta. Em vez de um sistema de erro auspicioso, mas essencialmente aleatório, o fato de o DNA usar frequências de todo tipo como ferramenta de informação sugeriria, ao contrário, um sistema de *feedback* de perfeita comunicação, por meio de ondas que codificam e transferem informações.

Talvez isso pudesse explicar a capacidade de regeneração do corpo. Os corpos de inúmeras espécies de animais têm demonstrado a capacidade de regeneração de um membro perdido. As experiências com salamandras na década de 1930 demonstraram que um membro inteiro – pata, pulso, osso, antebraço – podia ser amputado e se regenerar por completo como se estivesse seguindo um projeto oculto.

Esse modelo talvez pudesse explicar também o fenômeno do membro fantasma, a forte sensação física que pessoas mutiladas têm de que uma perna ou um braço amputado ainda está presente. Muitos mutilados que se queixam de câimbras, dores ou coceiras no membro amputado talvez estejam experimentando uma sensação física verdadeira de algo que ainda existe – uma sombra do membro gravada no campo de ponto zero.[24]

Popp se deu conta de que a luz no corpo talvez pudesse até conter o segredo da saúde e da doença. Em determinada experiência, ele comparou a luz emitida de ovos caipira com aquela produzida por ovos de galinhas criadas em cativeiro. Os fótons nos ovos gerados pelas primeiras eram bem mais coerentes do que os encontrados nos ovos produzidos por galinhas criadas em cativeiro. O alimento mais saudável tinha a intensidade de luz mais baixa e mais coerente. Qualquer distúrbio no sistema aumentava a produção de fótons. A saúde era um estado de perfeita comunicação subatômica, e a doença era um estado em que a comunicação se interrompe. Estamos doentes quando as nossas ondas estão fora de sincronia.

Quando Popp começou a publicar os resultados que encontrou, passou a atrair a inimizade da comunidade científica. Muitos de seus colegas cientistas alemães acreditavam que a centelha brilhante de Popp havia se apagado. Na universidade onde trabalhava, os alunos que desejavam estudar as emissões de biofótons começaram a ser censurados. Em 1980, quando o contrato de Popp como professor assistente expirou, a universidade teve uma desculpa para pedir-lhe que fosse embora. Dois dias antes do término do prazo de permanência dele no cargo, funcionários da universidade entraram em seu laboratório e exigiram que ele entregasse todos os equipamentos. Por sorte, Popp tinha sido avisado da incursão e havia escondido a fotomultiplicadora no porão do alojamento de um estudante solidário. Ao deixar o campus, partiu com seu precioso equipamento intacto.

Popp foi tratado pela Universidade de Marburg como um criminoso condenado, e sem um julgamento justo. Tendo ocupado por alguns anos o cargo de professor assistente, Popp tinha direito a uma substancial indenização por seus anos de serviço, mas a universidade recusou-se a pagar o que lhe devia. Ele precisou processar a instituição para obter os 40 mil marcos que lhe eram devidos. Popp recebeu o dinheiro, mas sua carreira afundou. Ele era casado, tinha três filhos pequenos e aparentemente nenhuma possibilidade de conseguir um emprego. Na época, nenhuma universidade estava preparada para lidar com os estudos dele.

Parecia que a carreira acadêmica de Popp havia terminado. Ele passou dois anos na indústria privada, trabalhando na Roedler, fabricante farmacêutica de medicamentos homeopáticos, uma das poucas organizações a acolher suas extravagantes teorias. Não obstante, Popp, um obstinado autocrata em seus laboratórios, era igualmente obstinado em persistir em sua pesquisa, convencido de sua veracidade. Com o tempo, conseguiu um protetor, o professor Walter Nagl, da Universidade de Kaiserslautern, que convidou Popp para trabalhar com ele. Uma vez mais, a pesquisa de Popp causou revolta na faculdade, que exigiu a renúncia dele, alegando que os estudos de Popp estavam manchando a reputação da instituição.

Por fim, Popp conseguiu um emprego no Centro de Tecnologia de Kaiserslautern, que é amplamente patrocinado por subsídios do governo para pesquisas aplicadas. Seriam necessários 25 anos para que ele reunisse adeptos na comunidade científica. Lentamente, alguns seletos cientistas do mundo inteiro começaram a pensar na possibilidade de que o sistema de comunicação do corpo pudesse ser uma complexa rede de ressonância e frequência. Mais tarde, eles iriam formar o Instituto Internacional de Biofísica, composto de quinze grupos de cientistas de centros de pesquisa do mundo inteiro. Popp encontrara escritórios para o seu novo grupo em Neuss, perto de Düsseldorf. O irmão de um ganhador do prêmio Nobel, um neto de Alexander Gurwitsch, um físico nuclear da Universidade de Boston e do CERN em Genebra, dois biofísicos chineses – finalmente cientistas de renome internacional começavam a concordar com ele. A sorte de Popp estava mudando. De repente, ele começou a receber ofertas e contratos para cátedras de respeitáveis universidades do mundo inteiro.

Popp e seus novos colegas prosseguiram o trabalho e passaram a estudar as emissões de luz de diversos organismos da mesma espécie, primeiro fazendo experiências com um tipo de pulga-d'água chamada *Daphnia*. Eles descobriram algo que era nada menos do que impressionante. Testes realizados com uma fotomultiplicadora revelaram que as pulgas-d'água estavam absorvendo umas das outras a luz que emitiam. Popp repetiu a mesma experiência em peixes pequenos e descobriu que eles faziam a mesma coisa. De acordo com o fotomultiplicador, os girassóis eram como um aspirador biológico, avançavam em direção aos fótons mais solares a fim de aspirá-los. Até mesmo as bactérias absorviam fótons do meio onde fossem colocadas.[25]

Começou a ficar claro para Popp que essas emissões tinham um objetivo fora do corpo. A ressonância da onda não estava sendo usada apenas para a comunicação dentro do corpo, mas entre coisas vivas. Dois seres saudáveis estavam envolvidos na "absorção de fótons", como ele denominou o processo, permutando-os. Popp compreendeu que essa troca poderia revelar o segredo de alguns dos enigmas mais persistentes do reino animal: como cardumes de peixes ou bandos de pássaros criam uma coordenação perfeita e instantânea. Muitas experiências sobre o instinto de retorno dos animais demonstram que essa capacidade não tem nada a ver com seguir trilhas habituais, com odores ou mesmo com os campos magnéticos da Terra, mas com uma comunicação silenciosa, que age como um elástico invisível, mesmo quando os animais estão a quilômetros de distância dos seres humanos.[26] No caso dos seres humanos, havia outra possibilidade. Se podíamos assimilar os fótons de outros seres vivos, talvez pudéssemos também usar as informações contidas neles para corrigir a nossa própria luz se ela ficasse instável.

Popp começara a fazer experiências para verificar essa possibilidade. Se algumas substâncias químicas cancerígenas eram capazes de alterar as emissões de biofótons, poderia então ser o caso de outras substâncias poderem reintroduzir uma melhor comunicação. Popp se perguntou se determinados extratos vegetais poderiam modificar o caráter das emissões das células cancerosas, fazendo com que elas começassem a se comunicar de novo com o resto do corpo. Começou a fazer experiências com várias substâncias não tóxicas que supostamente conseguiam tratar o câncer. Exceto em um dos casos, as substâncias só fizeram aumentar os fótons das células com tumor, tornando-as ainda mais mortais para o corpo. A única história bem-sucedida foi a do visco, que pareceu ajudar o corpo a "ressocializar" a emissão de fótons das células tumorosas, fazendo-as voltar ao normal. Em um de inúmeros casos, Popp se deparou com uma mulher na casa dos trinta anos com câncer na vagina e na mama. Experimentou o visco e outros extratos vegetais em amostras do tecido canceroso da mulher e descobriu que um medicamento particular à base de visco criava uma coerência no tecido semelhante à do corpo. Com o consentimento de seu médico, a paciente começou a se tratar exclusivamente com o extrato de visco. Um ano depois, todos os seus exames de laboratório registravam que ela voltara ao normal. Uma mulher cujo caso de câncer tinha sido considerado terminal teve a sua luz adequada restaurada graças a um simples extrato feito de uma erva.[27]

Para Fritz-Albert Popp, a homeopatia era outro exemplo da absorção de fóton. Começara a pensar nela como um "absorvedor de ressonância". A homeopatia se baseia na ideia de que o semelhante é tratado com o semelhante. O extrato de uma planta que com sua força total pode causar urticária no corpo é usado em uma fórmula extremamente diluída para curá-la. Se uma frequência dissonante no corpo foi capaz de produzir certos sintomas, seguia-se que a alta diluição de uma substância que produz os mesmos sintomas ainda contenha essas oscilações. Como um diapasão em ressonância, a solução homeopática adequada poderia atrair e depois absorver as oscilações erradas, possibilitando que o corpo voltasse ao normal.

Popp achava que a sinalização molecular eletromagnética poderia até mesmo explicar a acupuntura. De acordo com a teoria tradicional da medicina chinesa, o corpo humano tem um sistema de meridianos que se estendem profundamente pelos tecidos do corpo através dos quais circula uma energia invisível que os chineses chamam de "*qi*", ou força vital. O *qi* supostamente entra no corpo através desses pontos da acupuntura e se dirige para estruturas mais profundas dos órgãos (que não correspondem às da biologia humana ocidental), fornecendo energia (e portanto a força vital). As doenças se manifestam quando ocorre um bloqueio dessa energia em qualquer lugar ao longo dos trajetos. Segundo Popp, o sistema de meridianos pode funcionar como um guia de ondas, transmitindo uma energia corporal particular para zonas específicas.

Pesquisas demonstraram que muitos pontos de acupuntura no corpo possuem uma resistência elétrica que é acentuadamente reduzida em comparação com pontos na pele ao seu redor (10 quilo-ohms no centro de um ponto, comparados com 3 mega-ohms na pele ao redor).[28] Foi também revelado que endorfinas que aliviam a dor e o esteroide cortisol são liberados pelo corpo com uma estimulação de baixa frequência nos pontos, e importantes neurotransmissores reguladores da disposição de ânimo como a serotonina e a norepinefrina, com uma estimulação de alta frequência. O mesmo não acontece quando a pele ao redor desses pontos é estimulada.[29] Também sabemos que a acupuntura pode dilatar o sistema circulatório e intensificar a circulação de sangue até mesmo em órgãos distantes do corpo.[30] Outra pesquisa demonstra a existência de meridianos, assim como a eficácia da acupuntura para tratar vários distúrbios. O cirurgião ortopédico Robert Becker, que realizou uma grande quantidade de pesquisas sobre os campos magnéticos do corpo, desenvolveu um dispositivo especial de registro de eletrodos que rolava pelo corpo como um cortador de pizza. Depois de várias análises, o dispositivo mostrou cargas elétricas nos mesmos lugares em cada uma das pessoas testadas, todos correspondendo a pontos dos meridianos chineses.[31]

Havia muitas possibilidades para serem exploradas, algumas das quais poderiam ter êxito, outras não. Mas Popp estava convencido de uma coisa: a sua teoria do DNA e da emissão de biofótons estava correta e isso impulsionava os processos do corpo. Não havia nenhuma dúvida em sua mente de que a biologia era impelida pelo processo quântico que ele observara. Popp só precisava de outros cientistas com evidências experimentais para mostrar como isso ocorria.

CAPÍTULO 4

A linguagem da célula

Em um Portakabin* branco em Clamart, nos arredores antiquados de Paris, um minúsculo coração, apoiado sobre uma armação construída para esse fim específico, continuava a bater. Ele estava sendo mantido vivo graças a uma pequena equipe de cientistas franceses, que administravam a combinação correta de oxigênio e dióxido de carbono, parte do tipo de técnica cirúrgica usada nos transplantes de coração. Nesse caso, não havia doador nem receptor; havia muito tempo o coração tinha sido privado de seu dono, uma excelente cobaia Hartley macho, e os cientistas só estavam interessados no órgão em si e em como este estava prestes a reagir. Eles haviam aplicado acetilcolina e histamina, dois conhecidos vasodilatadores, e depois atropina e mepiramina, ambos antagonistas com relação aos outros, e por fim mediram o fluxo coronariano, assim como as mudanças mecânicas como o batimento cardíaco.

Não houve surpresas. Como esperado, a histamina e a acetilcolina produziram um aumento no fluxo de sangue nas artérias coronárias, enquanto a mepiramina e a atropina o inibiram. O único aspecto incomum da experiência foi que os agentes de mudança não eram, na verdade, substâncias químicas farmacológicas, e sim ondas de baixa frequência dos sinais eletromagnéticos das células registrados por intermédio de um transdutor feito sob medida e um computador equipado com uma placa de som. Foram esses sinais, que assumem a forma de uma radiação eletromagnética de menos de 20 quilohertz, que foram aplicados ao coração da cobaia e o aceleravam, exatamente como as substâncias químicas fariam.[1]

---

* Marca registrada inglesa de um prédio portátil, ou seja, que é projetado e construído para ser deslocado em vez de permanecer fixo em um só lugar. [N. de T.]

O sinal conseguiu tomar, de maneira eficaz, o lugar das substâncias químicas, uma vez que ele *é* a marca registrada da molécula. A equipe de cientistas, que havia substituído com êxito o original por ele, estava ciente da natureza explosiva da realização deles. Por meio do empenho desses especialistas, as teorias habituais da sinalização molecular e de como as células "conversam" umas com as outras haviam sido profundamente modificadas. Eles estavam começando a demonstrar no laboratório o que Popp acabara de sugerir, ou seja, que cada molécula no Universo possuía uma frequência única e a linguagem que ela usava para falar com o mundo era uma onda ressonante.

Enquanto Popp estivera refletindo sobre as implicações mais amplas das emissões de biofótons, um cientista francês examinava o inverso: o efeito dessa luz sobre moléculas individuais. Popp acreditava que as emissões de biofótons orquestravam todos os processos corporais, e o cientista francês estava descobrindo a maneira refinada como isso funcionava. As vibrações de biofótons que Popp observara no corpo fizeram as moléculas vibrar e criar a própria frequência característica, que atuava como sua força motriz exclusiva e também como método de comunicação. O cientista francês havia feito uma pausa para prestar atenção a essas minúsculas oscilações e escutou a sinfonia do Universo. Cada molécula do nosso corpo estava tocando uma nota que estava sendo ouvida ao redor do mundo.

Essa descoberta representou um desvio árduo e permanente na carreira do cientista francês Jacques Benveniste, que seguira, até a década de 1980, um arco discernível e previsível. Benveniste, que era médico, havia feito residência no sistema hospitalar de Paris e depois passara a pesquisar alergias, especializando-se nos mecanismos da alergia e da inflamação. Foi nomeado diretor de pesquisas do Institut National de la Santé et de la Recherche Médicale (INSERM) e distinguiu-se com a descoberta do PAF, ou fator ativador de plaquetas, que está envolvido no mecanismo de alergias como a asma.

Aos 50 anos, Benveniste tinha o mundo aos seus pés. Não havia dúvida de que ele estaria aguardando ansioso pela aclamação internacional da comunidade científica. Tinha orgulho de ser francês e atuar em uma área que não era tão bem representada por seus compatriotas desde Descartes. Corriam muitos rumores a respeito da possibilidade de que Benveniste viria a ser um dos poucos biólogos franceses com chances de ganhar o prêmio Nobel. As dissertações dele estavam entre as mais citadas pelos cientistas do INSERM, o que denotava distinção e prestígio. Ele até mesmo recebera a Medalha de Prata do Centre National de la Recherche Scientifique (CNRS), uma das mais prestigiosas homenagens científicas da França. Benveniste tinha uma beleza masculina rude, um porte majestoso, um senso de humor insolente e era casado havia trinta anos. No entanto, nem o seu estado conjugal nem a satisfação que sentia no momento refrearam sua tendência de flertar de um modo inocente, atributo que, na condição de francês, ele considerava mais ou menos obrigatório.

Foi então que, em 1984, esse futuro brilhante e garantido se extraviou acidentalmente por causa de algo que se revelou um pequeno erro de computação. O laboratório de Benveniste no INSERM vinha realizando a desgranulação de basófilos – a reação de certos glóbulos brancos do sangue aos alergênicos. Certo dia, Elisabeth Davenas, uma das suas melhores técnicas de laboratório, procurou-o e relatou que vira e registrara uma reação nos glóbulos brancos, embora houvesse uma quantidade pequena demais de moléculas do alergênico na solução. Tudo isso aconteceu em decorrência de um simples erro de cálculo. Elisabeth imaginara que a solução inicial estava mais concentrada do que de fato estava. Ao diluí-la até o que ela achava ser a concentração habitual, ela inadvertidamente diluiu a solução até um ponto em que restaram muito poucas das moléculas originais do antígeno.

Depois de examinar os dados, Benveniste praticamente expulsou-a da sala dele.

– Os resultados que você afirma ter observado são impossíveis, pois não existem moléculas aqui. Você esteve fazendo experiências com água. Volte e repita o trabalho – disse ele à funcionária.

Mas, quando ela tentou repetir a experiência com a mesma diluição e obteve os mesmos resultados, Benveniste se deu conta de que ela talvez tivesse esbarrado em algo que valesse a pena investigar. Durante várias semanas, Elisabeth continuou a voltar à sala do cientista com os mesmos dados inexplicáveis, mostrando poderosos efeitos biológicos a partir de uma solução tão enfraquecida que não poderia ter uma quantidade suficiente do antígeno para ter causado esses efeitos, e Jacques tentou produzir explicações cada vez mais forçadas para tentar encaixar esses resultados em alguma teoria biológica reconhecível. Talvez fosse a presença de um segundo anticorpo que estivesse reagindo depois, ou quem sabe a reação a um segundo antígeno não revelado, pensou Benveniste. Após observar os resultados, um dos instrutores do laboratório, um médico homeopata, comentou por acaso que essas experiências eram bastante semelhantes ao princípio da homeopatia. Nesse sistema de medicina, soluções de uma substância ativa são diluídas a um ponto em que praticamente não resta mais nada da substância original, apenas a sua "memória". Na ocasião, por ser um médico extremamente clássico, Jacques nem mesmo sabia o que era a homeopatia, mas o cientista pesquisador dentro dele teve o apetite estimulado. Pediu a Elisabeth que diluísse ainda mais as soluções, para que absolutamente nada da substância ativa original permanecesse. Nessas novas pesquisas, por mais diluída que estivesse a solução, que a essa altura não passava de água, Elisabeth continuou a obter resultados constantes, como se o componente ativo ainda estivesse presente.

Devido à sua formação de especialista em alergia, Benveniste usara um teste de alergia convencional em suas pesquisas, cujo objetivo era provocar uma típica reação alérgica em células humanas. Ele isolou basófilos, um tipo de glóbulo branco do sangue que contém anticorpos de imunoglobulina tipo E (IgE) em sua superfície. Essas células são as responsáveis pelas reações de hipersensibilidade nas pessoas com alergias.

Jacques escolheu células IgE porque elas reagem com facilidade a alergênicos como o pólen ou os ácaros, liberando histamina de seus grânulos intracelulares, e também a certos anticorpos anti-IgE. Se esse tipo de célula for afetado por algo, é pouco provável que você não perceba. Outra vantagem do IgE é que Jacques poderia testar as propriedades de tingimento dele por meio de um teste que ele desenvolvera e patenteara no INSERM. Os basófilos, assim como a maioria das células, têm uma aparência gelatinosa, e, quando os examinamos em laboratório, precisamos tingi-los para conseguir vê-los. Mas o tingimento, até mesmo com um corante convencional como a toluidina azul, está sujeito à mudança, dependendo de muitos fatores – da saúde do hospedeiro, por exemplo, e da influência de outras células sobre a original. Quando essas células IgE são expostas a anticorpos anti-IgE, sua capacidade de absorver o corante se modifica. O anti-IgE tem sido considerado um tipo de "removedor de tinta biológico"[2], pois sua capacidade de inibir o corante é tão eficaz que ele pode tornar os basófilos praticamente invisíveis de novo.

A lógica final na escolha do anti-IgE de Benveniste estava relacionada ao fato de essas moléculas particulares serem especialmente grandes. Se estivéssemos tentando verificar se a água retinha o efeito delas mesmo depois de todas as moléculas anti-IgE terem sido removidas, não haveria a menor chance de alguma delas ser deixada acidentalmente para trás.

Nas pesquisas, realizadas ao longo de quatro anos entre 1985 e 1989 e cuidadosamente registradas nos cadernos de Elisabeth Davenas, a equipe criou altas soluções do anti-IgE derramando 1/10 da solução anterior no tubo seguinte e enchendo este último com o acréscimo de nove partes de um solvente convencional. Cada diluição era a seguir vigorosamente sacudida (ou submetida à sucussão, como se diz no jargão técnico), como nos preparados homeopáticos. A equipe utilizou então diluições como essas, com uma parte da solução e nove partes de solvente, e em seguida passou a aumentar a diluição até obter uma parte da solução para 99 partes do solvente, e até mesmo uma parte da solução para 999 partes do solvente.

Cada uma das diluições elevadas era sucessivamente adicionada aos basófilos, que eram então contados debaixo do microscópio. Para surpresa tanto de Jacques quanto de todos em sua equipe, eles descobriram que estavam registrando efeitos de inibição da absorção do corante em até 66%, mesmo com soluções diluídas para uma parte em 10^{60}. Em experiências posteriores, quando as soluções foram diluídas em série cem vezes, e por fim para uma parte em 10^{120}, quando não havia praticamente nenhuma possibilidade de que restasse uma única molécula do IgE, os basófilos ainda eram afetados.

O fenômeno mais inesperado ainda estava por vir. Embora a potência do anti-IgE estivesse no máximo em concentrações de uma parte em mil (a terceira diluição decimal) e depois começasse a decrescer a cada diluição sucessiva, como poderíamos logicamente esperar, a experiência apresentou uma reversão na nona diluição. O efeito do IgE altamente diluído começou a aumentar nesse ponto e continuou a crescer, quanto mais era diluído.[3] Como a homeopatia sempre afirmara, quanto mais fraca a solução, mais poderoso o efeito.

Benveniste uniu forças com cinco diferentes laboratórios em quatro países (França, Israel, Itália e Canadá), e todos conseguiram reproduzir os mesmos resultados. Os treze cientistas publicaram então, em conjunto, os resultados, obtidos em quatro anos de trabalho, em uma das edições de 1988 da revista *Nature*, demonstrando que, quando soluções de anticorpos eram diluídas repetidas vezes até que não contivessem mais uma única molécula do anticorpo, mesmo assim extraíam uma reação das células imunológicas.[4] Os autores chegaram à conclusão de que nenhuma das moléculas com as quais haviam começado o processo estavam presentes em certas diluições e que:

> Informações específicas devem ter sido transmitidas durante o processo de diluição/sucussão. A água poderia atuar como um padrão para a molécula, por meio, por exemplo, de uma rede infinita ligada pelo hidrogênio, ou por campos elétricos e magnéticos. (...) A natureza exata desse fenômeno permanece sem explicação.

Para a imprensa comum, que logo colocou em destaque o trabalho publicado, Benveniste havia descoberto "a memória da água" e as pesquisas dele foram amplamente consideradas um argumento válido a favor da homeopatia. O próprio Benveniste percebeu que os resultados alcançaram uma repercussão bem maior do que qualquer teoria da medicina alternativa. Se a água era capaz de registrar e armazenar informações de moléculas, isso teria um impacto sobre a nossa interpretação das moléculas e das maneiras como elas "conversam" umas com as outras em nosso corpo, já que as moléculas nas células humanas, é claro, são cercadas pela água. Em qualquer célula viva, existem dezenas de milhares de moléculas de água para cada molécula de proteína.

A revista *Nature* também entendeu, sem dúvida, as possíveis repercussões dessa descoberta nas leis consagradas da bioquímica. O editor, John Maddox, consentira em publicar o artigo, mas o fez depois de dar um passo sem precedentes: colocar um adendo editorial na parte inferior do artigo.

Ressalva editorial

Os leitores deste artigo talvez compartilhem a incredulidade dos inúmeros árbitros que fizeram comentários a respeito de várias versões dele no decorrer dos últimos meses. A essência do resultado é que uma solução aquosa de um anticorpo retém a sua capacidade de evocar uma reação biológica mesmo quando diluída a tal ponto que a chance de restar uma única molécula em qualquer amostra é ínfima. Não existe nenhuma base física para essa atividade. Com a gentil colaboração do professor Benveniste, a *Nature* tomou, portanto, medidas para que investigadores independentes observem repetições dessas experiências. Um relato de nossa investigação aparecerá em breve.

Em seu editorial, Maddox também convidou os leitores a encontrar falhas no trabalho de Benveniste.[5]

Benveniste era um homem orgulhoso, que não tinha medo de enfrentar a comunidade científica. Ele não apenas se mostrou disposto a se expor ao decidir publicar seu artigo em um dos periódicos mais conservadores de toda a comunidade científica, mas ainda aceitou, quando duvidaram dele, o desafio que lhe fora lançado, concordando com o pedido de que reproduzisse os resultados em seu laboratório.

Quatro dias depois da publicação, Maddox em pessoa apareceu com o que Benveniste descreveu como um "esquadrão científico contra fraudes", formado por Walter Stewart, um conhecido caça-charlatões, e James Randi, mágico profissional que costumava ser chamado para expor trabalhos científicos cujos resultados tivessem sido obtidos por meios enganosos. Benveniste perguntou a si mesmo se um mágico, um jornalista e um caça-charlatões formariam de fato a equipe ideal para avaliar as mudanças sutis na experiência biológica. Sob o olhar vigilante do trio, Elisabeth Davenas realizou quatro experiências, uma delas cega, e todas, afirmou Benveniste, tiveram êxito. Contudo, Maddox e sua equipe questionaram os resultados, decidindo modificar o protocolo experimental e tornar mais rigorosas as normas de codificação, chegando, em um gesto dramático, a colar o código no teto. Stewart insistiu em conduzir pessoalmente algumas das experiências apesar da alegação de Benveniste de que ele não tinha o treinamento necessário para realizar essas experiências específicas.

De acordo com esse novo protocolo, e no meio de uma atmosfera carregada que insinuava que a equipe do INSERM estaria escondendo alguma coisa, foram realizados mais três testes, que não deram certo. Nesse ponto, Maddox e sua equipe tinham os resultados que buscavam e partiram de imediato, solicitando antes fotocópias de 1.500 documentos de Benveniste.

Pouco depois da visita de cinco dias, a *Nature* publicou um artigo intitulado "As experiências com alta diluição são uma ilusão". A matéria expressa surpresa com o fato de os testes não terem funcionado o tempo todo, quando isso é padrão nas pesquisas biológicas – uma das razões pelas quais Benveniste havia realizado mais de trezentas tentativas antes de publicar seu artigo. A avaliação de Maddox também deixou de mencionar que o teste do tingimento é altamente sensível e pode ser alterado pela mudança mais insignificante na condição experimental, para que o sangue de um doador não seja afetado nem mesmo por elevadas concentrações de anti-IgE. Eles demonstraram estar pasmos com o fato de dois coautores do artigo de Benveniste terem sido financiados por um fabricante de medicamentos homeopáticos. O financiamento da indústria é normal na pesquisa científica, contrapôs Benveniste. Estavam eles insinuando que os resultados haviam sido alterados para agradar ao patrocinador?

Benveniste revidou com uma resposta inflamada e um apelo ao espírito aberto da comunidade científica:

> A caça às bruxas de Salém ou as perseguições ao estilo McCarthy destruirão a ciência. A ciência só floresce na presença da liberdade. (...) A única maneira de verificar resultados conflitantes é reproduzindo-os. Talvez todos estejamos errados, porém de boa-fé. Isso não é nenhum crime, assim é a ciência.[6]

Os resultados apresentados pela *Nature* exerceram um efeito devastador na reputação de Benveniste e em seu cargo no INSERM. Um conselho científico do instituto censurou o trabalho dele, alegando em declarações praticamente unânimes que ele deveria ter realizado outras experiências "antes de afirmar que certos fenômenos passaram despercebidos ao longo de duzentos anos de pesquisas químicas".[7] O INSERM recusou-se a ouvir as objeções de Benveniste a respeito da qualidade da investigação da *Nature* e o impediu de prosseguir. Circulavam rumores a respeito de desequilíbrio mental e fraude. A *Nature* e outras publicações estavam recebendo uma enorme quantidade de cartas que chamavam o trabalho de Benveniste de "farsa cruel" e de "pseudociência".[8]

Benveniste teve várias oportunidades de interromper dignamente sua pesquisa e não tinha nenhuma razão profissional para dar seguimento a ela. Ao permanecer fiel ao seu trabalho original, era certo que destruiria a carreira que construíra. Benveniste havia chegado bem alto no INSERM e não tinha a menor vontade de ser diretor. Nunca ambicionara uma carreira; tudo que queria era continuar sua pesquisa. Àquela altura, também sentiu que não tinha escolha: o gênio já tinha saído da garrafa. Descobrira indícios que destruíram tudo que aprendera a acreditar a respeito da comunicação celular, e não havia como retroceder. Mas havia também a inegável emoção de tudo aquilo. Benveniste estava diante da pesquisa mais irresistível que conseguia conceber, dos resultados mais explosivos que poderia imaginar. Ele gostava de dizer que era como espiar debaixo da saia da natureza. Benveniste deixou o INSERM e buscou o apoio de instituições particulares, como o DigiBio, que permitiram que ele e Didier Guillonnet, um talentoso engenheiro da École Centrale de Paris, que se juntou a ele em 1997, dessem continuidade ao trabalho que vinham realizando. Depois do fiasco com a *Nature*, eles se dedicaram à "biologia digital", descoberta que não fizeram em um único momento de inspiração, mas sim depois de seguir durante oito anos um rastro lógico de experiências cautelosas.[9]

As pesquisas sobre a memória da água haviam impelido Benveniste a examinar a maneira pela qual as moléculas se comunicam dentro de uma célula viva. Em todos os aspectos da vida, as moléculas precisam falar umas com as outras. Se você estiver agitado, as suas glândulas suprarrenais produzem mais adrenalina, que precisa dizer aos receptores específicos que façam com que o seu coração bata mais rápido. A teoria habitual, chamada "relação estrutura-atividade quantitativa, ou QSAR (Quantitative Structure-Activity Relationship)", diz que duas moléculas estruturalmente compatíveis trocam informações específicas (químicas), o que ocorre quando elas se chocam. É como uma chave que encontra o seu buraco de fechadura (motivo pelo qual essa teoria é com frequência chamada de modelo do buraco de fechadura ou de interação entre chave e buraco). Os biólogos ainda se mantêm fiéis às ideias mecanicistas de Descartes que afirmam que só pode haver uma reação quando existe o contato, algum tipo de força impulsiva. Embora aceitem a gravidade, rejeitam qualquer outra noção da ação a distância.

Se essas ocorrências forem atribuídas ao acaso, a expectativa estatística de que elas aconteçam é muito pequena, se levarmos em consideração o universo da célula. Em uma célula típica, que contém uma molécula de proteína para cada 10 mil moléculas de água, as moléculas colidem dentro da célula como um punhado de bolas de tênis flutuando em uma piscina. O principal problema da teoria atual é que ela depende demais do acaso e requer muito tempo. Ela não pode nem começar a explicar a velocidade dos processos biológicos, como a raiva, a alegria, a tristeza ou o medo. No entanto, se cada molécula tiver sua própria frequência característica, seu receptor ou molécula com o espectro correspondente entraria em sintonia com essa frequência, de maneira semelhante à que o rádio se sintoniza com uma estação específica, mesmo ao longo de grandes distâncias, ou o diapasão faz com que outro vibre na mesma frequência. Eles entram em ressonância, ou seja, a vibração de um corpo é reforçada pela vibração de outro na mesma frequência ou em uma frequência próxima. Quando essas duas moléculas ressoassem no mesmo comprimento de onda, elas então começariam a ressoar com as moléculas seguintes na reação bioquímica, criando assim, nas palavras de Benveniste, uma "cascata" de impulsos viajando à velocidade da luz. Essa descrição, em vez da colisão acidental, explicaria melhor a maneira como uma reação em cadeia se inicia praticamente de modo instantâneo na bioquímica. Ela também é uma extensão lógica do trabalho de Fritz-Albert Popp. Se os fótons no corpo estimulam moléculas ao longo de todo o espectro de frequências eletromagnéticas, é lógico que eles tenham sua própria frequência característica.

As experiências de Benveniste demonstraram de modo conclusivo que as células não se apoiam no acaso das colisões, e sim na sinalização eletromagnética em ondas eletromagnéticas de baixa frequência (menos de 20 quilohertz). As frequências eletromagnéticas examinadas por Benveniste correspondem a frequências na amplitude de áudio, embora não emitam nenhum ruído efetivo que possamos detectar. Todos os sons em nosso planeta, como o da água correndo em um rio, o estalo de um trovão, a detonação de uma arma de fogo, o chilrear de um pássaro, ocorrem em uma frequência baixa, entre 20 hertz e 20 quilohertz, a amplitude na qual o ouvido humano consegue escutar.

De acordo com a teoria de Benveniste, duas moléculas então entram em sintonia, mesmo a uma longa distância, e ressoam na mesma frequência. Essas duas moléculas ressonantes criariam assim outra frequência, que entraria em ressonância com a molécula ou grupo de moléculas seguinte, no estágio subsequente da reação biológica. Isso explicaria, no ponto de vista de Benveniste, o motivo pelo qual minúsculas mudanças em uma molécula, como a substituição de um peptídeo, exerceria um efeito radical no que a molécula efetivamente faz.

Isso não é tão forçado se levarmos em conta o que já sabemos a respeito de como as moléculas vibram. Tanto as moléculas específicas como as ligações intermoleculares emitem certas frequências particulares que podem ser detectadas a bilhões de anos-luz de distância pelos telescópios modernos altamente sensíveis. Essas frequências há muito são aceitas pelos físicos, mas ninguém na comunidade biológica, salvo Fritz-Albert Popp e seus predecessores, fez uma pausa para avaliar se elas de fato têm algum propósito. Outros cientistas antes de Benveniste, como Robert O. Becker e Cyril Smith, haviam realizado experiências significativas sobre as frequências eletromagnéticas nas coisas vivas. A contribuição de Benveniste foi demonstrar que as moléculas e os átomos tinham frequências exclusivas, usando tecnologia de ponta para registrar essa frequência e para usar o registro em si para a comunicação celular.

Desde 1991, Benveniste demonstrou que era possível transferir sinais moleculares específicos usando apenas um amplificador e bobinas eletromagnéticas. Quatro anos depois, ele conseguiu registrar e reproduzir esses sinais usando um computador multimídia. Em milhares de experiências, Benveniste e Guillonnet registraram a atividade da molécula em um computador e a reproduziram em um sistema biológico sensível a essa substância. Em todos os casos, o sistema biológico foi enganado, pensou que estivesse interagindo com a substância propriamente dita e agiu como normalmente agiria, iniciando a reação em cadeia biológica.[10] Outras pesquisas também demonstraram que a equipe de Benveniste era capaz de apagar esses sinais e interromper a atividade nas células por meio de um campo magnético alternado, trabalho que realizaram em colaboração com o CNRS em Meudon, França. A incontestável conclusão é a seguinte: como Fritz-Albert Popp teorizou, as moléculas conversam umas com as outras em frequências oscilantes. Tudo indicava que o campo de ponto zero cria um meio que possibilita que as moléculas falem umas com as outras de uma forma não local e de um modo quase que instantâneo.

A equipe do DigiBio testou a biologia digital em cinco tipos de pesquisas: ativação basofílica, ativação neutrofílica, exame de pele, atividade do oxigênio e, mais recentemente, coagulação do plasma.

Assim como o sangue como um todo, o plasma (líquido amarelado do sangue), que conduz a proteína e os dejetos, também coagula. Para controlar essa capacidade, é preciso primeiro remover o cálcio do plasma, por meio da quelação – agarrando-o quimicamente. Se em seguida for acrescentada água com cálcio ao sangue, este coagulará. A adição da heparina, uma droga anticoagulante clássica, impedirá o sangue de coagular, mesmo na presença do cálcio.

Em sua pesquisa mais recente, Benveniste pegou um tubo de ensaio contendo esse plasma com o cálcio retirado por meio da quelação e em seguida adicionou água contendo cálcio que havia sido exposta ao "som" da heparina transmitido na frequência eletromagnética característica digitalizada. Exatamente como em todas as outras experiências de Benveniste, a frequência característica da heparina funciona como se as próprias moléculas da heparina estivessem presentes: o sangue se mostra mais relutante do que de costume em coagular.

Em uma de suas experiências, talvez a mais impressionante, Benveniste demonstrou que o sinal podia ser transmitido para o outro lado do mundo por e-mail ou em um disquete enviado pelo correio. Colegas dele na Northwestern University em Chicago registraram sinais de ovalbumina (Ova), acetilcolina (Ach), dextrina e água. Os sinais das moléculas foram registrados em um transdutor feito sob medida e em um computador equipado com uma placa de som. O sinal foi então gravado em um disquete e enviado pelo correio normal para o DigiBio Laboratory em Clamart. Em experiências posteriores, os sinais também foram enviados por e-mail como documento anexo. A equipe de Clamart então expôs água comum aos sinais digitais de Ova, Ach ou água comum e injetaram ou a água exposta ou a água comum em corações isolados de cobaias. Toda a água digitalizada produziu mudanças altamente significativas no fluxo coronariano, em comparação com o do grupo de controle, que só continha água comum não exposta às substâncias. Os efeitos da água digitalizada foram idênticos aos efeitos produzidos no coração pelas substâncias propriamente ditas.[11]

* * *

Giuliano Preparata e seu colega Emilio Del Giudice, dois físicos italianos do Instituto de Física Nuclear de Milão, estavam trabalhando em um projeto particularmente ambicioso: explicar por que certas substâncias no mundo permanecem em um todo coeso. Os cientistas compreendem, em grande parte, os gases por meio das leis da física clássica, mas ainda são amplamente ignorantes com relação ao funcionamento efetivo dos líquidos e dos sólidos, ou seja, de qualquer tipo de matéria condensada. É fácil entender os gases porque eles consistem em átomos ou moléculas individuais que se comportam individualmente em grandes espaços. Mas os cientistas têm dificuldade para entender os átomos ou moléculas quando fortemente aglomerados e também para explicar como se comportam enquanto grupo. Qualquer físico fica confuso se lhe perguntamos por que a água simplesmente não evapora e se transforma em gás, ou por que os átomos em uma cadeira ou árvore permanecem dessa maneira, ainda mais se só devem se comunicar com o vizinho mais próximo e ser mantidos juntos por forças de alcance limitado.[12]

A água está entre as substâncias mais misteriosas. Embora seja um composto químico formado por dois gases, é liquido em condições normais de temperatura e pressão. Del Giudice e Preparata demonstraram que, quando fortemente aglomerados, os átomos e as moléculas manifestam um comportamento coletivo, formando o que eles chamaram de "domínios coerentes". Eles estavam particularmente interessados nesse fenômeno porque ele ocorre na água. Em um artigo publicado na *Physical Review Letters*, Preparata e Del Giudice demonstraram que as moléculas da água criam domínios coerentes, mais ou menos como faz o laser. A luz é normalmente composta de fótons de muitos comprimentos de onda, como as cores em um arco-íris, mas os fótons de laser em um laser possuem um elevado grau de coerência, uma situação semelhante a uma única onda coerente, como uma cor intensa.[13] Parece que esses comprimentos de onda individuais de moléculas de água se tornam "informados" na presença de outras moléculas – ou seja, tendem a se polarizar ao redor de qualquer molécula carregada – armazenando e transportando sua frequência para que possa ser lida a distância. Isso significaria que a água é como um gravador, armazenando e conduzindo informações quer a molécula original ainda esteja presente ou não. O agitamento dos recipientes, como é feito na homeopatia, parece funcionar como um método para acelerar o processo.[14] A água é tão vital para a transmissão da energia e informações que as pesquisas de Benveniste na verdade demonstram que os sinais moleculares só podem ser transmitidos no corpo se isso for feito em um meio aquoso.[15] No Japão, um físico chamado Kunio Yasue, do Research Institute for Information and Science, na Notre Dame Seishin University em Okayama, também descobriu que as moléculas de água têm alguma função a desempenhar ao organizar a energia discordante em fótons coerentes, processo chamado de "super-radiância".[16]

Isso indica que a água, sendo o meio natural de todas as células, atua como o condutor fundamental da frequência característica de uma molécula em todos os processos biológicos, e que as moléculas de água se organizam para formar um padrão no qual as informações sobre as ondas podem ser registradas. Se Benveniste estiver certo, a água não apenas envia o sinal, mas o amplifica.

O aspecto mais importante da inovação científica não é necessariamente a descoberta original, e sim as pessoas que copiam o trabalho. É a reprodução dos dados iniciais que confere legitimidade à nossa pesquisa e convence a comunidade científica ortodoxa de que estamos a caminho de algo importante. Apesar do escárnio praticamente universal da comunidade científica para com os resultados de Benveniste, pesquisas bem conceituadas começaram a aparecer em outras instituições. Em 1992, a FASEB (Federation of American Societies for Experimental Biology) realizou um simpósio, organizado pela International Society for Bioelectricity, que examinou as interações dos campos eletromagnéticos com os sistemas biológicos.[17] Muitos cientistas reproduziram os testes de alta diluição,[18] e vários outros endossaram e repetiram com êxito as experiências, utilizando informações digitalizadas para a comunicação molecular.[19] As pesquisas mais recentes de Benveniste foram reproduzidas dezoito vezes em um laboratório independente em Lyon, França, e em três outros centros independentes.

Vários anos depois do episódio da memória da água na *Nature*, equipes científicas ainda tentavam provar que Benveniste estava errado. A professora Madelene Ennis, da Queen's University em Belfast, associou-se a uma grande equipe de pesquisa pan-europeia na esperança de mostrar, de uma vez por todas, que a homeopatia e a memória da água eram um total absurdo. Um consórcio de quatro laboratórios independentes na Itália, na França, na Bélgica e na Holanda, dirigido pelo professor M. Roberfroid, da Universidade Católica da Lovaina, em Bruxelas, conduziu uma variação da experiência original de Benveniste com a desgranulação de basófilos. A experiência foi impecável. Nenhum dos pesquisadores sabia qual era a solução homeopática e qual era a água pura. Todas as soluções tinham até mesmo sido preparadas por laboratórios que nada tinham a ver com a experiência. Os resultados também foram codificados, decodificados e tabelados por um pesquisador independente também sem nenhuma ligação com o estudo.

No final, três ou quatro laboratórios obtiveram resultados estatisticamente significativos com os preparados homeopáticos. Mesmo assim, a professora Ennis não acreditou nos resultados e os atribuiu a erros humanos. Para eliminar os possíveis caprichos dos seres humanos, ela aplicou um protocolo de contagem automatizada aos números que tinha. No entanto, até mesmo os resultados automatizados revelaram a mesma coisa. As elevadas diluições do ingrediente ativo funcionaram, quer este último estivesse presente na água em quantidade considerável, quer extremamente diluído, a ponto de nada restar da substância original. Ennis foi forçada a reconhecer o seguinte: "Os resultados obrigam-me a suspender a minha incredulidade e começar a procurar explicações racionais para as nossas constatações".[20]

Esse fato foi a última gota para Benveniste. Se os resultados de Ennis tivessem sido negativos, teriam sido publicados na *Nature*, despachando para sempre o seu trabalho para o lixo. Como os resultados foram compatíveis com os seus, foram publicados em uma publicação relativamente obscura, alguns anos depois do evento, para garantir que ninguém prestaria atenção à notícia.

Além dos resultados de Ennis, havia todas as pesquisas científicas da homeopatia que apoiavam as constatações de Benveniste. Excelentes experiências duplamente cegas controladas com placebo demonstraram que a homeopatia funciona em muitos distúrbios e doenças, entre eles a asma,[21] a diarreia,[22] as infecções das vias respiratórias superiores nas crianças[23] e até mesmo nas doenças de coração.[24] Em pelo menos 105 experiências homeopáticas, 81 apresentaram resultados positivos.

As mais incontestáveis foram conduzidas em Glasgow pelo dr. David Reilly, cujas experiências duplamente cegas controladas com placebo demonstraram que a homeopatia funciona para a asma, com todas as verificações e comparações habituais de um imaculado estudo científico.[25] Apesar do rigor científico da experimentação, um editor da revista *The Lancet*, recordando a resposta da *Nature* aos primeiros resultados de Benveniste, concordou em publicar as constatações, mas se recusou a aceitá-los.

> O que poderia ser mais absurdo do que a ideia de que uma substância é terapeuticamente ativa em diluições tão elevadas que é pouco provável que o paciente receba uma única molécula dela? [declarou o editorial]. Sem dúvida, o princípio da diluição da homeopatia é absurdo; assim sendo, a razão de qualquer efeito terapêutico provavelmente reside em outro lugar.[26]

Ao ler o ininterrupto debate no *The Lancet* sobre as experiências de Reilly, Benveniste não conseguiu se abster de responder:

> Isso relembra, de maneira inexorável, a contribuição maravilhosamente autossuficiente de um acadêmico ao caloroso debate a respeito da existência dos meteoritos, que agitava a comunidade científica da época: "Pedras não caem do céu porque não existem pedras no céu".[27]

Benveniste estava tão cansado pelo fato de os laboratórios tentarem reproduzir o seu trabalho e às vezes falharem que pediu a Guillonnet que construísse um robô para ele. Nada muito além de uma caixa com um braço que se deslocava em três direções. O robô poderia lidar com tudo, exceto com as medições iniciais. Tudo que era preciso fazer era entregar a ele os ingredientes brutos e alguns tubos plásticos, empurrar o botão e ir embora. O robô pegava a água que continha cálcio, colocava-a em uma bobina, tocava o sinal da heparina durante cinco minutos para que a água fosse "informada", em seguida misturava a água informada no tubo de ensaio com o plasma, colocava a mistura em um instrumento de medição, lia os resultados e os entregava a quem quer que estivesse realizando a investigação. Benveniste e sua equipe efetuaram centenas de experiências utilizando o robô, mas a ideia principal era entregar um lote desses dispositivos para outros laboratórios. Dessa maneira, tanto os outros centros como a equipe de Clamart poderiam garantir que a experiência seguiria um padrão universal e que um protocolo idêntico seria corretamente cumprido.

Enquanto trabalhava com o robô, Benveniste descobriu, em grande escala, o que Popp havia presenciado com as suas pulgas-d'água – indícios de que as ondas eletromagnéticas das coisas vivas estavam exercendo um efeito sobre o ambiente.

Quando o robô ficou pronto, Benveniste descobriu que a máquina funcionava bem, exceto em certas ocasiões. Estas sempre coincidiam com os dias em que determinada mulher estava presente no laboratório. *Chercher la femme*, pensou Benveniste, embora no laboratório de Lyon, que estava reproduzindo seus resultados, uma situação semelhante estivesse ocorrendo, mas com um homem. Benveniste realizou várias experiências em seu laboratório, executadas tanto manualmente como pelo robô, para isolar o que a mulher estava fazendo e que impedia a experiência de funcionar. O método científico dela era impecável e ela seguia o protocolo à risca. A mulher, médica e bióloga, era uma profissional experiente e meticulosa. Contudo, não obteve resultados em nenhuma ocasião. Após seis meses de experiências, uma única conclusão era possível: algo a respeito da presença da mulher estava impedindo que um resultado positivo ocorresse.

Era vital que Benveniste chegasse ao cerne do problema, pois ele sabia muito bem o que estava em jogo. Ele poderia enviar o robô para um laboratório em Cambridge, e se eles obtivessem resultados insatisfatórios por causa de uma pessoa em particular, o laboratório chegaria à conclusão de que a experiência estava errada, quando o problema tinha a ver com alguma coisa ou alguém presente no ambiente.

Os efeitos biológicos não encerram nada sutil. Se modificarmos a estrutura ou a forma de uma molécula, mesmo que apenas levemente, alteraremos por completo a sua capacidade de se encaixar nas células receptoras. Ligado ou desligado, com sucesso ou fracasso. Um medicamento funciona ou não funciona. Nesse caso, alguma coisa na mulher estava interferindo na comunicação das células na experiência de Jacques Benveniste.

Ele desconfiava que a mulher estivesse emitindo alguma forma de onda que estava bloqueando os sinais. Ele então desenvolveu um método para testar se isso de fato vinha ocorrendo, e logo descobriu que a mulher estava emitindo campos eletromagnéticos que estavam interferindo na sinalização da comunicação da experiência. À semelhança das substâncias carcinogênicas de Popp, ela era uma embaralhadora de frequências. Isso parecia incrível demais para ser verdade, dava a impressão de pertencer mais à esfera da magia do que à da ciência, pensou Benveniste. Ele pediu, então, que a mulher segurasse um tubo com glóbulos homeopáticos na mão durante cinco minutos, e em seguida testou o tubo com o seu equipamento. Toda a atividade – toda a sinalização molecular – havia sido apagada.[28]

Benveniste não era um teórico. Nem mesmo era físico. Ele acidentalmente invadira o mundo do eletromagnetismo e agora estava preso nele, fazendo experiências em um território totalmente desconhecido para ele – a memória da água e a capacidade das moléculas de vibrar em frequências muito altas e muito baixas. Esses eram os dois mistérios que ele não chegava nem perto de resolver. Tudo que poderia fazer era prosseguir onde se sentia mais à vontade – nas experiências de laboratório – e mostrar que esses efeitos eram reais. Mas uma coisa parecia clara para ele. Por alguma razão desconhecida, na qual ele não se deteve, esses sinais também pareciam ser enviados para fora do corpo e de algum modo eram assimilados e ouvidos.

CAPÍTULO 5

Ressoando com o mundo

Praticamente todas as experiências tinham sido um fracasso. Os ratos não estavam se comportando como era esperado. O objetivo mais importante do exercício, no que dizia respeito a Karl Lashley, era descobrir onde estavam os engramas, ou seja, a localização exata onde as memórias eram armazenadas no cérebro. O termo "engrama" foi cunhado por Wilder Penfield na década de 1920, quando julgou ter descoberto que as memórias tinham um endereço preciso no cérebro. Penfield fez pesquisas extraordinárias em pacientes epilépticos que tinham o couro cabeludo anestesiado enquanto estavam totalmente conscientes, demonstrando que, se determinadas partes do cérebro desses pacientes fossem estimuladas com eletrodos, cenas específicas do passado deles podiam ser evocadas em cores vivas e com detalhes excruciantes. O mais impressionante é que a estimulação do mesmo ponto do cérebro (muitas vezes sem o conhecimento do paciente) parecia trazer sempre a mesma memória à tona, com o mesmo nível de detalhes.

Penfield e um exército de cientistas depois dele chegaram naturalmente à conclusão de que certas partes do cérebro eram destinadas a encerrar memórias específicas. Cada ínfimo detalhe de nossa vida fora cuidadosamente codificado em locais específicos do cérebro, como os clientes de um restaurante que são colocados em determinadas mesas por um *maître* particularmente exigente. Tudo que precisávamos descobrir era quem estava sentado em qual lugar – e, talvez como bônus, quem era o *maître*.

Durante quase trinta anos, Lashley, famoso neuropsicólogo norte-americano, estivera procurando engramas. Corria o ano de 1946 e, em seu laboratório, no Yerkes Laboratory of Primate Biology, na Flórida, ele vinha esquadrinhando todos os tipos de espécies de primatas para tentar descobrir o que havia no cérebro – e onde estava – que era responsável pela memória. Lashley imaginou que estaria expandindo os resultados de Penfield, quando tudo que parecia estar fazendo era provar que Penfield estava errado. Lashley tinha tendência a ser muito crítico. Era como se a obra de sua vida inteira tivesse um propósito singularmente negativo: refutar o trabalho de seus antepassados. A outra verdade absoluta da época que ainda dominava a comunidade científica, mas que Lashley estava empenhado em refutar, era a ideia de que todo processo psicológico tinha uma manifestação física mensurável – o movimento de um músculo, a secreção de uma substância química. Uma vez mais, o cérebro era simples e meticulosamente o *maître*. Embora Lashley tivesse a princípio se dedicado à pesquisa em primatas, passara posteriormente a trabalhar com ratos. Construiu uma plataforma de saltos para eles, onde aprenderam a saltar através de portas em miniatura para alcançar uma recompensa em forma de comida. Para enfatizar a finalidade do exercício, os ratos que não tivessem a reação adequada caíam na água.[1]

Uma vez convencido de que eles tinham aprendido a rotina, Lashley pôs-se sistematicamente a tentar destruir essa lembrança por meio de procedimentos cirúrgicos. Apesar de todas as suas críticas aos insucessos de outros pesquisadores, a técnica cirúrgica do próprio Lashley era um desastre – uma operação improvisada e feita às pressas. O seu protocolo laboratorial teria enraivecido qualquer defensor dos direitos dos animais dos dias de hoje. Lashley não empregava a técnica da assepsia, em grande parte porque ela não era considerada necessária para os ratos. Era um cirurgião grosseiro e desleixado, de acordo com qualquer padrão médico, e possivelmente de um modo deliberado, costurava os ferimentos com um único ponto – uma receita perfeita para a infecção cerebral nos mamíferos de maior porte. Porém, não era mais tosco do que a maioria dos pesquisadores de cérebro da época. Afinal de contas, nenhum dos cães de Ivan Pavlov sobreviveu à sua cirurgia cerebral, todos morreram em virtude de abscessos cerebrais ou epilepsia.[2]

Lashley tentou desativar certas partes do cérebro dos ratos para descobrir qual delas continha a preciosa chave para memórias específicas. Para executar essa tarefa, escolheu como instrumento cirúrgico o ferro de frisar da sua mulher – um ferro de frisar! – e simplesmente queimava a parte que desejava remover.[3]

As suas tentativas iniciais de encontrar a sede de memórias específicas falharam; os ratos, embora às vezes até fisicamente debilitados, lembravam-se exatamente do que lhes havia sido ensinado. Lashley começou a fritar um número cada vez maior de seções do cérebro, mas os ratos continuavam a se sair bem na plataforma de saltos. Lashley tornou-se ainda mais liberal com o ferro de frisar, indo de uma parte do cérebro para a seguinte, mas mesmo assim sem afetar a capacidade do rato para recordar. Mesmo depois de Lashley ter danificado a maior parte do cérebro de cada rato – e um ferro de frisar causava mais danos ao cérebro do que qualquer corte cirúrgico limpo –, eles podiam andar cambaleando de forma desarticulada, pois a capacidade motora dos ratos muitas vezes ficava prejudicada, *e sempre se lembravam da rotina.*

Apesar de representar, de certa forma, um fracasso, os resultados agradaram ao iconoclasta que havia dentro de Lashley. Os ratos confirmaram o que ele há muito suspeitava. Na monografia *Brain Mechanisms and Intelligence* (Os mecanismos cerebrais e a inteligência) que escreveu em 1929, um pequeno trabalho que lhe conferiu notoriedade, Lashley já elucidara a sua opinião de que a função cortical parecia ser igualmente potente em toda parte.[4] Como ele ressaltaria mais tarde, a necessária conclusão a ser extraída de seu trabalho experimental "é que o aprendizado objetivo não é possível".[5] No que dizia respeito à cognição, para todos os efeitos, o cérebro era uma bagunça.[6]

Para Karl Pribram, um jovem neurocirurgião que se mudara para a Flórida apenas para trabalhar em pesquisas com Lashley, os fracassos deste eram de certa maneira uma revelação. Pribram havia comprado a monografia de Lashley por dez centavos, de segunda mão, e quando chegou à Flórida, não se mostrou acanhado em contestá-la com o mesmo fervor que Lashley reservara para muitos dos seus colegas. Lashley sentiu-se estimulado por seu inteligente e arrogante aprendiz, que ele com o tempo viria a considerar quase como um filho.

Todas as opiniões de Pribram a respeito da memória e dos processos cognitivos superiores do cérebro estavam sendo virados de cabeça para baixo. Se não havia um único lugar onde as memórias específicas eram armazenadas – e Lashley havia queimado, de diversas maneiras, cada parte do cérebro dos ratos –, então as nossas memórias e, possivelmente, outros processos cognitivos superiores – na verdade, tudo que denominamos "percepção" – tinham que, de alguma maneira, estar distribuídos pelo cérebro.

Em 1948, Pribram, então com 29 anos, aceitou um cargo na Universidade Yale, onde ficava o melhor laboratório de neurociência do mundo. A sua intenção era estudar as funções do córtex frontal dos macacos, na tentativa de compreender os efeitos das lobotomias frontais que eram realizadas em milhares de pacientes na época. Ensinar e conduzir pesquisas lhe atraía muito mais do que a vida lucrativa de um neurocirurgião; em determinado momento, alguns anos mais tarde, ele recusaria um salário de cem mil dólares anuais no Hospital Mount Sinai de Nova York para aceitar um salário de professor relativamente modesto. De maneira semelhante a Edgar Mitchell, Pribram sempre pensou em si mesmo como um explorador, e não como médico ou agente de cura; aos oito anos de idade, ele leu repetidas vezes – ao menos doze – as proezas do almirante Byrd ao navegar no Polo Norte. Os Estados Unidos em si representavam para o menino uma nova fronteira a ser conquistada, e lá chegara com essa idade vindo de Viena. Pribram era filho de um famoso biólogo que se mudara com a família para os Estados Unidos em 1927 por achar que a Europa, devastada e empobrecida pela Primeira Guerra Mundial, não era o lugar adequado para se criar uma criança. Quando se tornou adulto, possivelmente por ter uma compleição franzina e seu tipo físico não ser realmente o ideal para vigorosas explorações (mais tarde ele viria a se parecer com uma versão pequena e delicada de Albert Einstein, com o mesmo cabelo branco majestoso na altura dos ombros), Karl escolheu o cérebro humano como terreno exploratório.

Depois de deixar Lashley e a Flórida, Pribram passaria os vinte anos seguintes refletindo sobre os mistérios que cercavam a organização do cérebro, da percepção e da consciência. Ele configurava as suas próprias experiências em macacos e gatos, realizando cuidadosos exames nos sistemas para descobrir que parte do cérebro faz o quê. O seu laboratório estava entre os primeiros a identificar a localização dos processos cognitivos, da emoção e da motivação, e ele foi extremamente bem-sucedido. Suas pesquisas demonstraram claramente que todas essas funções tinham um endereço específico no cérebro, descoberta que Lashley tinha dificuldades para acreditar.

O que o deixava mais intrigado era um paradoxo fundamental: o processamento cognitivo tinha posições bastante precisas no cérebro, mas dentro dessas posições, o processamento em si parecia ser determinado, nas palavras de Lashley, "por massas de excitações (...) sem relação com células nervosas particulares".[7] Era verdade que partes do cérebro executavam funções específicas, mas o processamento efetivo das informações parecia ser realizado por algo mais básico do que neurônios particulares – algo que certamente não era específico para nenhum grupo de células. A armazenagem, por exemplo, parecia estar distribuída por toda uma localização específica e, às vezes, além dela. *Mas por intermédio de que mecanismo isso era possível?*

Assim como ocorreu com Lashley, grande parte do trabalho inicial de Pribram sobre a percepção superior parecia contradizer os conhecimentos reconhecidos da época. A perspectiva aceita sobre a visão, cuja maior parte ainda vigora hoje em dia, é que o olho "enxerga" por ter uma imagem fotográfica da cena ou objeto reproduzida sobre a superfície cortical do cérebro, a parte que recebe e interpreta a visão como um projetor de cinema interno. Se isso fosse verdade, a atividade elétrica no córtex visual deveria espelhar exatamente o que está sendo visto, o que é verdade até certo ponto em um nível muito grosseiro. No entanto, em uma série de experiências, Lashley descobrira que poderíamos cortar praticamente todo o nervo óptico de um gato sem interferir nem um pouco na capacidade do animal de ver o que estava fazendo. Para sua surpresa, o gato não apenas parecia continuar a enxergar cada detalhe, mas era capaz de executar complicadas tarefas visuais. Se havia algo como uma tela de cinema interior, era como se os pesquisadores tivessem destruído todo o projetor, com exceção de uns poucos centímetros, mas mesmo assim todo o filme estivesse tão claro quanto antes.[8]

Em outros experimentos, Pribram e seus colaboradores haviam treinado um macaco para apertar uma certa barra quando lhe mostrassem um cartão com um círculo impresso e outra barra quando lhe mostrassem um cartão com listras. No córtex visual do macaco estavam fixados eletrodos que registrariam as ondas cerebrais quando o macaco enxergasse círculos ou listras. Pribram estava simplesmente testando se as ondas cerebrais diferiam de acordo com a forma que estava no cartão. Ao contrário, o que ele descobriu foi que o cérebro do macaco não só registrava uma diferença relacionada com o desenho no cartão, mas assinalava se ele havia pressionado a barra certa e até mesmo a sua intenção de apertar a barra antes de fazê-lo. Esse resultado convenceu Pribram de que o controle estava sendo formulado e enviado das áreas superiores do cérebro para as posições receptoras mais primárias. Isso significava necessariamente que estava acontecendo uma coisa muito mais complicada do que o que amplamente se acreditava na época, que era que vemos e reagimos aos estímulos externos por meio de um fluxo de informações em um túnel simples, que entra no cérebro vindo dos órgãos sensoriais e sai em direção aos músculos e glândulas.[9]

Pribram passou vários anos realizando pesquisas que mediam as atividades cerebrais dos macacos enquanto executavam determinadas tarefas, para verificar se conseguia isolar ainda mais o local exato onde os padrões e as cores estavam sendo percebidos. Os experimentos continuaram a apresentar cada vez mais indícios de que a reação do cérebro estava distribuída em porções por todo o córtex. Em outra pesquisa, desta vez em gatos recém-nascidos, nos quais haviam sido colocadas lentes de contato com listras verticais ou horizontais, os colaboradores de Pribram descobriram que o comportamento dos gatos horizontalmente orientados não era acentuadamente distinto daquele dos gatos verticalmente orientados. Isso significava que a percepção não poderia estar ocorrendo com a detecção das linhas.[10] Tanto as suas experiências como as de outros cientistas, como Lashley, estavam em desacordo com muitas das teorias de percepção neural predominantes. Pribram estava convencido de que nenhuma imagem estava sendo projetada internamente e que precisava necessariamente haver algum outro mecanismo que possibilitava que percebêssemos o mundo da maneira como o fazemos.[11]

Em 1958, Pribram se transferiu de Yale para o Centro de Estudos Avançados sobre a Ciência do Comportamento, na Universidade de Stanford. Ele talvez nunca tivesse conseguido formular nenhuma concepção alternativa se o seu amigo Jack Hilgard, famoso psicólogo de Stanford, não estivesse atualizando um livro-texto em 1964 e precisasse de uma opinião atualizada sobre a percepção. O problema era que as antigas noções a respeito da formação elétrica da "imagem" no cérebro – a suposta correspondência entre as imagens no mundo e a descarga elétrica no cérebro – foram desmentidas por Pribram, e as pesquisas deste com os macacos o haviam tornado extremamente cético com relação ao que era na época a mais popular e recente teoria da percepção: que conhecemos o mundo por meio de detectores lineares. A mera focalização de um rosto exigiria que o cérebro realizasse uma nova e enorme computação sempre que nos afastássemos alguns centímetros desse rosto. Hilgard continuou a pressioná-lo. Pribram não tinha a menor ideia do tipo de teoria que poderia oferecer ao amigo e continuou a atormentar sua mente para poder apresentar algum ângulo positivo. Foi então que um de seus colegas leu, por acaso, um artigo na publicação *Scientific American* escrito por sir Jonh Eccles, famoso fisiologista australiano que postulava que a imaginação poderia ter algo a ver com as micro-ondas do cérebro. Apenas uma semana depois, apareceu outro artigo, de Emmett Leith, engenheiro da Universidade de Michigan, sobre raios laser divididos e holografia óptica, uma nova tecnologia.[12]

Estivera ali o tempo todo, bem diante de seu nariz. Essa era exatamente a metáfora que ele procurava. O conceito das frentes de onda e da holografia parecia conter a resposta para perguntas que ele vinha fazendo havia vinte anos. O próprio Lashley havia formulado uma teoria de padrões de interferência de ondas no cérebro, mas a abandonara porque não conseguira visualizar como eles poderiam ser gerados no córtex.[13] As ideias de Eccles pareciam resolver esse problema. Àquela altura, Pribram estava achando que o cérebro devia, de alguma maneira, "ler" as informações, transformando imagens comuns em padrões de interferência de ondas, e em seguida convertê-las em imagens virtuais, exatamente como um holograma laser é capaz de fazer. O outro mistério resolvido pela metáfora holográfica seria a memória. Em vez de estar localizada com exatidão em algum lugar, a memória estaria distribuída por toda parte, de modo que cada parte continha o todo.

Durante uma assembleia da Unesco em Paris, Pribram se reuniu com Dennis Gabor, que ganhara o prêmio Nobel na década de 1940 por descobrir a holografia quando tentava produzir um microscópio poderoso o bastante para enxergar um átomo. Gabor, o primeiro engenheiro a ganhar o prêmio Nobel de física, estivera trabalhando nos processos matemáticos dos raios e nos comprimentos de onda da luz. Ao mesmo tempo, havia descoberto que, se dividirmos um raio de luz, fotografarmos objetos com ele e armazenarmos essa informação como padrões de interferência de ondas, poderemos obter uma imagem do todo melhor do que poderíamos conseguir com as duas dimensões uniformes que obtemos registrando uma intensidade ponto a ponto, o método utilizado na fotografia comum. Em seus cálculos matemáticos, Gabor usou uma série de equações de cálculo denominadas transformadas de Fourier, em homenagem ao matemático francês Jean Fourier, que as desenvolveu no início do século XIX. Fourier começou a trabalhar em seu sistema de análise, que veio a se tornar uma ferramenta fundamental da matemática e da computação nos dias de hoje, quando calculava, a pedido de Napoleão, o intervalo ideal entre os tiros de um canhão para que o cano não aquecesse demais. Com o tempo, descobriu-se que o método de Fourier era capaz de decompor e descrever com precisão padrões de qualquer complexidade em uma linguagem matemática que descreve as relações entre as ondas quânticas. Qualquer imagem ótica poderia ser convertida no equivalente matemático de padrões de interferência, a informação que resulta quando as ondas se sobrepõem umas às outras. Nessa técnica, também transferimos algo que existe no tempo e no espaço para o "domínio espectral" – uma espécie de taquigrafia atemporal e sem limites de espaço para o relacionamento entre as ondas, mensuradas como energia. A outra elegante habilidade das equações é que também podemos utilizá-las ao contrário, pegando os componentes que representam as interações das ondas – sua frequência, amplitude e fase – e usando-os para reconstruir qualquer imagem.[14]

Na noite em que estiveram juntos, Pribram e Gabor beberam uma garrafa particularmente memorável de Beaujolais e preencheram três guardanapos com complicadas equações de Fourier para calcular como o cérebro poderia ser capaz de controlar essa intrincada tarefa de reagir a certos padrões de interferência de ondas e, em seguida, transformar essa informação em imagens.[15] Havia inúmeros detalhes a serem solucionados no laboratório; a teoria não estava completa. Mas ambos estavam convencidos de uma coisa: a percepção ocorria em decorrência de uma complexa interpretação e transformação de informações em um diferente nível de realidade.

Para compreender como isso é possível, é necessário entender as propriedades especiais das ondas, que são mais bem ilustradas em um holograma óptico laser, a metáfora que conquistou a imaginação de Pribram. Em um holograma laser clássico, um raio laser é dividido. Uma parte é refletida a partir de um objeto – uma xícara de porcelana, digamos – e a outra é refletida por vários espelhos. Elas são então reunidas e capturadas em um pedaço de filme fotográfico. O resultado na chapa – que representa o padrão de interferência dessas ondas – não parece ser nada além de um conjunto de curvas pequenas e irregulares ou círculos concêntricos.

No entanto, quando irradiamos um raio de luz a partir do mesmo tipo de laser através do filme, o que vemos é uma imagem tridimensional consumada por completo e incrivelmente detalhada da xícara de porcelana flutuando no espaço (um exemplo disso é a imagem da Princesa Leia que é gerada pelo robô R2-D2 no primeiro filme da franquia *Star Wars*). O mecanismo pelo qual isso funciona tem a ver com as propriedades das ondas que as capacita a codificar informações e também com a qualidade especial do raio laser, que projeta uma luz pura de um único comprimento de onda, comportando-se como uma fonte perfeita para criar padrões de interferência. Quando dividimos um raio, as duas partes chegam à chapa fotográfica; uma das metades fornece os padrões da fonte de luz, a outra capta a configuração da xícara de chá e ambas interferem. Ao irradiar o mesmo tipo de fonte de luz sobre o filme, captamos a imagem que foi gravada. A outra estranha propriedade da holografia é que cada minúscula porção da informação codificada contém a totalidade da imagem, de modo que, se cortássemos a nossa chapa fotográfica em pedaços ínfimos e irradiássemos um raio laser sobre qualquer um deles, obteríamos uma imagem completa da xícara de chá.

Embora a metáfora do hológrafo fosse importante para Pribram, a verdadeira importância de sua descoberta não foi a holografia *per se*, que faz aparecer uma imagem mental da projeção fantasmagórica tridimensional, ou um universo que é apenas a nossa projeção dele. O notável foi a capacidade singularíssima das ondas quânticas de armazenar vastas quantidades de informações em uma totalidade e em três dimensões, e o fato de o nosso cérebro ser capaz de ler essas informações e a partir daí criar o mundo. Tínhamos finalmente um dispositivo mecânico que parecia reproduzir a maneira como o cérebro de fato funcionava: a maneira como as imagens eram formadas, armazenadas e evocadas ou associadas a outra coisa. O mais importante de tudo é que ele oferecia uma pista para o que Pribram considerava o maior mistério de todos: como era possível ter tarefas em locais específicos do cérebro, mas processá-las ou armazená-las por todas as partes. Em certo sentido, a holografia é apenas uma taquigrafia conveniente para a interferência de ondas – a linguagem do campo.

O último aspecto relevante da teoria do cérebro de Pribram, que seria apresentado um pouco mais tarde, estava relacionado a outra descoberta de Gabor. Este aplicara nas comunicações os mesmos processos matemáticos usados por Heisenberg na física quântica, para calcular a capacidade máxima de compressão de uma mensagem telefônica através do cabo atlântico. Pribram e alguns de seus colegas prosseguiram e desenvolveram a sua hipótese com um modelo matemático que demonstrava que esses mesmos processos matemáticos também descrevem os processos do cérebro humano. Ele pensara em algo tão radical que era quase inconcebível: uma coisa quente e viva como o cérebro funcionava de acordo com o estranho mundo da teoria quântica.

Quando observamos o mundo, teorizou Pribram, nós o fazemos em um nível muito mais profundo do que o do mundo básico e concreto "que existe lá fora". O nosso cérebro basicamente não fala consigo mesmo e com o resto do corpo por intermédio de palavras ou imagens, e nem mesmo por meio de bits ou impulsos químicos. Ele se comunica na linguagem de interferência de ondas: a linguagem da fase, da amplitude e da frequência – o "domínio espectral". Percebemos um objeto entrando "em ressonância" ou "em sincronia" com ele. Conhecer o mundo significa literalmente estar no mesmo comprimento de onda dele.

Pense no cérebro como um piano. Quando observamos alguma coisa no mundo, certas partes do cérebro ressoam em determinadas frequências específicas. Em qualquer ponto de atenção, o nosso cérebro só toca determinadas notas, que desencadeiam sequências de certo comprimento e frequência.[16] Essas informações são então captadas pelos circuitos eletroquímicos comuns do cérebro, assim como a vibração das cordas acaba ressoando por todo o piano.

Ocorrera a Pribram que, quando olhamos para algo, não "vemos" a imagem na parte de trás da cabeça ou da retina, e sim em três dimensões no mundo exterior. Com certeza estamos criando e projetando no espaço uma imagem virtual do objeto, no mesmo lugar do objeto efetivo, para que ele e nossa percepção dele coincidam. Isso significaria que a arte de enxergar é a arte de transformar. De certo modo, no ato da observação, estamos transformando os padrões de interferência atemporais e sem limites de espaço no mundo concreto e distinto do espaço e do tempo – o mundo da maçã que vemos diante de nós. Criamos o espaço e o tempo na superfície de nossa retina. À semelhança do que acontece com um holograma, a lente do olho capta certos padrões de interferência e em seguida os converte em imagens tridimensionais. Esse tipo de projeção virtual é necessário para que estendamos a mão e toquemos a maçã onde ela realmente está, e não em algum lugar dentro da nossa cabeça. Se estivermos projetando imagens no espaço o tempo todo, a nossa imagem do mundo é na verdade uma criação virtual.

De acordo com a teoria de Pribram, quando reparamos em alguma coisa pela primeira vez, determinadas frequências ressoam nos neurônios de nosso cérebro. Esses neurônios enviam informações sobre essas frequências para outro conjunto de neurônios. Este segundo grupo faz uma tradução Fourier dessas ressonâncias e as envia para um terceiro conjunto de neurônios, que começa então a construir um padrão que, com o tempo, formará a imagem virtual que criamos da maçã no espaço, em cima da cesta de frutas.[17] Esse processo tríplice torna mais fácil para o cérebro correlacionar imagens separadas – o que é facilmente realizado quando estamos lidando com a taquigrafia da interferência de ondas, mas bastante complicado no caso de uma imagem efetiva da vida real.

Pribram raciocinou que, após enxergar, o cérebro precisa então processar a informação na taquigrafia dos padrões de frequência de ondas e espalhá-los pelo cérebro em uma rede de distribuição, como a rede de uma área local que copia todas as instruções importantes para muitos funcionários do escritório. O armazenamento da memória em padrões de interferência de ondas é extraordinariamente eficiente e seria responsável pela magnitude da memória humana. As ondas são capazes de conter quantidades inimagináveis de dados – bem mais do que as 280 quintilhões (280.000.000.000.000.000.000) de unidades de informação que supostamente constituem a memória humana típica acumulada ao longo do tempo médio de vida.[18] Dizem que, com os padrões holográficos de interferência de ondas, toda a Biblioteca do

Congresso dos Estados Unidos, que contém praticamente todos os livros já publicados em língua inglesa, daria em um cubo grande de açúcar.[19] O modelo holográfico também explicaria a evocação instantânea da memória, frequentemente como uma imagem tridimensional.

As teorias de Pribram a respeito do papel distribuído da memória e da linguagem de frente de onda do cérebro enfrentaram muita incredulidade, em particular na década de 1960, quando foram publicadas pela primeira vez. Um dos principais cientistas que ridicularizaram a teoria da memória distribuída foi o biólogo Paul Pietsch, da Universidade de Indiana. Em experiências anteriores, Pietsch descobrira que podia remover o cérebro de uma salamandra e o animal, embora ficasse em estado comatoso, retomava suas atividades assim que o cérebro era colocado de volta no lugar. Se Pribram estivesse correto, parte do cérebro da salamandra poderia ser removido, ou remanejado, e isso não afetaria o seu funcionamento habitual. Mas Pietsch tinha certeza de que Pribram estava errado e mostrou-se firmemente determinado a provar que era ele, Pietsch, que estava certo. Em uma série de mais de 700 experimentos, Pietsch retirou um grande número de cérebros de salamandra. Antes de colocá-los de volta, começou a adulterá-los. Em experimentações sucessivas, ele inverteu, suprimiu, retirou e remanejou fatias, e até mesmo moeu como salsicha o cérebro das suas cobaias. No entanto, por mais que os cérebros fossem brutalmente mutilados ou reduzidos em tamanho, o que tivesse restado do cérebro delas era devolvido aos donos e as salamandras se recuperavam e retomavam o comportamento normal. Depois de ser um cético absoluto, Pietsch converteu-se ao ponto de vista de Pribram de que a memória está distribuída por todo o cérebro.[20]

As teorias de Pribram também foram defendidas em 1979 por uma equipe formada por um casal de neurofisiologistas da Universidade da Califórnia em Berkeley. Russell e Karen DeValois converteram simples padrões axadrezados e semelhantes a tabuleiros de damas em ondas de Fourier e descobriram que as células cerebrais de gatos e macacos não reagiam aos padrões propriamente ditos, mas aos padrões de interferência de suas ondas componentes. Um sem número de pesquisas, detalhadas pela equipe do casal DeValois no livro *Spatial Vision*[21], demonstram que diversas células do sistema visual estão sintonizadas em certas frequências. Outros estudos realizados por Fergus Campbell, da Universidade de Cambridge, na Inglaterra, assim como por uma série de outros laboratórios, também revelaram que o córtex cerebral dos seres humanos pode ser ajustado a frequências específicas.[22] Isso explicaria como podemos reconhecer as coisas como sendo as mesmas, ainda quando seus tamanhos diferem enormemente.

Pribram também mostrou que o cérebro é um analisador de frequências um tanto seletivo. Ele demonstrou que o cérebro contém um certo "envoltório" ou mecanismo que limita as informações que, caso contrário, estariam disponíveis infinitamente para nós, para que não sejamos bombardeados por informações de ondas ilimitadas contidas no campo de ponto zero.[23]

Nas pesquisas que o próprio Pribram realizou em laboratório, ele confirmou que o córtex visual dos gatos e dos macacos reagia a uma amplitude limitada de frequências.[24] Russell DeValois e seus colegas também demonstraram que os campos receptivos nos neurônios do córtex estavam sintonizados com uma amplitude de frequências muito pequena.[25] Nas experiências tanto com gatos quanto com seres humanos, Campbell também demonstrou que os neurônios do cérebro reagiam a uma faixa limitada de frequências.[26] Em determinado momento, Pribram se deparou com o trabalho do russo Nikolai Bernstein. Este havia filmado voluntários, trajados inteiramente de preto, em cujas roupas haviam sido aplicadas fitas adesivas e pequenas marcas brancas para indicar os membros – algo como a clássica roupa de esqueleto usada no Halloween. Era solicitado aos participantes que dançassem contra um fundo preto enquanto eram filmados. Quando o filme era processado, tudo o que se conseguia ver era uma série de pontos brancos movendo-se em um padrão contínuo em forma de onda. Bernstein analisou as ondas. Para seu assombro, todos os movimentos rítmicos podiam ser representados em somas trigonométricas de Fourier, a um ponto tal que ele descobriu que poderia prever os movimentos seguintes dos dançarinos "com uma margem de erro de poucos milímetros".[27]

O fato de que o movimento podia, de certo modo, ser representado formalmente por meio de equações de Fourier fez com que Pribram compreendesse que as conversas do cérebro com o corpo também poderiam estar ocorrendo sob a forma de ondas e padrões, e não de imagens.[28] De algum modo, o cérebro tinha a capacidade de analisar o movimento, desmembrá-lo em frequências de onda e transmitir essa taquigrafia de padrão de onda para o resto do corpo. Essa informação, transmitida não localmente para muitas partes de forma simultânea, explicaria como podemos executar, com relativa facilidade, complicadas tarefas globais que envolvem múltiplas partes do corpo, como andar de bicicleta ou de patins. Isso também explica como podemos copiar uma tarefa com facilidade. Pribram também se deparou com indícios de que os nossos outros sentidos – olfato, paladar e audição – operam por intermédio da análise de frequências.[29]

Nos experimentos do próprio Pribram com gatos, em que ele registrou frequências do córtex motor desses animais enquanto a pata dianteira direita estava se movendo para cima e para baixo, ele descobriu que, de maneira similar ao córtex visual, as células individuais no córtex motor do gato só reagiam a um número limitado de frequências de movimento, assim como as cordas individuais de um piano só respondem a uma amplitude de frequências limitada.[30]

Pribram estava tendo dificuldade para descobrir onde esse complexo processo de decodificação e transformação de frente de onda poderia estar acontecendo. Ocorreu-lhe então que a região do cérebro onde os padrões de interferência poderiam ser criados não era uma célula particular, e sim os espaços entre elas. Na extremidade de cada neurônio, a unidade básica das células cerebrais, existem sinapses, onde cargas químicas se acumulam, desencadeando, com o tempo, descargas elétricas através desses espaços para os outros neurônios. Nos mesmos espaços, dendritos – minúsculos filamentos de extremidades nervosas que flutuam de um lado para o outro, como hastes de trigo em uma brisa suave – comunicam-se com outros neurônios, enviando e recebendo os seus próprios impulsos de ondas elétricas. Esses "potenciais de ondas lentas", como são chamados, circulam através da glia, ou neuróglia, a substância adesiva que envolve os neurônios, empurrando delicadamente outras ondas ou até mesmo colidindo com elas. Era nessa conjuntura movimentada, um lugar com um incessante embaralhamento da comunicação entre sinapses e dendritos, que era mais provável que as frequências de onda pudessem ser captadas e analisadas, e imagens holográficas formadas, já que esses padrões de onda que se entrelaçam de maneira contínua estão criando centenas de milhares de padrões de interferência de ondas.

Pribram conjeturou que essas colisões de ondas deveriam criar as imagens pictóricas no cérebro. Quando percebemos algo, não o fazemos devido à atividade dos neurônios em si, mas a certos grupos de dendritos distribuídos ao redor do cérebro, os quais, à semelhança de uma estação de rádio, estão ajustados para ressoar somente em determinadas frequências. É como ter um vasto número de cordas de piano sobre a cabeça, com apenas algumas delas vibrando quando uma nota específica é tocada.

Basicamente, Pribram deixou que outros cientistas testassem as suas teses para não comprometer o seu trabalho mais tradicional no laboratório por ter se associado a ideias revolucionárias. Sua teoria então foi abandonada durante alguns anos. Precisou esperar décadas até que sua proposta inicial fosse retomada por outros pioneiros da comunidade científica. O apoio mais importante que recebeu veio de uma fonte improvável: um alemão que estava tentando fazer com que uma máquina de diagnóstico médico funcionasse melhor.

Walter Schempp, professor de matemática da Universidade de Siegen, na Alemanha, acreditava que estava simplesmente levando avante o trabalho do seu predecessor Johannes Kepler, importante astrônomo dos séculos XVI e XVII. Kepler é famoso por ter afirmado em seu livro *Harmonice Mundi* que as pessoas na Terra podiam ouvir a música das estrelas. Na época, os contemporâneos de Kepler acharam que ele estava louco. Apenas quatrocentos anos mais tarde, dois cientistas norte-americanos demonstraram que existe, de fato, uma música dos céus. Em 1993, Hulse e Taylor conquistaram o prêmio Nobel pela descoberta dos pulsares binários – estrelas que enviam ondas eletromagnéticas em pulsos. O sensível equipamento que utilizam, situado em um dos lugares mais elevados do mundo, no alto de uma montanha em Arecibo, Porto Rico, capta indícios desses sons por meio de ondas de rádio.

Em homenagem ao seu antepassado, Walter se especializara na matemática da análise harmônica, ou seja, a frequência e a fase das ondas sonoras. Ocorreu-lhe certo dia em que estava sentado em casa, no jardim – o seu filho de três anos estava doente na ocasião –, que talvez fosse possível extrair imagens tridimensionais das ondas sonoras. Sem ler o trabalho de Gabor, ele elaborara sua própria teoria holográfica, construída a partir da teoria matemática. Consultara em vão seus próprios livros de matemática, mas ao examinar o que fora feito na teoria óptica, deparou-se com o trabalho de Gabor.

Em 1986, Walter Schempp já havia publicado um livro que demonstrava matematicamente como era possível obter um holograma a partir dos ecos das ondas de rádio recebidas por radar, que veio a ser considerado um clássico da tecnologia de ponta do radar. Schempp começou a pensar que os mesmos princípios da holografia de onda talvez se aplicassem à imagem por ressonância magnética (MRI), uma ferramenta médica usada para examinar os tecidos moles do corpo, técnica que ainda estava engatinhando. No entanto, quando decidiu investigar, logo percebeu que as pessoas que haviam desenvolvido os aparelhos e os estavam operando tinham muito pouca noção de como a MRI funcionava. A tecnologia era tão primitiva que estava sendo usada de maneira intuitiva. Os pacientes tinham que ficar sentados durante quatro horas ou mais enquanto fotografias eram tiradas lentamente, sendo que ninguém tinha a exata certeza de como isso era feito. Walter estava profundamente insatisfeito com a tecnologia da MRI e compreendeu que tornar as imagens mais nítidas era uma tarefa relativamente simples.

No entanto, colocá-la em prática exigiu uma dedicação extraordinária do homem que contava na época cinquenta anos e que, apesar de ter uma família jovem, parecia mais maduro do que seus anos biológicos, devido ao cabelo que começava a ficar grisalho e à sua natureza melancólica. Walter precisou estudar medicina, biologia e radiologia, a fim de se tornar capacitado a utilizar o equipamento. Aceitou um cargo que lhe foi oferecido na John Hopkins Medical School, em Baltimore,

Maryland, que tem o melhor departamento de radiologia ambulatorial dos Estados Unidos, e mais tarde fez treinamento no Massachusetts General Hospital, que é afiliado ao MIT. Depois de obter uma bolsa de pesquisas em Zurique, ele afinal pôde voltar à Alemanha, onde agora tinha as qualificações apropriadas para oficialmente pôr as mãos no aparelho.

Tirar fotografias do cérebro e dos tecidos moles do corpo com a MRI é, em geral, uma questão de chegar à água que se esconde nos vários cantos e fendas. Para fazer isso, precisamos ser capazes de encontrar o núcleo das moléculas de água espalhadas pelo cérebro. Como os prótons giram como pequenos ímãs, frequentemente é mais simples localizá-los aplicando um campo magnético. Isso faz com que o movimento giratório se acelere, chegando com o tempo ao ponto no qual os núcleos se comportam como giroscópios microscópicos que giram descontrolados. Toda essa manipulação molecular torna as moléculas de água muito mais visíveis, possibilitando que o aparelho de MRI as localize e depois extraia uma imagem dos tecidos moles do cérebro.

À medida que as moléculas perdem velocidade, elas emitem radiação. Schempp descobriu que essa radiação continha informações de onda codificadas a respeito do corpo, que o aparelho consegue captar e depois usar para reconstruir uma imagem tridimensional dele. As informações são extraídas sob a forma de um holograma codificado de uma fatia do cérebro ou do corpo que desejamos examinar. Utilizando as transformadas de Fourier e muitas fatias do corpo, combinamos e posteriormente transformamos essas informações em uma imagem ótica.

Schempp deu seguimento à sua pesquisa e ajudou a revolucionar a construção de aparelhos de MRI. Escreveu um livro didático sobre o assunto, mostrando que a imagiologia funcionava como uma holografia, e logo se tornaria a autoridade mundial no aparelho e na MRI funcional, que nos permite efetivamente observar a atividade cerebral provocada pelos estímulos sensoriais.[31] Os aperfeiçoamentos reduziram o tempo que o paciente precisava ficar sentado imóvel de quatro horas para vinte minutos. Mas Walter começou a se perguntar se os processos matemáticos e a teoria de como esse aparelho funcionava poderiam ser aplicados a sistemas biológicos. Ele chamou sua teoria de "holografia quântica", porque o que ele realmente descobrira foi que todos os tipos de informações a respeito de objetos, inclusive a forma tridimensional, são transportados nas flutuações quânticas do campo de ponto zero, e que todas essas informações podem ser recuperadas e reagrupadas em uma imagem tridimensional. Schempp havia descoberto, como Puthoff previra, que o campo de ponto zero era um vasto depósito de memória. Por meio da transformação de Fourier, os aparelhos de MRI podiam pegar as informações codificadas no campo de ponto zero e transformá-las em imagens. A verdadeira pergunta que ele estava formulando ia bem além de saber se ele poderia criar uma imagem mais nítida na MRI. O que Walter Schempp estava de fato tentando descobrir era se as suas equações matemáticas revelavam o segredo do cérebro humano.

Em sua busca para aplicar suas teorias a algo maior, Schempp se deparou com o trabalho de Peter Marcer, médico britânico que trabalhara como aluno e colega de Dennis Gabor e fora para o CERN, na Suíça. O próprio Marcer realizou alguns trabalhos em uma computação baseada na teoria da onda no som, e tinha então nas mãos uma teoria que intuitivamente sentia que poderia ser aplicada ao cérebro humano. O problema era que a teoria era abstrata e geral, e precisava de uma base matemática maior que a tornasse concreta. No início da década de 1990, ele recebeu um telefonema de Walter Schempp, cujo trabalho foi a tábua de salvação de sua teoria. Ele fundamentou o seu próprio trabalho em algo meticuloso e matemático.

Na cabeça de Marcer, a máquina de Schempp funcionava baseada no mesmo princípio que Karl Pribram havia elaborado para o cérebro humano: interpretando a radiação e as emissões naturais do campo de ponto zero. Walter não tinha apenas um mapa matemático de como o processamento de informações no cérebro poderia funcionar, o que correspondia a uma demonstração matemática das teorias de Karl Pribram. Ele também tinha, na visão de Marcer, um aparelho que funcionava de acordo com esse processo. De maneira similar ao modelo do cérebro de Pribram, a máquina de MRI de Schempp passou por um processo gradual, combinando as informações de interferência de ondas obtidas a partir de diferentes observações do corpo e depois transformando-as em uma imagem virtual. A MRI era uma verificação experimental de que a teoria da mecânica quântica do próprio Marcer de fato funcionava.

Embora Schempp tivesse redigido algumas dissertações gerais a respeito de como o seu trabalho poderia ser aplicado aos sistemas biológicos, foi só com o início da parceria com Marcer que ele começou a aplicar sua teoria a uma teoria da natureza e da célula individual. Escreveram artigos juntos, a cada vez refinando as teorias. Dois anos depois, Marcer estava participando de uma conferência e ouviu Edgar Mitchell falar a respeito de sua própria teoria da natureza e da percepção humana, que lhe pareceu, por um feliz acaso, semelhante à sua. Os dois cientistas almoçaram juntos várias vezes, conversando animadamente e comparando anotações, e chegaram à conclusão de que os três precisavam colaborar entre si. Schempp também iria se corresponder com Pribram e trocar informações com ele. Descobriram algo que o trabalho de Pribram sempre sugerira: a percepção ocorria em um nível muito mais fundamental da matéria – no mundo das profundezas da partícula quântica. Não víamos os objetos *per se*, mas apenas suas informações quânticas e, a partir daí, construíamos nossa imagem do mundo. Perceber o mundo era uma questão de entrar em sintonia com o campo de ponto zero.

Stuart Hameroff, anestesiologista da Universidade do Arizona, estivera pensando a respeito de como os gases anestésicos desligam a consciência. Ele ficava fascinado com o fato de que gases com propriedades químicas tão diferentes como o óxido nitroso (N_2O), o éter ($CH_3CH_2OCH_2CH_3$), o halotano ($CF_3CHClBr$), o clorofórmio (CHC_{13}) e o isofluorano ($CHF_2OCHClCF_3$) podiam produzir a perda da consciência.[32] Isso deveria ter algo a ver com alguma propriedade que transcendia a química. Hameroff conjeturou que os anestésicos de modo geral deviam interferir com a atividade elétrica dentro dos microtúbulos, e essa atividade apagaria então a consciência. Se fosse esse o caso, o inverso também seria verdade, ou seja, a atividade elétrica dos microtúbulos que formavam o interior dos dendritos e neurônios no cérebro tinha que, de alguma forma, estar no âmago da consciência.

Os microtúbulos são a armação da célula, que mantêm a estrutura e a forma delas. Essas microscópicas estruturas hexagonais de delicados filamentos de proteína, chamadas tubulinas, formam minúsculos cilindros ocos de comprimento indefinido. Treze filamentos de túbulos envolvem em espiral o núcleo oco; e todos os microtúbulos em uma célula irradiam para fora, do centro para a membrana celular, como a roda de uma carroça. Sabemos que essas pequenas estruturas, semelhantes a favos de mel, atuam como trilhas no transporte de vários produtos ao longo das células, em particular das células nervosas, e são vitais para separar os cromossomos durante a divisão celular. Também sabemos que a maioria dos microtúbulos estão constantemente se recriando, agregando-se e desagregando-se, como intermináveis peças de Lego.

Em suas experiências com os cérebros de pequenos mamíferos, Hameroff descobriu, assim como Fritz-Albert Popp, que o tecido vivo estava transmitindo fótons e que a boa penetração da "luz" ocorria em determinadas áreas do cérebro.[33]

Os microtúbulos pareciam ser excepcionais condutores de pulsos. Os pulsos enviados em uma extremidade viajavam através de aglomerados de proteína e chegavam inalterados à outra ponta. Hameroff também descobriu um elevado grau de coerência entre os túbulos adjacentes, de modo que uma vibração em um microtúbulo tinha a tendência de ressoar em uníssono por seus vizinhos.

Ocorreu a Hameroff que os microtúbulos dentro das células de dendritos e neurônios poderiam ser "hastes de luz", atuando como "guias de ondas" para os fótons, enviando essas ondas de célula para célula por todo o cérebro sem nenhuma perda de energia. Eles poderiam até funcionar como minúsculos caminhos para essas ondas em todo o corpo.[34]

Na ocasião em que Hameroff começou a formular sua teoria, muitas das ideias de Pribram, que haviam sido consideradas escandalosas quando ele as formulou pela primeira vez, estavam sendo abraçadas em muitos lugares. Cientistas em centros de pesquisa ao redor de todo o planeta estavam começando a concordar que o cérebro utilizava processos quânticos. Kunio Yasue, físico quântico de Okayama, Japão, havia executado formulações matemáticas para entender melhor os microprocessos neurais. À semelhança de Pribram, suas equações mostravam que os processos cerebrais ocorriam no nível quântico, e que as redes de dendritos no cérebro estavam operando em conjunto por meio da coerência quântica. As equações desenvolvidas na física quântica descreviam com precisão essa interação cooperativa.[35] De maneira independente de Hameroff, Yasue e sua colega Mari Jibu, do Departamento de Anestesiologia da Universidade de Okayama, no Japão, também haviam teorizado que a transmissão quântica de mensagens do cérebro precisava acontecer através de campos vibracionais ao longo dos microtúbulos das células.[36] Outros cientistas haviam teorizado que a base de todas as funções cerebrais estava relacionada com a interação entre a fisiologia do cérebro e o campo de ponto zero.[37] Ezio Insinna, físico italiano da Bioelectronics Research Association, em seu trabalho experimental com microtúbulos, descobriu que essas estruturas tinham um mecanismo de sinalização que se julgava ser associado à transferência de elétrons.[38]

Com o tempo, muitos desses cientistas, cada um dos quais parecia ter uma peça do quebra-cabeça, decidiram trabalhar em colaboração. Pribram, Yasue, Hameroff e Scott Hagan, do Departamento de Física da Universidade McGill, criaram uma teoria conjunta a respeito da natureza da consciência humana.[39] De acordo com eles, os microtúbulos e as membranas dos dendritos representavam a internet do corpo. Todos os neurônios do cérebro podiam se conectar ao mesmo tempo e falar em simultâneo com todos os outros neurônios por meio de processos quânticos interiores.

Os microtúbulos ajudavam a conduzir a energia discordante e criar a coerência global das ondas no corpo – um processo chamado "superradiância" – e em seguida deixavam que esses sinais coerentes pulsassem pelo resto do corpo. Quando a coerência era alcançada, os fótons podiam viajar ao longo das hastes de luz como se fossem transparentes, um fenômeno chamado "transparência autoinduzida". Os fótons conseguem penetrar no âmago do microtúbulo e se comunicar com outros fótons ao longo do corpo, causando a cooperação coletiva de partículas subatômicas nos microtúbulos de todo o cérebro. Se assim fosse, isso explicaria a unidade do pensamento e da consciência, ou seja, o fato de que não pensamos em uma grande quantidade de coisas diferentes ao mesmo tempo.[40]

Por intermédio desse mecanismo, a coerência torna-se contagiante, indo de células individuais para conjuntos de células – e, no cérebro, de certos conjuntos celulares de neurônios para outros. Isso forneceria a explicação para a operação instantânea do nosso cérebro, que ocorre entre um décimo de milésimo e um milésimo de segundo, exigindo que as informações sejam transmitidas entre 100 e 1.000 metros por segundo – velocidade que excede a capacidade de quaisquer conexões conhecidas entre axônios ou dendritos nos neurônios. A superradiância ao longo das hastes de luz também poderia ser responsável por um fenômeno que há muito é observado: a tendência de os padrões de eletroencefalograma entrarem em sincronia.[41]

Hameroff observou que os elétrons deslizam com facilidade por essas hastes de luz sem se emaranhar no ambiente, ou seja, sem se acomodar em um estado individual. Isso significa que eles podem permanecer no estado quântico – uma condição de todos os estados possíveis –, possibilitando que o cérebro afinal faça uma escolha entre eles. Essa talvez seja uma boa explicação para o livre-arbítrio. A cada momento, nosso cérebro está fazendo escolhas quânticas, pegando estados potenciais e tornando-os efetivos.[42]

Era apenas uma teoria – não tinha passado pelo exaustivo procedimento de testes de Popp e de suas emissões biofotônicas –, mas tinha peso por causa de um bom processo matemático e provas circunstanciais. Os físicos italianos Del Giudice e Preparata também haviam produzido alguma evidência experimental da teoria de Hameroff de que as hastes de luz continham campos de energia coerentes.

Os microtúbulos são ocos e vazios, exceto por um pouco de água. A água comum, que corre na torneira ou nos rios, é desordenada, com moléculas que se movimentam de modo aleatório. No entanto, a equipe italiana descobriu que algumas das moléculas de água nas células do cérebro são coerentes, e essa coerência se estende até três nanômetros ou mais para fora do citoesqueleto da célula. Como este é justamente o caso, é bastante provável que a água no interior dos microtúbulos também esteja ordenada. Esse fato ofereceu uma prova indireta de que uma espécie de processo quântico, que criava coerência quântica, estava ocorrendo do lado de dentro.[43] Os físicos também tinham demonstrado que essa concentração de ondas produzia raios de quinze nanômetros de distância, que era o exato tamanho do núcleo central do microtúbulo.[44] Tudo isso conduziu a uma ideia herética, que já ocorrera a Fritz-Albert Popp. A consciência era um fenômeno global que ocorria em todos os lugares do corpo, e não apenas no cérebro. A consciência, em seu aspecto mais básico, era uma luz coerente.

Embora cada um dos cientistas – Puthoff, Popp, Benveniste e Pribram – tivessem trabalhado de modo independente, Edgar Mitchell foi um dos poucos a perceber que, considerado em conjunto, o trabalho deles se apresentava como uma teoria unificada da mente e da matéria – evidência da visão do físico David Bohm acerca de um mundo de "totalidade ininterrupta".[45] O Universo era uma rede dinâmica de trocas de energia, com uma subestrutura básica contendo todas as versões possíveis de todas as formas de matéria. A natureza não era cega e mecanicista, e sim aberta, inteligente e repleta de significado, utilizando um processo de aprendizado coesivo com *feedback* de informações que eram alimentadas de um lado para o outro entre os organismos e o ambiente. Seu mecanismo unificador não era um erro afortunado, mas informações que haviam sido codificadas e transmitidas simultaneamente para toda parte.[46]

A biologia era um processo quântico. Todos os processos do corpo, inclusive a comunicação celular, eram desencadeados por flutuações quânticas, e todas as funções cerebrais superiores e a consciência também pareciam funcionar no nível quântico. A explosiva descoberta de Walter Schempp a respeito da memória quântica deflagrou a ideia mais chocante de todas: as memórias de curto e de longo prazo não residem de modo algum em nosso cérebro, estando, ao contrário, armazenadas no campo de ponto zero. Depois das descobertas de Pribram, uma série de cientistas, inclusive o teórico de sistemas Ervin Laszlo, seguiriam na mesma linha e argumentariam que o cérebro é apenas o mecanismo de recuperação e saída de dados do supremo dispositivo de armazenamento – o campo.[47] Os colaboradores de Pribram no Japão apresentariam a hipótese de que o que consideramos memória é simplesmente uma emissão coerente de sinais do campo de ponto zero, e que as memórias mais longas são um agrupamento estruturado dessas informações de ondas.[48] Se isso fosse verdade, explicaria por que uma minúscula associação muitas vezes desencadeia uma profusão de imagens, sons e odores. Também esclareceria por que, em particular no caso da memória de longo prazo, a lembrança é instantânea e não exige nenhum mecanismo de varredura que vasculhe anos e anos de memórias.

Se esses cientistas estiverem corretos, o nosso cérebro não é um dispositivo de armazenamento, mas um mecanismo receptor em todos os sentidos, e a memória é apenas uma prima distante da percepção usual. O cérebro busca informações "antigas" da mesma maneira como processa informações "novas" – por meio da transformação holográfica dos padrões de interferência de ondas.[49] Os ratos de Lashley com os cérebros fritos eram capazes de evocar integralmente a sequência que tinham aprendido porque a memória de tais ações nunca foi de fato queimada. Qualquer mecanismo de recepção que tivesse sido deixado no cérebro – e como Pribram demonstrara, ele estava distribuído por todo o cérebro – estava se ajustando novamente à memória por meio do campo.

Alguns cientistas chegaram a ponto de aventar que todos os nossos processos cognitivos superiores resultam de uma interação com o campo de ponto zero.[50] Esse tipo de constante interação talvez seja responsável pela intuição e pela criatividade, e também pela maneira como as ideias chegam até nós em surtos de compreensão, às vezes como fragmentos, mas com frequência como um todo milagroso. Um salto intuitivo pode simplesmente ser uma coalescência de coerência no campo.

O fato de que o corpo humano estava trocando informações com um campo inconstante de flutuação quântica sugeria algo profundo a respeito do mundo. Fazia alusão a capacidades humanas para o conhecimento e a comunicação muito mais profundas e extensas do que atualmente entendemos. Também tornava indistintas as linhas divisórias de nossa individualidade, do nosso sentimento de separação. Se as coisas vivas se reduzem a partículas energizadas que interagem com um campo e enviam e recebem informações quânticas, onde nós terminávamos e o resto do mundo começava? A consciência estava encerrada dentro do nosso corpo ou lá fora no campo? Na verdade, não havia mais o "lá fora", já que nós e o resto do mundo estávamos intrinsecamente interligados.

As implicações de tudo isso eram enormes demais para serem desconsideradas. A ideia de um sistema de energia trocada e desenvolvida de acordo com um modelo, e sua memória e lembrança no campo de ponto zero, sugeria todos os tipos de possibilidades para os seres humanos e sua relação com o mundo. Os físicos modernos haviam atrasado a espécie humana por muitas décadas. Ao desprezar o efeito do campo de ponto zero, eliminaram a possibilidade da interconexão e encobriram uma explicação científica para muitos tipos de milagres. Ao renormalizar suas equações, é como se eles, de certa maneira, estivessem eliminando Deus.

SEGUNDA PARTE

A mente prolongada

"Você é o mundo."

Krishnamurti

CAPÍTULO 6

O observador criativo

É estranho como as bobagens do cotidiano se agarram à nossa mente. Para Helmut Schmidt, era um artigo publicado onde menos se poderia esperar: no *Readers Digest.* Ele o leu em 1948, quando tinha vinte anos e era aluno da Universidade de Colônia, momento em que a Alemanha ainda juntava seus pedaços após a Segunda Guerra Mundial. O artigo acomodou-se em sua memória durante quase vinte anos, sobrevivendo a duas emigrações, da Alemanha para os Estados Unidos e do mundo acadêmico para a indústria – de uma cátedra na Universidade de Colônia para o cargo de físico pesquisador do Boeing Scientific Research Laboratories em Seattle, no estado de Washington.

No decorrer das mudanças, Schmidt refletiu sobre o significado do artigo, como se algo dentro dele soubesse que o que lera era fundamental para o rumo de sua vida mesmo antes de se conscientizar disso. De tempos em tempos, Schmidt fazia uma reflexão mais profunda, levava o artigo à luz de sua imaginação, revirava-o e voltava a arquivá-lo. Havia algumas questões inacabadas, e ele ainda não tinha certeza de como deveria proceder em relação a elas.[1]

O artigo nada mais era do que uma versão condensada de um texto do biólogo e parapsicólogo J.B. Rhine. Tratava das famosas experiências dele sobre a pré-cognição e a percepção extrassensorial, inclusive os testes com cartas que seriam mais tarde usados por Edgar Mitchell no espaço cósmico. Rhine conduzira todos os experimentos em condições cuidadosamente controladas, obtendo resultados interessantes.[2] As pesquisas haviam demonstrado que era possível alguém transmitir informações a respeito dos símbolos das cartas para outra pessoa ou aumentar a probabilidade de certo número aparecer quando dados são lançados.

Schmidt sentiu-se atraído pelo trabalho de Rhine por causa de suas implicações na física. Desde quando estudante, Schmidt era do contra e gostava de testar os limites da ciência. Em seus momentos de intimidade, ele encarava a física e várias ciências, que afirmavam ter explicado muitos dos mistérios do Universo, como excessivamente presunçosas. Ele estivera muito interessado na física quântica, mas sentia-se atraído de maneira obstinada pelos aspectos da teoria quântica que apresentavam o maior número de possíveis problemas.

O que mais fascinava Schmidt era o papel do observador.[3] Um dos aspectos mais misteriosos da física quântica é a chamada interpretação de Copenhagen (que tem esse nome porque Niels Bohr, um dos fundadores da física quântica, morava nessa cidade). Bohr, que fez com que várias interpretações na física quântica fossem aceitas sem o benefício de uma teoria subjacente unificada, elaborou várias declarações formais a respeito do comportamento dos elétrons como resultado das equações matemáticas que hoje são seguidas pelos físicos comuns do mundo inteiro. Bohr (e Werner Heisenberg) observou que, de acordo com o experimento, um elétron não é uma entidade precisa. Ao contrário, existem como um potencial, uma superposição, ou soma, de todas as probabilidades até que os observemos ou medimos, ponto em que o elétron se imobiliza em um estado particular. Depois que acabamos de olhar ou medir, o elétron volta a se dissolver no éter de todas as possibilidades.

Parte dessa interpretação é a noção da "complementaridade", ou seja, nunca podemos saber tudo ao mesmo tempo a respeito de uma entidade quântica como um elétron. O exemplo clássico é a posição e *momentum*; se conseguirmos obter informações acerca de um de seus aspectos – onde ele está, por exemplo –, não poderemos também determinar com exatidão aonde ele está indo e qual é a sua velocidade.

Muitos arquitetos da teoria quântica haviam tentado lidar com o significado maior dos resultados de seus cálculos e experiências, fazendo comparações com a metafísica e com textos da filosofia oriental.[4] Mas a maioria dos físicos comuns que seguiram suas pegadas se queixaram de que as leis do mundo quântico, embora indubitavelmente corretas a partir de um ponto de vista matemático, eram desprovidas de bom senso. Louis de Broglie, físico francês e ganhador do prêmio Nobel, concebeu um engenhoso experimento com o pensamento, que conduziu a teoria quântica à sua conclusão lógica. Com base na teoria quântica da época, poderíamos colocar um elétron em um recipiente em Paris, dividir o recipiente ao meio, remeter uma das metades para Tóquio e a outra para Nova York, e em teoria o elétron continuaria a ocupar os dois lados, a não ser que espiássemos do lado de dentro, em cujo ponto uma posição definida em uma metade ou na outra seria afinal determinada.[5]

O que a interpretação de Copenhagen afirmava era que a aleatoriedade é uma característica fundamental da natureza. Os físicos acreditam que isso é demonstrado por outra famosa experiência que envolve a luz que incide sobre um espelho semitransparente. Quando isso acontece, metade da luz é refletida e a outra metade é transmitida através do espelho. No entanto, quando um único fóton chega ao espelho, ele precisa ir para um lado ou para o outro. Mas o que ele fará, se será refletido ou transmitido, não é possível prever. Como ocorre em qualquer processo binário, temos uma probabilidade de 50% de adivinhar a rota final do fóton.[6] No nível subatômico, não existe nenhum mecanismo causal no Universo.

Se assim fosse, perguntou-se Schmidt, como era possível que alguns dos voluntários de Rhine conseguissem adivinhar corretamente cartas e dados – implementos, como um fóton, de processos aleatórios? Se as pesquisas de Rhine estavam corretas, algum dado fundamental a respeito da física quântica estava errado. Os supostos processos binários aleatórios podiam ser previstos, e até mesmo influenciados.

O que parecia interromper a aleatoriedade era o observador ativo. Uma das leis fundamentais da física quântica diz que um evento no mundo subatômico existe em todos os estados possíveis até que o ato de observá-lo ou medi-lo o "imobiliza", ou especifica, em um estado individual. Esse processo é conhecido como o colapso da função de onda, no qual "função de onda" significa o estado de todas as possibilidades. Na mente de Schmidt, assim como na de muitos cientistas, era nesse ponto que a teoria quântica desmoronava, apesar de toda a sua perfeição matemática. Embora nada existisse em um único estado independentemente de um observador, era possível descrever o que o observador via, mas não o observador em si. O momento da observação era incluído nos processos matemáticos, mas não a consciência que fazia a observação. Não existia nenhuma equação para o observador.[7]

Havia também a natureza efêmera de tudo aquilo. Os físicos não podiam oferecer nenhuma informação real a respeito de uma partícula quântica considerada. Tudo o que podiam afirmar com segurança era que, quando fazíamos certa medição em determinado ponto, era isso que encontraríamos. Era como apanhar uma borboleta em pleno voo. A física clássica não precisava falar sobre um observador; de acordo com a versão de Newton da realidade, uma cadeira ou até mesmo um planeta se encontravam onde estavam, estivéssemos ou não olhando para eles. O mundo existia lá fora independentemente de nós.

Mas no estranho crepúsculo do mundo quântico só era possível determinar aspectos incompletos da realidade subatômica quando um observador especificava uma única faceta da natureza de um elétron apenas naquele momento de observação, e não o tempo todo. Segundo os processos matemáticos, o mundo quântico era um perfeito mundo hermético de puro potencial, que só se tornava real – e em certo sentido menos perfeito – quando interrompido por um intruso.

O fato de muitas pessoas começarem a fazer a mesma pergunta mais ou menos ao mesmo tempo parece ser um truísmo com importantes mudanças no modo de pensar. No início da década de 1960, quase vinte anos depois de ter lido pela primeira vez o artigo de Rhine, Schmidt, de forma semelhante a Edgar Mitchell, Karl Pribram e outros, era um dos que, em consequência das perguntas formuladas pelos físicos quânticos e do efeito do observador, faziam parte do crescente número de cientistas que tentavam obter algum entendimento da natureza da consciência humana. Se o observador humano estabilizava o elétron em um estado definido, em que grau ele influenciava a realidade em grande escala? O efeito do observador sugeria que a realidade só emergia de uma sopa primordial como o campo de ponto zero com o envolvimento da consciência viva. A conclusão lógica era que o mundo físico só existia em estado concreto enquanto estávamos envolvidos nele. Schmidt se perguntou se seria de fato verdade que nada existia de maneira independente da nossa percepção.

Alguns anos depois de Schmidt meditar a respeito de tudo isso, Mitchell iria para Stanford, na costa oeste dos Estados Unidos, arrecadando fundos para suas experiências acerca da consciência com uma série de talentosos paranormais. Para Mitchell, assim como para Schmidt, a importância das constatações de Rhine seria o que elas pareciam revelar a respeito da natureza da realidade. Ambos os cientistas se perguntavam até que ponto a ordem no Universo estaria relacionada com as ações e intenções dos seres humanos.

Se foi a própria consciência que criou a ordem – ou, efetivamente, de algum modo criou o mundo –, isso indicava que a capacidade do ser humano era muito maior do que até então se compreendia. Sugeria também noções revolucionárias a respeito dos seres humanos com relação ao seu mundo e sobre a relação entre todas as coisas vivas. O que Schmidt também estava perguntando era até onde nosso corpo se estendia. Ele terminava com o que consideramos a nossa *persona* isolada, ou se "estendia para fora", fazendo com que a demarcação entre nós e nosso mundo fosse menos definida? A consciência viva possuía algumas propriedades iguais às do campo quântico, que possibilitavam que ela estendesse sua influência para o mundo? Se fosse esse o caso, era possível fazer mais do que apenas observar? Qual é a força da nossa influência? Chegar à conclusão de que, no nosso ato de participação como observador no mundo quântico, talvez pudéssemos exercer uma influência, ser um criador, era apenas um pequeno passo lógico.[8] Afinal, além de interromper o voo da borboleta em determinado ponto, nós também não influenciávamos o rumo que ela seguiria, empurrando-a com delicadeza em uma direção específica?

Um efeito quântico análogo sugerido pelo trabalho de Rhine era a possibilidade da não localidade, ou ação a distância: a teoria de que duas partículas subatômicas, depois de estarem em estreita proximidade, aparentemente se comunicam ao longo de qualquer distância depois que se separam. Se as experiências de PES* de Rhine eram dignas de crédito, a ação a distância também poderia estar presente no mundo como um todo.

Em 1965, aos 37 anos de idade, Schmidt afinal teve a oportunidade de testar suas ideias durante sua permanência na Boeing. Schmidt era um homem alto e magricela, com pequenas entradas em cada lado de um exagerado bico de viúva, que se encontrava na feliz circunstância de estar empregado para se dedicar às pesquisas no laboratório da Boeing, quer ela estivesse ou não relacionada com o desenvolvimento do espaço aéreo. A Boeing estava enfrentando uma calmaria em seus empreendimentos. A gigante do espaço aéreo havia produzido o supersônico, mas o colocou na prateleira, e ainda não tinha inventado o 747, de modo que Schmidt tinha tempo à sua disposição.

Uma ideia começou a tomar forma lentamente. A maneira mais simples de testar todas essas noções era verificar se a consciência humana poderia afetar algum tipo de sistema probabilístico, como fizera Rhine. Este usara suas cartas especiais para os exercícios de PES de adivinhação, de "escolha forçada" ou "precognição", e dados para a "psicocinese" – testes destinados a averiguar se a mente era capaz de influenciar a matéria. Havia certas limitações em ambos os instrumentos. Nunca seria possível mostrar de fato que o arremesso de um dado fora um processo aleatório afetado pela consciência humana, ou que um palpite correto sobre uma carta não acontecera por acaso. As cartas poderiam não ter sido perfeitamente embaralhadas, e a forma ou o peso de um dado poderiam ter favorecido determinado número. O outro problema era que Rhine havia registrado os resultados à mão, um processo que poderia propiciar erros humanos. E, por serem realizadas manualmente, as experiências demoravam muito.

Schmidt acreditava que poderia contribuir para o trabalho de Rhine mecanizando o processo dos testes. Como ele estava levando

* Percepção extrassensorial, às vezes também chamada no Brasil pela sigla em inglês ESP (extrasensory perception). [N. de T.]

em consideração um efeito quântico, fazia sentido construir uma máquina cuja aleatoriedade fosse determinada por um processo quântico. Schmidt lera a respeito de dois franceses, Remy Chauvin e Jean-Pierre Genthon, que tinham realizado pesquisas para verificar se os seus voluntários poderiam influenciar a taxa de decaimento de materiais radioativos, como registrado em um contador Geiger.[9]

Não existem muitas coisas mais aleatórias do que o decaimento atômico radioativo. Um dos axiomas da física quântica é que ninguém pode prever com exatidão quando um átomo irá decair e, por conseguinte, quando um elétron será liberado. Se Schmidt empregasse o decaimento radiativo no projeto da máquina, ele poderia produzir o que era quase uma contradição: um instrumento preciso construído com base na incerteza da mecânica quântica.

Em máquinas que usam um processo de decaimento quântico, lidamos com a esfera da probabilidade e da fluidez – uma máquina governada por partículas atômicas, por sua vez governadas pelo universo probabilístico da mecânica quântica. Essa seria uma máquina cujo *output* consistiria em uma atividade perfeitamente aleatória, o que na física é encarado como um estado de "desordem". As pesquisas de Rhine nas quais os participantes tinham aparentemente afetado o lançamento dos dados sugeriam que alguma transferência de informações ou algum mecanismo de ordenação estava ocorrendo – o que os físicos gostam de chamar de "entropia negativa" ou, abreviando, "negentropia" – o afastamento da aleatoriedade, ou desordem, e a aproximação da ordem. Se pudesse ser mostrado que os participantes de uma experiência haviam alterado algum elemento do *output* da máquina, eles teriam mudado a probabilidade dos eventos – ou seja, modificado a chance de uma coisa acontecer ou alterado a tendência de um sistema se comportar de determinada maneira.[10] Era como convencer uma pessoa em uma encruzilhada, momentaneamente indecisa com relação a dar um passo, a seguir por um caminho e não por outro. Em outras palavras, eles teriam criado a ordem.

Como a maior parte de seu trabalho até então estivera ligado à física teórica, Schmidt precisava atualizar seus conhecimentos de eletrônica para construir a máquina. Com a ajuda de um técnico, ele fabricou uma pequena caixa retangular, ligeiramente maior do que um livro grande de capa dura, com quatro lâmpadas coloridas, botões e um cabo grosso ligado a uma outra máquina que perfurava buracos em uma corrente de fita perfurada. Schmidt apelidou a máquina de "gerador de números aleatórios", que passou a chamar de RNG, (random number generator). As quatro lâmpadas coloridas – vermelha, amarela, verde e azul – ficavam na parte de cima do RNG e piscavam de modo aleatório.

No experimento, um dos participantes pressionava um botão embaixo de uma das lâmpadas, que registrava o prognóstico de que ela acenderia.[11] Se isso acontecesse, ele marcaria um acerto. Em cima do dispositivo havia dois contadores. Um deles contava o número de "acertos" – o número de vezes que o participante conseguia adivinhar corretamente a lâmpada que se acenderia – e o outro contava o número de tentativas. O índice de sucesso ficava visível para o participante enquanto ele prosseguia com a experiência.

Schmidt havia empregado uma pequena quantidade do isótopo estrôncio-90, colocado perto de um contador de elétrons para que quaisquer elétrons ejetados das moléculas instáveis e em decomposição fossem registrados dentro de um tubo Geiger-Müller. No ponto em que um elétron era lançado no tubo – a uma taxa, em média, de dez por segundo – ele interrompia um contador de alta velocidade que se movia com rapidez por números entre um e quatro a um milhão por segundo, e o número no qual o contador parava acendia a lâmpada de numeração correspondente. Se os participantes fossem bem-sucedidos, isso significava que eles tinham de alguma maneira intuído o tempo da chegada do elétron seguinte, e a lâmpada que eles haviam escolhido se acenderia.

Se uma pessoa estivesse apenas dando um palpite, ela teria uma chance de 25% de obter resultados corretos. Quase todos os primeiros voluntários de Schmidt não conseguiram um resultado melhor do que esse, até ele entrar em contato com um grupo de paranormais profissionais em Seattle e reunir voluntários que foram bem-sucedidos. Dali em diante, Schmidt foi meticuloso ao recrutar participantes com um aparente dom psíquico para adivinhar. Os efeitos tendiam a ser tão minúsculos que ele precisava maximizar as chances de sucesso. Com o primeiro grupo de experiências, Schmidt obteve 27%, resultado que pode parecer insignificante, mas que era um desvio suficiente do ponto de vista estatístico para que ele chegasse à conclusão de que algo interessante estava acontecendo.[12]

Aparentemente, alguma conexão ocorrera entre a mente dos participantes e a máquina. Mas o que era essa conexão? Os participantes anteviram quais lâmpadas iriam acender? Ou eles tinham feito uma escolha entre as lâmpadas coloridas e, de algum modo, "forçaram" mentalmente a lâmpada escolhida a acender? O efeito era precognição ou psicocinese?

Schmidt então decidiu isolar esses efeitos testando a psicocinese. O que ele tinha em mente era uma versão eletrônica dos estudos de Rhine com os dados. Construiu outro tipo de máquina, uma versão do século XX do jogo de cara ou coroa. A máquina se baseava em um sistema binário (um sistema com duas escolhas: sim ou não; ligado ou desligado; um ou zero). Ela poderia gerar eletronicamente uma sequência aleatória de "caras" e "coroas" que eram exibidas pelo movimento de uma luz em um círculo de nove lâmpadas. Uma das luzes estava sempre acesa. Com a lâmpada de cima acesa no começo, para cada cara ou coroa gerada a luz se deslocava no sentido horário ou anti-horário. Se desse "cara", a lâmpada seguinte, na ordem horária, seria acesa. Se fosse "coroa", a lâmpada que se acenderia seria a seguinte no sentido anti-horário. Se deixada por sua própria conta, a máquina passearia de maneira aleatória ao redor do círculo de nove lâmpadas, movimentando-se mais ou menos na mesma proporção para cada direção. Depois de cerca de dois minutos e 128 movimentos, a operação parava e o número de caras e coroas geradas era exibido. A sequência total de movimentos também era registrada automaticamente em fita perfurada, com o número de caras ou coroas indicado por contadores.

A ideia de Schmidt era fazer com que os participantes determinassem que as luzes se deslocassem na direção horária. O que ele estava pedindo aos participantes, no nível mais elementar, era que fizessem a máquina produzir mais caras do que coroas.

Em um experimento, Schmidt trabalhou com dois participantes: uma norte-americana agressiva e expansiva e um pesquisador de psicologia sul-americano. Nos testes preliminares, a norte-americana havia marcado sistematicamente mais caras do que coroas, enquanto o sul-americano marcara o inverso, embora estivesse tentando obter um maior número de caras. Durante um teste mais longo, com mais de cem séries para cada um, ambos mantiveram a mesma tendência de marcação, ou seja, a mulher obteve mais caras e o homem mais coroas. Quando a mulher fez o teste, a luz mostrou uma preferência pelo movimento horário em 52,5% das vezes, mas quando o homem se concentrou, a máquina, uma vez mais, fez o oposto do que ele pretendia. Ao final, no caso do homem, apenas 47,75% das luzes acesas se deslocaram na direção horária.

Schmidt sabia que tinha descoberto algo importante, mesmo que ainda não conseguisse identificar como qualquer lei conhecida da física poderia explicar o que estava acontecendo. Depois de fazer os cálculos, verificou que a probabilidade de uma diferença tão grande entre os dois resultados ocorrer por acaso era de mais de dez milhões para um. Isso significava que ele teria que realizar dez milhões de experiências semelhantes antes de obter os resultados decorrentes apenas do acaso.[13]

Schmidt reuniu dezoito pessoas, as mais facilmente disponíveis que conseguiu encontrar. Nas primeiras experiências, descobriu que, à semelhança do que ocorrera com o sul-americano, elas pareciam exercer um efeito inverso sobre a máquina. Quando tentavam fazer a máquina se deslocar no sentido horário, ela tendia a se mover no sentido oposto.

O objetivo principal de Schmidt estava em descobrir se havia de fato algum efeito, independentemente da direção. Decidiu verificar se conseguiria montar uma experiência para tornar mais provável que os participantes obtivessem um resultado negativo. Se esses participantes habitualmente tinham um efeito negativo, ele então faria o possível para ampliá-lo. Schmidt escolheu apenas os participantes que tinham exercido um efeito inverso na máquina. Em seguida, criou uma atmosfera experimental para estimular o fracasso. Os participantes faziam o teste em um closet pequeno e escuro onde ficavam encolhidos contra o painel. Schmidt deliberadamente evitou oferecer a eles qualquer estímulo, até mesmo informando-lhes que era provável que fracassassem.

Não é de causar surpresa que o grupo tenha exercido um significativo efeito negativo sobre o RNG. A máquina deslocou-se mais no sentido oposto do que eles pretendiam. Mas a questão era que os participantes estavam de fato exercendo algum efeito sobre a máquina, mesmo que contrário. De algum modo, eles tinham conseguido alterar as máquinas, afastando-as de sua atividade aleatória, mesmo que de um modo insignificante; os resultados obtidos foram de 49,1%, e não os 50% esperados. Do ponto de vista estatístico, esse foi um resultado da maior importância, ou seja, uma chance de mil para um que o resultado tivesse ocorrido ao acaso. Como nenhum dos participantes sabia como o RNG funcionava, estava claro que, seja o que fosse que estavam fazendo, teria que ter sido gerado por algum tipo de vontade humana.[14]

Schmidt deu seguimento a experiências semelhantes durante vários anos, publicando artigos na *New Scientist* e em outras publicações, reunindo-se com pessoas com ideias afins e obtendo resultados bastante significativos, que às vezes chegavam a 54% em comparação com um resultado esperado de 50%.[15] Em 1970, o ano anterior à ida de Mitchell à Lua, a Boeing sofreu um revés nos lucros e precisou reduzir substancialmente seu quadro de funcionários. Schmidt, ao lado de centenas de outros, foi demitido. A Boeing fora uma fonte tão importante de empregos de pesquisa e desenvolvimento na área que sem a gigante do espaço aéreo praticamente não havia trabalho. Um cartaz nos limites de Seattle dizia: "O último a deixar Seattle, por favor, apague a luz". Schmidt então efetuou sua terceira e última mudança na carreira. Ele continuaria com a pesquisa sobre a consciência, um físico entre parapsicólogos. Mudou-se para Durham, na Carolina do Norte, e procurou trabalho no laboratório de Rhine, a Foundation for Research on the Nature of Man, levando avante sua pesquisa do RNG com o próprio Rhine.

* * *

Alguns anos depois, informações sobre as máquinas de Schmidt chegaram à Universidade de Princeton e chamaram a atenção de uma jovem estudante. Ela era aluna do segundo ano da graduação, cursava engenharia elétrica e alguma coisa sobre a ideia de a mente ser capaz de influenciar uma máquina continha um encanto romântico para ela. Em 1976, a moça decidiu procurar o diretor da faculdade e verificar a possibilidade de reproduzir as pesquisas de RNG de Helmut Schmidt como um projeto especial.[16]

Robert Jahn era um homem tolerante. Quando a agitação no campus irrompera em Princeton, como acontecera em quase todas as universidades norte-americanas em reação à escalada da Guerra do Vietnã, Jahn, na época professor de engenharia, percebeu-se fazendo apologia involuntária da alta tecnologia, em um momento em que ela estava sendo culpada pela rígida polarização dos Estados Unidos. Jahn havia sustentado, e de modo persuasivo, para os alunos que a tecnologia oferecia a solução para essa tendência à divisão. Seu discurso conciliatório não apenas acalmou a agitação do campus como ajudou a criar uma atmosfera acolhedora para os alunos com interesses técnicos em uma universidade que era essencialmente voltada para as ciências humanas. A habilidade diplomática de Jahn talvez tenha sido uma das razões pelas quais ele fora convidado para ser diretor em 1971.

Agora, a sua famosa tolerância estava sendo estendida quase ao limite. Jahn era um físico envolvido com a física aplicada que dedicara a vida ao ensino e ao desenvolvimento da tecnologia. Todos os seus diplomas eram de Princeton, e seu trabalho sobre sistemas avançados de propulsão espacial e sobre a dinâmica do plasma de alta temperatura lhe haviam conquistado a posição ilustre que ocupava naquele momento.

Regressara à universidade no início da década de 1960 com a missão de introduzir a propulsão elétrica no departamento de engenharia aeronáutica. O projeto que estavam lhe pedindo que supervisionasse pertencia basicamente à categoria dos fenômenos psíquicos. Jahn não estava convencido de que se tratava de um tema viável, mas a menina do segundo ano era uma aluna brilhante e já estava muito adiantada em seu programa, de modo que ele acabou cedendo. Concordou em subsidiar para ela um projeto de verão com o seu fundo discricionário. A tarefa da aluna era investigar a literatura científica existente sobre pesquisas de RNG e outras formas de psicocinese, e realizar algumas experiências preliminares. Jahn disse à aluna que, se ela conseguisse convencê-lo de que a área tinha alguma credibilidade e, acima de tudo, que poderia ser abordada a partir de uma perspectiva técnica, ele concordaria em supervisionar o trabalho independente da jovem.

Jahn tentou abordar o tema da maneira como faria um acadêmico de espírito aberto. Durante o verão, a aluna deixava fotocópias de textos técnicos na mesa dele e até mesmo conseguiu convencê-lo a acompanhá-la a uma reunião da Parapsychological Association. Ele tentou ser solidário com as pessoas que se dedicavam a estudar o que sempre fora considerada uma ciência à margem. Na verdade, Jahn esperava que todo o assunto desaparecesse. Por mais que estivesse entretido com o projeto, em particular com a ideia de que ele de algum modo poderia ter o poder de influenciar o conjunto de equipamentos ao seu redor, sabia que isso era uma coisa que, com o tempo, poderia lhe causar problemas, especialmente com os outros membros da faculdade. Como poderia um dia explicar aquele projeto como um tema sério de pesquisa?

A aluna de Jahn continuava a lhe apresentar provas cada vez mais convincentes de que o fenômeno existia. Não havia nenhuma dúvida de que as pessoas envolvidas nas experiências e na pesquisa propriamente dita tinham certa credibilidade. Ele concordou em supervisionar um projeto de dois anos para a aluna, e quando ela começou a retornar com resultados bem-sucedidos, Jahn passou a fazer sugestões e a tentar aperfeiçoar o equipamento.

No segundo ano do projeto, Jahn passou a elaborar as próprias experiências de RNG. Estava começando a parecer que havia algo interessante naquilo tudo. A aluna se formou e deixou seu trabalho com o RNG para trás, um experimento fascinante sobre o pensamento, e nada mais, cujos resultados haviam satisfeito sua curiosidade. Era hora de se dedicar a coisas sérias e retornar à linha mais tradicional que originalmente escolhera. Voltou-se então para o que se revelaria uma lucrativa carreira na ciência convencional da computação, deixando para trás um acervo de dados torturantes e também uma bomba no caminho de Bob Jahn, que mudaria para sempre o curso da vida dele.

Jahn respeitava muitas pessoas que se dedicavam à pesquisa da consciência, mas intimamente sentia que estavam lidando com o processo da maneira errada. Trabalhos como os de Rhine, por mais científicos que fossem, tinham tendência a ser incluídos na esfera da parapsicologia, que era amplamente desprezada pela comunidade científica, sendo considerada a área de atuação preferida dos impostores e dos mágicos. Impunha-se claramente a criação de um programa de pesquisa altamente sofisticado e com uma base sólida, que conferiria às experiências uma estrutura mais moderada e erudita. Assim como Schmidt, Jahn compreendeu as enormes implicações dessas experiências. Desde que Descartes postulara que a mente era isolada e diferente do corpo, todas as diversas disciplinas da ciência tinham feito uma nítida distinção entre a mente e a matéria. Os experimentos com as máquinas de Schmidt pareciam indicar que essa separação simplesmente não existia. O trabalho que Jahn estava prestes a empreender representava bem mais do que resolver a questão de saber se os seres humanos tinham o poder de afetar objetos inanimados, quer fossem dados, colheres ou microprocessos. Era um estudo da própria natureza da realidade e da consciência viva. Era a ciência no que havia de mais assombroso e elementar.

Schmidt tomara grande cuidado para encontrar pessoas especiais com habilidades excepcionais e que talvez fossem capazes de obter resultados satisfatórios. O protocolo de Schmidt fazia parte do extraordinário – proezas anormais realizadas por pessoas anormais com um dom peculiar. Jahn acreditava que essa abordagem marginalizava ainda mais o tema. Na opinião dele, a questão mais interessante era verificar se essa capacidade estava presente em todos os seres humanos.

Jahn também se perguntava que impacto isso poderia ter em nosso dia a dia. Como diretor de uma faculdade de engenharia na década de 1970, Jahn compreendia que o mundo pairava à beira de uma importante revolução na área dos computadores. A tecnologia dos microprocessadores estava se tornando cada vez mais sensível e vulnerável. Se fosse verdade que a consciência viva era capaz de influenciar esse equipamento, esse fato exerceria um importante impacto na maneira como ele funcionava. Os mais ínfimos distúrbios em um processo quântico poderiam criar importantes desvios em relação a um comportamento reconhecido, e o mais leve movimento poderia fazê-lo disparar em uma direção completamente distinta.

Jahn sabia que se encontrava em uma posição que lhe permitia fazer uma contribuição excepcional. Se essa pesquisa se fundamentasse na ciência tradicional e tivesse o apoio de uma universidade de prestígio, o assunto poderia ser divulgado de maneira mais erudita.

Jahn fez planos para organizar um pequeno programa, ao qual deu um nome neutro: Princeton Engineering Anomalies Research (Pesquisa de Anomalias da Engenharia de Princeton), que a partir de então seria conhecido como PEAR. Jahn também decidiu adotar uma abordagem reservada e solitária, afastando-se deliberadamente das diversas associações de parapsicologia e evitando toda e qualquer publicidade.

Não demorou muito para que o financiamento privado começasse a surgir, criando um precedente que Jahn seguiria a partir de então, que foi o de não usar um único centavo do dinheiro da universidade para o seu projeto da PEAR. Em grande parte por causa da reputação de Jahn, a Universidade de Princeton tolerou a PEAR como um pai ou uma mãe paciente atura um filho precoce, mas indisciplinado. Ofereceram-lhe um minúsculo grupo de salas no porão da escola de engenharia, que iria existir como seu próprio pequeno universo dentro de uma das disciplinas mais conservadoras desse campus norte-americano da Ivy League.

Quando Jahn começou a examinar o que poderia precisar para fazer um programa desse tamanho decolar, entrou em contato com vários outros novos pesquisadores da física de vanguarda e da consciência. Nesse meio-tempo, conheceu e contratou Brenda Dunne, profissional de psicologia do desenvolvimento da Universidade de Chicago, que conduzira e confirmara várias experiências de clarividência.

Ao selecionar Dunne, Jahn escolhera um contraste com ele mesmo, que era óbvio à primeira vista por causa da enorme diferença física entre os dois. Jahn era bem magro, com frequência primorosamente vestido com uma camisa quadriculada e calça esporte, o uniforme informal dos acadêmicos conservadores, e tanto sua postura como seu discurso erudito sugeriam comedimento – jamais proferia uma palavra supérflua ou fazia um gesto desnecessário. O estilo pessoal de Dunne era mais efusivo. Ela vestia roupas esvoaçantes, seu imenso cabelo castanho com mechas grisalhas caía solto ou era preso em um rabo de cavalo como o de uma indígena norte-americana. Embora também fosse uma cientista experiente, Dunne inclinava-se a se deixar levar pelo instinto. Sua função era fornecer uma interpretação mais subjetiva do material para reforçar a abordagem em grande medida analítica de Jahn. Ele projetaria as máquinas; ela projetaria o aspecto e a atmosfera das experiências. Ele representaria a face da PEAR para o mundo; ela representaria um rosto menos intimidante para os participantes.

Na cabeça de Jahn, a primeira tarefa seria aperfeiçoar a tecnologia do RNG. Jahn decidiu que os Geradores de Eventos Aleatórios, ou REGs (Random Event Generators), como vieram a ser chamados, deveriam ser impulsionados por uma fonte de ruído eletrônico, em vez do decaimento atômico. O *output* aleatório dessas máquinas era controlado por algo semelhante ao ruído de fundo que ouvimos quando o seletor de canais do rádio está entre duas estações – uma minúscula espuma barulhenta de elétrons livres. Isso proporcionava um mecanismo que enviava uma sequência aleatoriamente alternada de pulsos positivos e negativos. Os resultados eram exibidos em uma tela de computador e depois transmitidos on-line para um sistema de gerenciamento de dados. Uma série de componentes à prova de falhas, como monitores de voltagem e de temperatura, ofereciam proteção contra interferências ou defeitos, e as máquinas eram verificadas religiosamente para garantir que, quando não estivessem envolvidas em experimentos relacionados com a volição, estariam produzindo cada uma das duas possibilidades, 1 ou 0, em cerca de 50% das vezes.

Todos os dispositivos de hardware à prova de falhas garantiam que qualquer desvio da probabilidade de 50% de caras e 50% de coroas não seria causado por defeitos eletrônicos, mas resultado de alguma informação ou influência que estaria agindo sobre a máquina. Até mesmo os mais minúsculos efeitos poderiam ser quantificados com rapidez pelo computador. Jahn também aumentou a eficiência do hardware, fazendo com que trabalhasse mais rápido. Quando terminou, ocorreu-lhe que, em uma única tarde, ele poderia coletar mais dados do que Rhine havia reunido durante toda a vida dele.

Dunne e Jahn também refinaram o protocolo científico. Decidiram que todas as experiências com o REG seguiriam o mesmo modelo: cada participante que se sentasse diante da máquina realizaria três testes de igual duração. No primeiro, determinariam que a máquina produzisse mais "1"s do que "0"s (ou HIs, como diziam os pesquisadores da PEAR). No segundo, orientariam mentalmente a máquina a produzir mais "0"s do que "l"s (mais LOs). No terceiro, tentariam não influenciar a máquina de modo nenhum. Esse processo de três estágios visava evitar qualquer distorção no equipamento. A máquina então registrava as decisões do operador quase de maneira simultânea.

Quando um participante apertava um botão, ele desencadeava uma experimentação de duzentos "eventos" binários de "1" ou "0", que duravam cerca de 1/5 de segundo, tempo em que ele sustentava a intenção mental (de produzir mais do que os cem "l"s, digamos, que seriam esperados pelo acaso). Em geral, a equipe da PEAR pedia a cada operador que realizasse cinquenta experimentações de uma vez, um processo que poderia durar apenas meia hora, mas que produziria dez mil eventos de "1" ou "0". Dunne e Jahn normalmente examinavam os resultados de cada operador em blocos de cinquenta ou cem sequências (de 2.500 a cinco mil experimentações, ou de 500 mil a um milhão de "eventos" binários) – o grupo mínimo de dados que eles determinaram ser confiável para detectar tendências.[17]

Desde o início ficou claro que eles precisariam de um método sofisticado para analisar os resultados. Schmidt havia simplesmente somado o número de eventos e os comparara com os resultados das contas de probabilidade. Jahn e Dunne decidiram utilizar um método estatístico chamado desvio cumulativo, que implicava adicionar continuamente o desvio em relação ao resultado da probabilidade – cem – para cada experimentação e calcular a média, plotando-a em seguida num gráfico. O gráfico mostraria a média e determinados desvios padrões – margens em que os resultados se desviam da média, mas ainda não são considerados significativos. Nas experimentações de duzentos eventos binários ocorrendo de maneira aleatória, a máquina deveria produzir uma média de cem caras e cem coroas ao longo do tempo – portanto, a nossa curva teria cem como média, representada por uma linha vertical do tipo "sino" iniciada a partir do topo de seu ponto mais elevado. Se plotássemos cada resultado todas as vezes que a máquina realizasse uma experimentação, teríamos pontos individuais na curva sino – 101, 103, 95, 104 – representando cada resultado. Como qualquer efeito isolado é extremamente minúsculo, é difícil, fazendo a coisa dessa forma, enxergar uma tendência global. No entanto, se continuarmos a somar e calcular a média dos resultados, e estivermos obtendo efeitos, mesmo que insignificantes, os resultados deverão conduzir a um afastamento da expectativa que aumenta regularmente. O cálculo cumulativo da média mostra qualquer desvio de modo destacado.[18]

Também estava claro para Jahn e Dunne que precisavam de uma enorme quantidade de dados. Erros estatísticos podem ocorrer até com um grande grupo de dados, de 25 mil experimentações, por exemplo. Se você estiver examinando uma ocorrência de probabilidade binária, como um jogo de cara ou coroa, do ponto de vista estatístico você deveria estar obtendo caras ou coroas mais ou menos na metade das vezes. Digamos que você tenha decidido jogar uma moeda duzentas vezes e obteve 102 caras. Tendo em vista os pequenos números envolvidos, o fato de ter dado cara em um número de vezes levemente maior ainda seria considerado estatisticamente dentro das leis da probabilidade.

No entanto, se você jogasse a mesma moeda dois milhões de vezes, e terminasse com 1.020.000 caras, esse resultado representaria um enorme desvio em relação à probabilidade. No caso de minúsculos efeitos como os do REG, não são os grupos individuais ou pequenos de experiências, mas a combinação de imensas quantidades de dados que estabelece significância em termos estatísticos, graças a seu crescente afastamento da expectativa.[19]

Depois das primeiras cinco mil experiências, Jahn e Dunne decidiram extrair os dados e computar o que estava acontecendo até então. Era uma noite de domingo e os dois estavam na casa dele. Pegaram os resultados médios de cada operador e começaram a plotá-los em um gráfico, usando pequenos pontos vermelhos para cada vez que os operadores tinham tentado influenciar a máquina para produzir HI (caras) e pequenos pontos verdes para as intenções LO (coroas).

Ao terminar, examinaram o que haviam obtido. Se não tivesse ocorrido nenhum desvio em relação à probabilidade, as duas curvas sino estariam situadas bem em cima da curva sino da probabilidade, cuja média é cem.

Os resultados não se pareceram nem um pouco com isso. Os dois tipos de intenção foram em sentidos diferentes. A curva sino vermelha, que representava as intenções "HI", deslocara-se para a direita da média da probabilidade, e a curva sino verde se deslocara para a esquerda. Essa foi uma pesquisa rigorosamente científica e, no entanto, de algum modo, os participantes – pessoas comuns, sem que houvesse entre elas nenhuma celebridade paranormal – tinham sido capazes de interferir no movimento aleatório das máquinas simplesmente por um ato da vontade.

Jahn levantou os olhos, relaxou na cadeira e disse:

– Isto é muito interessante.

Dunne olhou para ele, sem acreditar no que ouvira. Com rigor científico e precisão tecnológica eles tinham acabado de gerar uma prova para ideias que antes pertenciam à esfera das experiências místicas ou das mais excêntricas histórias de ficção científica. Na verdade, o que tinham em mãos estava *além* da ciência então em vigor, algo que talvez fosse o início de uma nova ciência.

– O que você quer dizer com "isto é muito interessante"? – replicou Dunne. – Isto é absolutamente *inacreditável*.

Até mesmo Bob Jahn, com seu jeito cauteloso e sua aversão ao exagero e aos gestos emotivos, teve que admitir, ao contemplar os gráficos espalhados sobre a mesa da sala de jantar, que não havia palavras em seu vocabulário científico da época para explicá-los.

Brenda foi a primeira a sugerir que tornassem as máquinas mais atraentes e o ambiente mais aconchegante, a fim de estimular a "ressonância" que parecia estar ocorrendo entre os participantes e as máquinas. Jahn começou a criar uma enorme quantidade de engenhosos dispositivos aleatórios mecânicos, ópticos e eletrônicos – um pêndulo oscilante, uma fonte que jorrava água, telas de computador que exibiam imagens cativantes trocadas ao acaso, um REG móvel que passeava aleatoriamente de um lado para o outro sobre uma mesa, e a menina dos olhos do laboratório da PEAR, uma cascata mecânica aleatória. Em repouso, ela parecia um fliperama gigante preso à parede, um aparelho de 1,8 por 3 metros emoldurado e com 330 pinos. Quando era ativada, nove mil bolas de isopor caíam sobre os pinos em um intervalo de apenas doze minutos e iam se empilhando em um dos dezenove compartimentos destinados a recolhê-los, produzindo, com o tempo, uma configuração semelhante à distribuição de uma curva sino. Brenda colocou uma rã de brinquedo nos REGs móveis e dedicou algum tempo à escolha de imagens atraetes de computador, para que os participantes fossem "premiados" se escolhessem determinada imagem por vê-la mais vezes. Eles providenciaram um painel de madeira. Iniciaram uma coleção de ursinhos de pelúcia. Ofereceram aos participantes lanches e intervalos.

Ano após ano, Jahn e Dunne deram seguimento ao enfadonho processo de coletar uma enorme quantidade de dados, que acabaria se tornando a maior base de dados já reunida em pesquisas de intenção a distância. Em vários momentos, paravam para analisar tudo o que haviam acumulado até então. Em um período de doze anos e quase 2,5 milhões de experimentações, revelou-se que 52% de todas elas tinham sido na direção pretendida e quase 2/3 dos 91 operadores haviam obtido um sucesso generalizado, influenciando as máquinas da maneira como pretendiam. Isso era verdade, independentemente do tipo de máquina usada.[20] Nada mais – fosse a maneira como um participante olhava para uma máquina, o seu poder de concentração, a iluminação, o ruído de fundo ou até mesmo a presença de outras pessoas – parecia fazer qualquer diferença nos resultados. Desde que o participante determinasse que a máquina registrasse caras ou coroas, ele exercia alguma influência sobre ela durante um percentual significativo do tempo.

Os resultados com pessoas diferentes variavam (algumas produziam mais caras do que coroas, mesmo quando haviam se concentrado exatamente no oposto). Ainda assim, muitos operadores tinham o seu resultado característico – Peter tinha a tendência de produzir mais caras do que coroas, e Paul tinha a tendência contrária.[21] Os resultados também se inclinavam a ser próprios de cada operador, não dependendo da máquina que estivesse sendo usada. Isso indicava que se tratava de um processo universal, não ocorria apenas com certas interações ou pessoas.

Em 1987, Roger Nelson, da equipe da PEAR, e Dean Radin, ambos doutores em psicologia, reuniram os mais de oitocentos experimentos que tinham sido realizados até aquela ocasião.[22] A combinação dos resultados das pesquisas individuais de 68 pesquisadores, entre eles Schmidt e a equipe da PEAR, revelou que os participantes eram capazes de influenciar a máquina, fazendo com que ela produzisse o resultado esperado em cerca de 51% das vezes, quando o resultado esperado era de 50%. Esses resultados eram semelhantes aos de duas avaliações anteriores e aos de uma síntese de várias experiências realizadas com dados.[23] Os resultados de Schmidt continuaram sendo os mais expressivos, graças às experiências que alcançaram 54%.[24]

Embora 51 ou 54% não deem a impressão de ser um resultado tão discrepante, do ponto de vista estatístico trata-se de um passo gigantesco. Se combinarmos todas as pesquisas no que é chamado de uma "meta-análise", como Radin e Nelson fizeram, a probabilidade de esse resultado global ocorrer é de um trilhão para um.[25] Nessa meta-análise,

Radin e Nelson levaram em conta até as críticas mais frequentes às pesquisas do REG no que dizia respeito aos métodos, dados ou equipamentos, definindo dezesseis critérios pelos quais seriam julgados os dados globais de cada pesquisador e, em seguida, atribuindo uma pontuação de qualidade a cada experiência.[26] Uma meta-análise mais recente dos dados de REG de 1959 a 2000 revelaram um resultado semelhante.[27] O US National Research Council também chegou à conclusão de que as experimentações do REG não poderiam ser explicadas pelo acaso.[28]

O efeito tamanho é um número que reflete o tamanho efetivo da mudança ou do resultado de uma pesquisa. Ele é obtido levando em conta variáveis como o número de participantes e a duração do teste. Em algumas pesquisas com drogas, esse número é obtido dividindo-se o número de pessoas que tiveram um efeito positivo oriundo da droga pelo total de participantes da experiência. O efeito tamanho global da base de dados da PEAR era de 0,2 por hora.[29] Em geral, um efeito tamanho entre 0,0 e 0,3 é considerado pequeno, um efeito tamanho de 0,3 a 0,6 é médio e qualquer valor acima disso é considerado grande. Os efeitos tamanho da PEAR são considerados pequenos, os das pesquisas do REG, pequenos a médios. Entretanto, são bem maiores do que os de muitos medicamentos considerados altamente eficazes.

Diversas pesquisas demonstraram que o propranolol e a aspirina são muito eficientes na redução de ataques do coração. A aspirina em particular tem sido exaltada como uma grande esperança na prevenção das doenças do coração. Não obstante, pesquisas revelaram que o efeito tamanho do propranolol é 0,04 e o da aspirina, 0,032, respectivamente – que é mais ou menos dez vezes menor do que os efeitos tamanho dos dados da PEAR. Um dos métodos para determinar a magnitude dos efeitos tamanho é converter esse número na quantidade de pessoas sobreviventes em uma amostra de cem indivíduos. Um efeito tamanho de 0,03 em uma situação médica de vida ou morte significaria que três pessoas a mais em cem sobreviveram, e um efeito tamanho de 0,3 significaria que trinta pessoas adicionais sobreviveram.[30]

Para dar uma ideia hipotética da magnitude da diferença, digamos que, no caso de um certo tipo de cirurgia cardíaca, trinta pacientes em cem geralmente sobrevivem. Digamos agora que pacientes que estão se submetendo à cirurgia recebam um novo medicamento com um efeito tamanho 0,3 – o tamanho do efeito da PEAR. Oferecer o medicamento além da cirurgia praticamente duplicaria a taxa de sobrevivência. *Um efeito tamanho adicional de 0,3 transformaria um tratamento médico que salvaria vidas em menos da metade das vezes em um tratamento que funcionaria na maioria dos casos.*[31]

Outros pesquisadores que usaram as máquinas REG descobriram que não eram apenas os seres humanos que exerciam essa influência sobre o mundo físico. Utilizando uma variação das máquinas REG de Jahn, um cientista francês chamado René Peoc'h conduziu uma engenhosa experiência com pintinhos. Assim que eles nasciam, um REG móvel era "marcado" neles como sendo a sua "mãe". O robô era então colocado do lado de fora da gaiola dos pintinhos, podendo deslocar-se livremente, enquanto Peoc'h rastreava o trajeto. Depois de algum tempo, a evidência ficou clara: o robô estava se movendo mais na direção dos pintinhos do que o faria se estivesse perambulando de forma aleatória. O desejo dos pintinhos de ficar perto da mãe era uma "intenção inferida" que parecia estar exercendo um efeito sobre a máquina, fazendo com que ela se aproximasse mais.[32] Peoc'h realizou uma experiência semelhante com coelhinhos. Ele colocou uma luz forte no REG móvel que os coelhinhos simplesmente detestavam. Os dados da experiência foram posteriormente analisados e notou-se que os coelhos conseguiram de fato determinar com sucesso que a máquina ficasse longe deles.

Jahn e Dunne começaram a formular uma teoria. Se a realidade se originava de uma elaborada interação da consciência com o ambiente, então a consciência, à semelhança das partículas atômicas da matéria, talvez se fundamentasse em um sistema de probabilidade. Um dos princípios fundamentais da física quântica, apresentado inicialmente por Louis de Broglie, é que as entidades subatômicas podem se comportar como partículas (coisas definidas com uma localização determinada no espaço) ou ondas (regiões de influência difusas e ilimitadas que podem circular e interferir em outras ondas). Jahn e Dunne começaram a refletir sobre a ideia de que a consciência teria uma dualidade semelhante. Cada consciência singular tinha a sua individualidade "particulada", mas também era capaz de apresentar um comportamento característico da onda, no qual poderia atravessar quaisquer barreiras ou distâncias, trocar informações e interagir com o mundo físico. Em certas ocasiões, a consciência subatômica entraria em ressonância com certa matéria subatômica, ou seja, pulsaria na mesma frequência que ela. No modelo que começaram a formar, "átomos" de consciência se combinavam com átomos comuns – aqueles, digamos, da máquina REG – e criavam uma "molécula de consciência" em que o todo era diferente de suas partes componentes. Cada um dos átomos originais renunciava à sua entidade individual em prol de uma entidade maior, mais complexa. No nível mais básico, a teoria de Jahn e Dunne estava dizendo que nós e a nossa máquina REG desenvolvemos uma coerência.[33]

Sem dúvida, alguns dos resultados pareciam favorecer essa interpretação. Jahn e Dunne haviam se perguntado se os minúsculos efeitos que estavam observando com pessoas isoladas se ampliariam se duas ou mais pessoas tentassem influenciar a máquina em conjunto. O laboratório da PEAR realizou uma série de experiências usando pares de pessoas, nas quais cada par deveria agir de comum acordo durante a tentativa de influenciar as máquinas.

Em 256.500 experimentações, produzidas por quinze pares em 42 séries experimentais, muitos pares também produziram um "resultado característico", que não era necessariamente semelhante ao efeito obtido individualmente por cada pessoa.[34] O fato de os membros do par serem do mesmo sexo tendia a exercer um efeito levemente negativo, já que apresentavam um resultado pior do que alcançavam sozinhos; no caso de oito pares de operadores, os resultados eram opostos ao que eles pretendiam. Pares do sexo oposto, todos os quais conheciam um ao outro, exerciam um poderoso efeito complementar, produzindo mais do que três vezes e meia o efeito das pessoas isoladas. E os pares com fortes vínculos, os casais que mantêm um relacionamento, exerceram o efeito mais profundo, que chegou a ser quase seis vezes mais intenso do que o dos operadores isolados.[35]

Se esses efeitos de fato dependiam de algum tipo de ressonância entre duas consciências participantes, faria sentindo que os efeitos mais fortes ocorressem entre pessoas que compartilhassem a identidade, como irmãos, gêmeos ou casais que estivessem mantendo um relacionamento.[36] A proximidade talvez criasse a coerência. Assim como duas ondas em fase intensificavam o sinal, era possível que um casal com um forte vínculo exercesse uma ressonância especial, que acentuaria seu efeito conjunto sobre a máquina.

Alguns anos depois, Dunne analisou a base de dados para verificar se os resultados diferiam de acordo com o sexo do participante. Quando ela dividiu os resultados entre homens e mulheres, constatou que, no geral, os homens eram mais competentes em conseguir que a máquina fizesse o que eles queriam. As mulheres, em média, exerciam um efeito mais intenso sobre a máquina, mas não necessariamente na direção que desejavam.[37] Depois de examinar 270 bases de dados produzidas por 135 operadores em nove experiências entre 1979 e 1993, Dunne descobriu que o sucesso dos homens ao tentar influenciar a máquina era igual, quer estivessem tentando obter caras ou coroas (HIs ou LOs). As mulheres, por outro lado, tinham sucesso ao tentar influenciar a máquina a registrar caras (HIs), mas não coroas (LOs). Na verdade, a maioria das tentativas delas de fazer com que a máquina produzisse coroas falhava. Embora a máquina se afastasse da probabilidade, ela o fazia na direção oposta ao que elas pretendiam.[38]

Às vezes, as mulheres produziam melhores resultados quando não estavam se concentrando completamente na máquina, fazendo outras coisas ao mesmo tempo, ao passo que a rígida concentração parecia importante para o sucesso dos homens.[39] Isso pode fornecer alguma evidência subatômica de que as mulheres são mais competentes na execução de multitarefas, ao passo que os homens são mais eficientes com o foco concentrado. Pode ser que, de uma maneira microscópica, os homens exerçam um impacto mais direto no mundo, enquanto os efeitos das mulheres são mais profundos.

Aconteceu então uma coisa que obrigou Jahn e Dunne a reconsiderar a hipótese a respeito da natureza dos efeitos que estavam observando. Em 1992, a PEAR havia se unido à Universidade de Giessen e ao Instituto Freiberg para criar o Mind-Machine Consortium. A primeira tarefa do consórcio foi reproduzir os dados originais da PEAR, que todo mundo pressupunha que iria prosseguir como algo natural. No entanto, quando os resultados dos três laboratórios foram examinados, eles deram a impressão de ser, à primeira vista, um fracasso – pouco melhores do que a probabilidade de 50% que ocorre quando apenas o acaso é levado em conta.[40]

Ao descrever os resultados de maneira minuciosa, Jahn e Dunne notaram algumas estranhas distorções nos dados. Nos gráficos estatísticos, é possível mostrar não apenas qual deveria ser a média, mas também até onde os desvios deveriam se afastar da média. Com os dados da Mind-Machine, a média estava exatamente onde estaria com um resultado casual, mas quase nada mais estava. O tamanho da variação era muito grande. E o formato da curva sino era desproporcional. No todo, a distribuição estava bem mais distorcida do que estaria se o resultado se devesse apenas ao acaso. Algo estranho estava acontecendo.

Quando Jahn e Dunne examinaram mais detalhadamente os dados, o problema mais óbvio estava relacionado com o *feedback*. Até aquela ocasião, eles tinham operado com base na suposição de que fornecer um *feedback* imediato, ou seja, informar ao operador como ele estava se saindo no trabalho de influenciar a máquina, e de que oferecer um mostrador atraente ou uma máquina com a qual as pessoas de fato pudessem se envolver, seria uma ajuda crucial na produção de bons resultados. Isso amarraria o operador ao processo e o ajudaria a entrar em "ressonância" com o dispositivo. Eles acharam que para que o mundo mental interagisse com o físico, a interface – um visor atraente – era crucial para romper a linha divisória.

No entanto, com os dados do consórcio, eles compreenderam que os operadores estavam se saindo igualmente bem, e às vezes melhor, quando não tinham nenhum *feedback*.

Uma de suas outras pesquisas, chamada ArtREG, também não conseguira obter resultados globais significativos.[41] Jahn e Dunne decidiram então examinar essa pesquisa de forma um pouco mais detalhada, à luz dos resultados do Mind-Machine Consortium. Usaram imagens atraentes em um computador, que se alternavam de modo aleatório – em um dos casos uma pintura na areia dos navajos era trocada pela figura de Anúbis, o antigo juiz egípcio dos mortos. A ideia era fazer com que os operadores determinassem que a máquina mostrasse uma quantidade maior de uma ou de outra. A equipe da PEAR partira de novo do princípio de que uma imagem atraente funcionaria como incentivo, isto é, a pessoa seria "recompensada" pela intenção de ver uma quantidade maior da imagem que preferia.

Depois de examinar os dados da pesquisa em função do aparecimento das imagens, aquelas que haviam gerado os resultados mais bem-sucedidos se encaixavam em uma categoria semelhante: a arquetípica, a ritualista ou a religiosamente iconográfica. Esse era o domínio dos sonhos, do inexprimível ou do não articulado – imagens que, devido à sua estrutura, eram concebidas para mobilizar o inconsciente.

Se isso era verdade, a intenção estava vindo das profundezas do inconsciente, o que pode ter sido a causa dos efeitos. Jahn e Dunne compreenderam o que estava errado com suas suposições. Empregar dispositivos para fazer o participante funcionar em um nível consciente talvez estivesse atuando como uma barreira. Em vez de aumentar a percepção consciente entre os operadores, eles deviam estar diminuindo-a.[42]

Esse entendimento fez com que eles aperfeiçoassem suas ideias a respeito de como os efeitos que tinham observado no laboratório poderiam ocorrer. Jahn gostava de chamá-lo de seu "trabalho em andamento". Parecia que a mente inconsciente, de algum modo, tinha a capacidade de se comunicar com o mundo físico subtangível, o mundo quântico de todas as possibilidades. Esse casamento entre a mente informe e a matéria então se agregava e formava algo tangível no mundo manifesto.[43]

Esse modelo faz muito sentido se também abraçar as teorias do campo de ponto zero e da biologia quântica apresentadas por Pribram,

Popp e outros. Tanto a mente inconsciente – um mundo antes do pensamento e da intenção consciente – e o "inconsciente" da matéria – o campo de ponto zero – existem em um estado probabilístico de todas as possibilidades. A mente subconsciente é um substrato pré-conceitual do qual os conceitos emergem, e o campo de ponto zero é um substrato probabilístico do mundo físico. É a mente e a matéria no que há de mais fundamental. Nessa dimensão subtangível, possivelmente com uma origem comum, faria sentido que houvesse uma probabilidade maior da interação quântica.

Às vezes, Jahn brincava com a ideia mais radical de todas. Quando penetramos bastante no mundo quântico, talvez não haja nenhuma distinção entre o mental e o físico. É possível que só exista o conceito. Talvez seja apenas a consciência tentando encontrar significado em uma enorme quantidade de informações. É possível que não haja dois mundos tangíveis. Talvez só exista um – o campo e a capacidade de a matéria se organizar de modo coerente.[44]

Como Pribram e Hameroff teorizaram, a consciência resulta da superradiância, uma cascata ondulante de coerência subatômica – quando partículas quânticas individuais como os fótons perdem a individualidade e começam a agir como uma única unidade, como um exército que chama cada soldado para as fileiras. Como todos os movimentos de quaisquer partículas energizadas de todos os processos biológicos estão refletidos no campo de ponto zero, a nossa coerência se estende para fora, para o mundo. Segundo as leis da física clássica, em particular a lei da entropia, o movimento do mundo inanimado ocorre sempre em direção ao caos e à desordem. No entanto, a coerência da consciência representa a maior forma de ordem conhecida na natureza, e as pesquisas da PEAR indicam que essa ordem pode ajudar a moldar e criar a ordem no mundo. Quando desejamos ou pretendemos algo, ato que requer uma grande dose de uniformidade de pensamento, a nossa própria coerência pode ser, em certo sentido, contagiante.

No nível mais profundo, as pesquisas da PEAR também levam a crer que a realidade é criada por cada um de nós *apenas pela nossa atenção*. No nível mais baixo da mente e da matéria, cada um de nós cria o mundo.

Os efeitos que Jahn havia sido capaz de registrar eram quase imperceptíveis. Era cedo demais para saber por quê. Ou o equipamento ainda era excessivamente rudimentar para captar o efeito ou ele só estava captando um único sinal, quando o verdadeiro efeito ocorre a partir de uma vastidão de sinais – uma interação de todas as coisas vivas no campo de ponto zero. A diferença entre os seus resultados e os mais elevados registrados por Schmidt sugeriam que essa capacidade estava espalhada pela população, mas era como uma habilidade artística. Certas pessoas tinham mais aptidão para aproveitá-la.

Jahn constatou que esse processo exercia minúsculos efeitos sobre os processos probabilísticos, e que isso talvez explicasse todas as histórias bastante conhecidas a respeito das pessoas terem efeitos positivos ou negativos sobre as máquinas – por que em alguns dias ruins, os computadores, os telefones e as máquinas copiadoras apresentam defeitos. Poderia talvez até explicar os problemas que Benveniste tivera com o robô dele.

Tudo indicava que tínhamos a capacidade de estender nossa coerência para o ambiente. Por intermédio de um simples ato da vontade, éramos capazes de criar a ordem. Isso representava uma quantidade quase inimaginável de poder. No nível mais rudimentar, Jahn provara que, ao menos no nível subatômico, de fato existia algo como a "mente sobre a matéria". Mas ele demonstrara uma coisa ainda mais fundamental acerca da poderosa natureza da intenção humana. Os dados do REG ofereciam uma minúscula janela para a essência da criatividade humana – a capacidade de criar, organizar e até mesmo curar.[45] Jahn tinha sua evidência de que a consciência humana possuía o poder de ordenar dispositivos eletrônicos aleatórios. A questão que agora se apresentava diante dele era o que mais poderia ser possível.

CAPÍTULO 7

Compartilhando sonhos

Nas profundezas das florestas tropicais do Amazonas, os indígenas Achuar e Huaorani se reúnem para um ritual cotidiano. Todas as manhãs, cada membro da aldeia desperta antes do amanhecer, e quando se juntam naquela hora crepuscular, enquanto o mundo explode na luz, compartilham seus sonhos. Não se trata simplesmente de um passatempo interessante, uma oportunidade para contar histórias; para os indígenas Achuar e Huaorani, o sonho não pertence apenas à pessoa que sonha, mas ao grupo, e a pessoa que sonha é somente o instrumento do qual o sonho decidiu se apropriar para ter uma conversa com a aldeia inteira. Eles encaram os sonhos como mapas para as horas em que estão despertos. E um prognosticador do que está por vir para todos. Nos sonhos, eles entram em contato com os ancestrais e com o resto do Universo. O sonho é a realidade. A vida desperta é a falsidade.[1]

Mais para o norte, um grupo de cientistas também descobriu que os sonhos não pertencem à pessoa que está sonhando, adormecida em uma sala à prova de som atrás de um anteparo eletromagnético, com eletrodos presos ao couro cabeludo. Pertencem a Sol Fieldstein, um aluno de doutorado do City College que se encontra em outra sala a vários metros de distância e está examinando um quadro intitulado *Zapatistas*, de Carlos Orozco Romero, um panorama de revolucionários mexicanos, seguidores de Emiliano Zapata, marchando com suas mulheres envoltas em xales sob as nuvens escuras de uma tempestade que se aproxima. As instruções de Sol são para que ele imponha sua imagem à pessoa que está sonhando. Alguns momentos depois, o homem que está sonhando, o dr. William Erwin, psicanalista, é despertado. Ele disse que o sonho que estava tendo era uma coisa absurda, quase como uma colossal produção de Cecil B. DeMille. Não parava de ver a imagem de uma antiga civilização mexicana debaixo de um céu sombrio.[2]

A pessoa que sonha é o instrumento de um pensamento pedido emprestado, uma noção coletiva, presente nas vibrações microscópicas entre as pessoas que sonham. O estado de sonho é mais autêntico, pois mostra a conexão em grande destaque. O estado desperto de isolamento, com cada pessoa em um aposento separado, é o impostor, do ponto de vista dos índios do Amazonas. Uma das questões que surgiu nas pesquisas da PEAR foi a natureza do domínio do pensamento. Se éramos capazes de influenciar as máquinas, essa constatação conduzia a uma pergunta óbvia: onde residem, com exatidão, os nossos pensamentos? Onde está precisamente a mente humana? A suposição habitual na cultura ocidental é que ela está localizada no cérebro. Mas, se isso for verdade, como os pensamentos e as intenções poderiam afetar outras pessoas? Será que o pensamento está "lá fora", em outro lugar? Ou existe de fato uma mente prolongada, um pensamento coletivo? Aquilo que pensamos ou sonhamos influencia alguma outra pessoa?

Esse era o tipo de pergunta que preocupava William Braud. Ele havia lido a respeito de experiências como a da pintura mexicana, que foi uma das mais expressivas experiências sobre telepatia conduzidas por Charles Honorton, respeitado pesquisador da consciência que trabalha no Maimonides Medical Center, no Brooklyn, Nova York. Para um behaviorista como Braud, a experiência de Honorton representava um aprendizado novo e radical.

Braud era afável e atencioso, com uma postura delicada e deliberada, com a maior parte de seu rosto coberta por uma generosa barba. Começara a carreira como psicólogo tradicional, com interesse particular pela psicologia e pela bioquímica da memória e do aprendizado. Contudo, havia nele um traço errante, um fascínio pelo que William James, o fundador da psicologia nos Estados Unidos, havia denominado "corvos brancos". Braud gostava de anomalias, das coisas da vida que não se encaixavam na normalidade vigente, das suposições que poderiam ser invalidadas.

Poucos anos depois de terminar seu doutorado, a década de 1960 diminuiu o forte domínio de Pavlov e Skinner sobre sua imaginação. Na época, Braud estivera dando aulas sobre a memória, a motivação e o aprendizado na Universidade de Houston. Passara a se interessar pelos trabalhos que mostravam uma extraordinária propriedade do cérebro humano. Os pioneiros do *biofeedback* e do relaxamento demonstraram que as pessoas podiam influenciar suas próprias reações musculares ou o batimento cardíaco simplesmente dirigindo a atenção para partes dele em sequência. O *biofeedback* exercia até mesmo efeitos mensuráveis sobre a atividade das ondas cerebrais, a pressão alta e a atividade elétrica da pele.[3]

Braud estivera brincando com suas experiências sobre a percepção extrassensorial. Um de seus alunos que praticava hipnose concordou em participar de uma experiência em que Braud tentou transmitir seus pensamentos. Algumas incríveis transferências haviam ocorrido. O aluno, que fora hipnotizado e estava sentado em uma sala mais adiante no corredor, alheio às atividades de Braud, parecia ter uma ligação empática com ele. Braud havia picado sua mão e a colocado sobre a chama de uma vela, e o aluno sentiu dor e calor. Ele contemplara a imagem de um barco e o aluno mencionou um barco. Braud abriu a porta do laboratório deixando entrar a luz brilhante do Sol, o que o aluno também mencionou. Braud conseguira pôr em prática o seu lado da experiência em qualquer lugar – do outro lado do prédio ou a muitos quilômetros de seu aluno que permanecia na sala lacrada – obtendo os mesmos resultados.[4]

Em 1971, quando tinha 29 anos, o caminho de Braud se cruzou com o de Edgar Mitchell, que acabara de voltar da missão *Apollo 14*. Mitchell decidira escrever um livro a respeito da natureza da consciência e na ocasião estava fazendo uma sondagem em busca de pesquisas de qualidade na área. Braud e outro acadêmico em Houston eram as únicas pessoas envolvidas com um estudo confiável sobre a natureza da consciência. Era natural que ele e Mitchell viessem a se conhecer. Começaram a se reunir regularmente e a comparar observações sobre as pesquisas nessa área.

Havia uma grande quantidade de pesquisas sobre telepatia, como as experiências de Joseph Rhine com as cartas, bastante bem-sucedidas, usadas por Mitchell no espaço cósmico. Mais convincentes ainda tinham sido as experiências do Maimonides Medical Center no final da década de 1960, conduzidas em seu laboratório especial de pesquisas do sonho. Montague Ullman e Stanley Krippner haviam realizado inúmeras experiências, como a da pintura mexicana, para verificar se os pensamentos poderiam ser enviados e incorporados aos sonhos. O trabalho no Maimonides alcançara um êxito tão grande[5] que ao ser analisado por um estatístico da Universidade da Califórnia, especialista em pesquisas psíquicas, a série total apresentou uma incrível taxa de precisão de 84%. A probabilidade de isso acontecer por acaso era de 250 mil para um.[6]

Houvera até mesmo alguma evidência de que as pessoas podem sentir empaticamente a dor de outra. Um psicólogo de Berkeley chamado Charles Tart havia concebido uma experiência particularmente brutal, administrando choques elétricos a si mesmo para verificar se conseguiria "enviar" a sua dor e tê-la registrada por um receptor (outra pessoa), que estava ligado a máquinas que mediam os batimentos cardíacos, o volume do sangue e outras mudanças fisiológicas.[7] Tart descobriu que seus receptores ficavam cientes da sua dor, porém não em um nível consciente. Qualquer empatia que possam ter sentido estava sendo registrada fisiologicamente por meio de um menor volume de sangue ou de uma palpitação mais acelerada, porém não de um modo consciente. Quando questionados, os participantes não tinham a menor ideia de que Tart estava recebendo os choques.[8]

Tart também demonstrou que, quando dois participantes hipnotizam um ao outro, eles experimentam intensas alucinações comuns. Eles afirmaram ter compartilhado uma comunicação extrassensorial, na qual conheciam os pensamentos e sentimentos um do outro.[9]

A coisa chegou a um ponto que os corvos brancos de Braud estavam começando a assumir o controle, sobrepujando o trabalho acadêmico dele. O próprio sistema de crenças de Braud havia se afastado em pequenos passos deliberados de suas ideias originais, que haviam abraçado as simples equações de causa e efeito da química cerebral, em direção a ideias mais complexas a respeito da consciência. Suas próprias tímidas experiências tinham sido tão impressionantes e expressivas que o convenceram de que algo bem mais complexo do que as substâncias químicas estava em ação no cérebro – se é que essas coisas estavam acontecendo no cérebro.

Assim como Braud se interessara pela consciência alterada e pelo efeito do relaxamento na fisiologia, ele também fora atraído para longe de suas teorias behavioristas. Mitchell estivera recebendo algum financiamento da Mind Science Foundation, uma organização dedicada à pesquisa da consciência. Como quis o destino, a fundação estava planejando se mudar para San Antonio e precisava de outro cientista experiente. O emprego, com toda a liberdade que oferecia para as pesquisas sobre a natureza da consciência, era exatamente o que Braud procurava.

O mundo da pesquisa da consciência era pequeno. Outro membro da fundação era Helmut Schmidt. Braud logo conheceu Schmidt e suas máquinas REG. Foi aí que ele começou a se perguntar até onde funcionava a influência da mente humana. Afinal de contas, assim como os REGs, os seres humanos se qualificavam como sistemas que possuem uma considerável maleabilidade e instabilidade, ou seja, grande potencial para mudanças. Esses sistemas dinâmicos eram sempre instáveis e também poderiam ser suscetíveis à influência psicocinética em determinado nível – quântico ou algum outro.

Braud precisou dar apenas mais um pequeno passo para imaginar que, se as pessoas conseguiam afetar o próprio corpo por meio da atenção, poderiam então ser capazes de criar o mesmo efeito em outra pessoa. E se podíamos criar ordem em objetos inanimados como as máquinas REG, talvez também pudéssemos estabelecer uma ordem em outras coisas vivas. Esses pensamentos estavam caminhando em direção a um modelo de consciência que não era nem mesmo limitado pelo corpo, e sim uma presença etérea que invadia outros corpos e coisas vivas e os influenciava como se fossem uma parte integrante deles.

Braud decidiu desenvolver uma série de experiências para explorar exatamente a influência que a intenção individual poderia exercer em outras coisas vivas. Eram experiências difíceis de elaborar. O problema com a maioria dos sistemas vivos é o seu total dinamismo. As variáveis são tantas que é difícil medir a mudança. Braud decidiu começar com animais simples e avançar lentamente na complexidade evolucionária. Precisava de um sistema simples que tivesse certa capacidade de se modificar de maneira simples e mensurável. Em uma das pesquisas que fez, encontrou, por acaso, um perfeito candidato. Braud descobriu que o pequeno peixe sarapó (*Gymnotus carapo*) emite um fraco sinal elétrico, que provavelmente é usado com a finalidade de ajudar na navegação. O sinal elétrico possibilitaria que Braud quantificasse com precisão a direção do peixe. Eletrodos presos na lateral de um pequeno tanque captariam a atividade elétrica das emissões do peixe e forneceriam um imediato *feedback* na tela de um osciloscópio. A questão era se as pessoas conseguiriam modificar a direção em que o peixe estava nadando.

O gerbo da Mongólia era outro bom candidato porque ele gosta de correr na roda de atividade. Isso também daria a Braud algo que ele poderia medir. Poderia quantificar a velocidade de um gerbo durante a corrida e depois verificar se a intenção humana seria capaz de fazer com que ele corresse mais rápido.

Braud queria testar os efeitos da intenção sobre as células humanas, de preferência as do sistema imunológico, pois se um agente externo fosse capaz de influenciar o sistema imunológico, as perspectivas de cura eram imensas. No entanto, isso representava um desafio grande demais para seu laboratório. O sistema imunológico era uma entidade tão complexa que, em qualquer pesquisa da intenção humana, seria quase impossível quantificar o que havia mudado e quem era responsável pela mudança.

Um candidato bem melhor eram os glóbulos vermelhos do sangue, as células chamadas eritrócitos ou hemácias. Quando as hemácias são colocadas em uma solução com os mesmos níveis salinos (sal) do plasma sanguíneo, suas membranas permanecem intactas e sobrevivem durante um longo tempo. Se acrescentarmos sal demais ou de menos à solução, as membranas das hemácias se enfraquecem e por fim arrebentam, fazendo com que a hemoglobina da célula se derrame na solução, um processo chamado "hemólise". O controle da velocidade do processo frequentemente é uma questão de variar a quantidade de sal na solução. Como esta se torna mais transparente à medida que a hemólise continua, também podemos quantificar a velocidade do processo medindo a quantidade de luz transmitida através da solução com um dispositivo chamado espectrofotômetro. Esse era outro sistema fácil de medir. Braud decidiu recrutar alguns voluntários, colocá-los em uma sala distante e analisar se eles conseguiriam "proteger" essas células e impedir que elas se rompessem, reduzindo a velocidade da hemólise depois de uma quantidade fatal de sal ter sido adicionada ao tubo de ensaio.

Todas essas experiências foram bem-sucedidas.[10] Os voluntários de Braud conseguiram mudar a direção dos peixes, acelerar os gerbos e proteger as hemácias em um grau significativo. Braud estava pronto para passar a lidar com seres humanos, mas precisava de um método que isolasse os efeitos físicos. O dispositivo perfeito para isso, como qualquer agente de polícia sabe, é aquele que mede a atividade eletrodérmica (EDA). Nos testes para detectar mentiras, a máquina capta qualquer aumento na condutividade elétrica da pele, que é causado pela intensificação da atividade das glândulas sudoríparas, que por sua vez são governadas pelo sistema nervoso simpático. Assim como os médicos conseguem medir a atividade elétrica do coração e do cérebro com os aparelhos de eletrocardiograma (ECG) e eletroencefalograma (EEG), respectivamente, o detector de mentiras também pode registrar o aumento da atividade eletrodérmica. Leituras de EDA mais elevadas mostram que o sistema nervoso simpático, que governa os estados emocionais, está trabalhando em excesso. Isso indicaria estresse, emoção ou variações de humor – qualquer tipo de excitação intensificada –, algo que é mais provável acontecer quando alguém está mentindo. Essas respostas são com frequência chamadas de reações de "luta ou fuga". Elas surgem e se tornam mais pronunciadas quando enfrentamos algo perigoso ou perturbador: o coração dispara, as pupilas se dilatam, a pele tende a ficar mais suada e o sangue escoa das extremidades e se dirige para os lugares do corpo onde é mais necessário. Fazer essas leituras pode nos oferecer uma medida da reação inconsciente, quando o sistema nervoso simpático está estressado antes mesmo que a pessoa que está sendo testada tenha consciência do fato. De maneira análoga, baixos níveis de EDA indicariam pouco estresse e um estado de calma, que é o estado natural das pessoas quando dizem a verdade.

Braud iniciou a experimentação em humanos com o que se tornaria uma de suas pesquisas características: o efeito de sermos observados fixamente por alguém. Os pesquisadores da natureza da consciência apreciam particularmente o fenômeno porque ele é uma experiência extrassensorial relativamente fácil de ser realizada. No caso da transmissão de pensamentos, muitas variáveis precisam ser consideradas quando se está tentando determinar se a reação do receptor é compatível com os pensamentos do emissor. No caso do olhar fixo, o receptor sente ou não o olhar. É o mais perto que podemos chegar da redução de sentimentos subjetivos a uma simples múltipla escolha binária de uma máquina REG.

Nas mãos de Braud, olhar fixamente para alguém e ser o objeto desse olhar tornou-se o estado da arte, o paraíso de um espreitador. Os participantes eram colocados em uma sala e conectados a eletrodos palmares de cloreto de prata, a um amplificador de resistência da pele e a um computador. O único equipamento adicional na sala era uma filmadora de vídeo VM-2250 Hitachi colorida, que seria o implemento da espreita. Essa pequena câmera de vídeo era então conectada a uma TV de 19 polegadas em outra sala, a dois corredores e quatro portas de distância, o que possibilitaria que a pessoa que estivesse olhando observasse tranquilamente a outra sem a possibilidade de que ocorresse qualquer forma de sugestão sensorial.

O puro acaso, alcançado por um habilidoso cálculo matemático – um algoritmo aleatório de computador –, administrava o roteiro do observador. Sempre que o roteiro determinava, a pessoa olhava com atenção para a outra no monitor e tentava chamar a atenção dela. Nesse ínterim, na outra sala, a pessoa que estava sendo observada, relaxada em uma poltrona reclinável, fora instruída a pensar em tudo menos na possibilidade de estar ou não sendo observada.

Braud realizou essa experiência dezesseis vezes. Na maioria dos casos, as pessoas que estavam sendo observadas exibiram uma atividade eletrodérmica significativamente mais intensa durante as sessões em que foram de fato observadas (59% contra os esperados 50%) – embora não estivessem conscientes do que estava acontecendo. Com o segundo grupo de participantes, Braud decidiu tentar algo diferente. Ele fez com que todos se conhecessem antes da experiência. Pediu-lhes que executassem uma série de exercícios que envolviam fitar os olhos de todos os demais e olhar atentamente uns para os outros enquanto conversavam. A ideia era reduzir qualquer mal-estar proveniente do fato de estarem sendo observados e também fazer com que travassem conhecimento entre eles. Quando esse grupo foi submetido à experiência, obtiveram resultados opostos aos dos testes anteriores. Os participantes estavam em seu estado mais calmo precisamente quando eram observados. À semelhança da síndrome de Estocolmo, um distúrbio psicológico em que os prisioneiros começam a amar os seus carcereiros, as pessoas que estavam sendo observadas começaram a adorar ser observadas. De certa maneira, elas haviam se tornado viciadas nisso. Ficavam mais relaxadas quando estavam sendo observadas, mesmo a distância, e sentiam falta quando ninguém ficava olhando para elas.[11]

Baseado nessas últimas experiências, Braud ficou ainda mais convencido de que as pessoas possuíam meios de se comunicar e reagir à atenção remota, mesmo quando não tinham consciência dela.[12] Assim como as pessoas que receberam os choques elétricos de Charles Tart, o participante que era observado não estava consciente de nada disso. A percepção ocorria apenas em um profundo nível subliminar.

Grande parte dessa pesquisa inspirou uma importante consideração: o grau em que a necessidade determina o tamanho do efeito. Tornou-se óbvio para Braud que os sistemas aleatórios ou aqueles com elevado potencial de influência poderiam ser afetados pela intenção humana. Mas o efeito era maior se o sistema *precisasse* mudar? Se era possível acalmar uma pessoa, seria o efeito mais exagerado em alguém que precisasse ser acalmado – alguém, digamos, com uma abundante energia nervosa? Em outras palavras, a *necessidade* conferiria à pessoa um acesso maior aos efeitos do campo? Os indivíduos mais organizados – sob o aspecto biológico – seriam mais competentes para ter acesso a essas informações e levá-las à atenção de outras pessoas?

Em 1983, Braud testou sua teoria com uma série de experiências em colaboração com a antropóloga Marilyn Schlitz, outra pesquisadora da consciência que trabalhara com Helmut Schmidt. Braud e Schlitz escolheram um grupo de pessoas extremamente nervosas, como tinha sido comprovado por uma elevada atividade do sistema nervoso simpático, e um outro grupo de pessoas mais calmas. Utilizando um protocolo semelhante ao das experiências com pessoas que olhavam fixamente para outras, Braud e Schlitz tentaram, de maneira alternada, acalmar membros de ambos os grupos. O sucesso ou o fracasso seria medido, uma vez mais, por um polígrafo que traçaria a atividade eletrodérmica da pessoa.

Também foi solicitado aos voluntários que participassem de outra experiência, na qual tentariam acalmar a si mesmos por meio de métodos convencionais de relaxamento.

Quando terminaram a pesquisa, Schlitz e Braud notaram uma enorme disparidade entre os resultados dos dois grupos.[13] Como suspeitavam, o efeito foi bem mais elevado no grupo que precisava se acalmar. Na verdade, foi o maior efeito alcançado em todas as experiências de Braud. O grupo calmo, por outro lado, praticamente não registrara mudanças; o efeito alcançado por seus membros diferiu muito pouco do que seria esperado pela probabilidade.

O mais estranho de tudo foi que o tamanho do efeito que as pessoas que estavam tentando acalmar o grupo agitado exerceu neste último foi apenas levemente menor do que o efeito que as pessoas exerciam em si mesmas quando usavam técnicas de relaxamento. Do ponto de vista estatístico, isso significava que outras pessoas poderiam exercer sobre você quase o mesmo efeito sobre sua mente e seu corpo que você poderia exercer sobre si mesmo. Deixar que outra pessoa expressasse uma boa intenção para você era quase tão satisfatório quanto usar o *biofeedback* em você mesmo.

Braud tentou uma experiência semelhante para demonstrar que era possível ajudar outras pessoas a se concentrarem por meio da influência a distância. Uma vez mais, os efeitos foram maiores entre aqueles cuja atenção parecia divagar mais.[14]

A meta-análise é um método científico para avaliar se um efeito observado é real e significativo, reunindo os dados de um grande grupo de experiências individuais frequentemente discrepantes. Na verdade, ele combina experiências isoladas, que podem às vezes ser desprezadas por serem consideradas pequenas demais para que sejam consideradas definitivas, em uma experiência gigante. Embora a comparação de experiências de diferentes formas e tamanhos encerre problemas, ela pode nos dar uma ideia sobre a dimensão do efeito que estamos examinando. Schlitz e Braud haviam conduzido uma meta-análise com todos os estudos que conseguiram encontrar acerca do efeito da intenção sobre outras coisas vivas. Pesquisas realizadas no mundo inteiro tinham revelado que a intenção humana era capaz de influenciar bactérias, leveduras, plantas, formigas, camundongos e ratos, gatos e cachorros, preparações celulares humanas e a atividade das enzimas. Estudos realizados em seres humanos haviam mostrado que um grupo de pessoas conseguira interferir com sucesso no movimento dos olhos, nos movimentos motores amplos, na respiração e até mesmo nos ritmos cerebrais de outro grupo. Os efeitos eram pequenos, mas ocorriam sistematicamente e tinham sido alcançados por pessoas comuns, recrutadas para experimentar essa habilidade pela primeira vez.

No geral, de acordo com a meta-análise de Schlitz e Braud, as experiências apresentaram um índice de sucesso de 37%, quando o resultado esperado, gerado pelo acaso, era de 5%.[15] As experiências exclusivamente de EDA apresentaram um índice de sucesso de 47% quando comparadas com o resultado esperado de 5% gerado pelo acaso.[16]

Esses resultados forneceram a Braud várias pistas importantes sobre a natureza da influência a distância. Estava evidente que os seres humanos comuns tinham a habilidade de influenciar outras coisas vivas em muitos níveis: nas atividades musculares e motoras, nas modificações celulares, na atividade do sistema nervoso. Esses estudos sugeriam outra estranha possibilidade: que a influência aumentava de acordo com sua importância para o influenciador, ou com o quanto este era capaz de estabelecer uma relação com o objeto da influência. Os menores efeitos foram encontrados nas experiências com peixes, mas aumentaram nas experiências com gerbos "fofinhos". Cresceram ainda mais no caso de células humanas e atingiram o máximo quando pessoas estavam tentando influenciar outra pessoa. No entanto, o maior efeito de todos ocorria quando as pessoas a serem influenciadas de fato precisavam que isso fosse feito. As que necessitavam de algo, como ficar mais calmas ou se concentrar, pareciam mais receptivas à influência do que as outras. Além disso, o mais estranho de tudo era que a influência de uma pessoa sobre outras era apenas levemente menor do que a influência dela sobre si mesma.

Braud chegou a presenciar casos de telepatia durante as sessões. No início de determinada sessão, um influenciador comentara por acaso que o registro eletrodérmico do objeto estava tão organizado que o fazia lembrar uma banda alemã de techno-pop chamada Kraftwerk. Quando Braud voltou à sala da receptora no final da sessão, a primeira coisa que ela disse foi que no início da sessão, por algum motivo bizarro, não parara de pensar no Kraftwerk. Esse tipo de associação estava se tornando a norma no trabalho de Braud, e não a exceção.[17]

Todos os cientistas envolvidos com a pesquisa da consciência pensavam na mesma coisa. Por que algumas pessoas tinham uma maior capacidade de exercer uma influência e por que algumas condições eram mais propícias à influência do que outras? Era como um labirinto secreto ao longo do qual certas pessoas conseguiam se deslocar com mais facilidade do que outras. Jahn e Dunne haviam descoberto que as imagens arquetípicas ou míticas que acionavam o inconsciente produziam os mais intensos efeitos psicocinéticos. A pesquisa sobre telepatia do Maimonides, altamente bem-sucedida, fora conduzida quando os participantes estavam adormecidos e sonhando. Mesmo quando fazia tentativas superficiais, Braud obteve grande sucesso durante a hipnose. Tanto nas experiências de Tart como nos experimentos de observação a distância, a comunicação ocorrera subconscientemente, sem que o receptor tivesse noção do que estava acontecendo.

Braud procurara com afinco o fio condutor comum a todas essas experiências. Notara várias características que tendiam a garantir mais prontamente o sucesso: alguns tipos de técnicas de relaxamento (por meio da meditação, do *biofeedback* ou de outro método), a redução do *input* sensorial ou da atividade física, os sonhos ou outros estados e sentimentos interiores, e a dependência do funcionamento do lado direito do cérebro.

Braud e outros pesquisadores encontraram o que havia sido denominado "efeito carneiro-bode", que funciona melhor quando acreditamos que irá funcionar e apresenta um resultado menor do que a média quando achamos que dará errado. Em ambos os casos, assim como a máquina REG, estamos influenciando os resultados, mesmo que (como um bode) o efeito seja negativo.

Outra importante característica pareceu ser uma visão modificada do mundo. As pessoas eram mais propensas a ter sucesso se, em vez de acreditarem em uma distinção entre elas e o mundo, encarando as pessoas e as coisas individuais como isoladas e divisíveis, encarassem tudo como um *continuum* de inter-relações – e também quando compreendiam que, além dos canais habituais, existiam outras maneiras de se comunicar.[18]

Tudo indicava que, quando o lado esquerdo do cérebro era acalmado e o direito passava a predominar, as pessoas comuns poderiam obter acesso a essas informações. Braud havia lido os *Vedas*, a bíblia indiana dos hindus antigos, que descrevia os *siddhis*, ou eventos psíquicos, que ocorriam durante estados meditativos profundos. No estado mais elevado, a pessoa que medita experimenta sentimentos de um tipo de conhecimento onisciente, uma sensação de enxergar todos os lugares ao mesmo tempo. A pessoa entra em um estado de união com o objeto único que está sendo focalizado. Ela também experimenta a habilidade de alcançar consideráveis efeitos psicocinéticos, como levitar e mover objetos a distância.[19] Em quase todos os casos, o receptor havia eliminado o bombardeamento sensorial do dia a dia e entrado em contato com uma fonte profunda de receptividade alerta.

Seria possível que essa comunicação fosse como qualquer outra forma comum de comunicação e nós simplesmente não a ouvimos porque o barulho de nossa vida cotidiana o impede? Braud compreendeu que, se conseguisse criar um estado de privação sensorial em uma pessoa, a mente dela talvez notasse os efeitos sutis não percebidos pelo cérebro tagarela ordinário. Será que a percepção melhoraria se a privássemos dos estímulos habituais? Isso nos daria acesso ao campo?

Essa era exatamente a teoria do iogue Maharishi Mahesh, fundador da meditação transcendental. Várias pesquisas que examinaram o efeito da meditação transcendental no cérebro, realizadas pelo Laboratório de Neurocibernética do Instituto de Pesquisas do Cérebro de Moscou, revelaram um aumento em áreas do córtex que participam da percepção de informações, assim como no relacionamento existente entre os hemisférios esquerdo e direito do cérebro. As pesquisas sugerem que a meditação abre um pouco mais as portas da percepção.[20]

Braud ouvira falar em *ganzfeld*, palavra alemã que significa "campo completo", um método de desligar o *input* sensorial, e começou a realizar experiências de PES utilizando um protocolo *ganzfeld* clássico. Seus voluntários sentavam-se em uma confortável poltrona reclinável em uma sala à prova de som com uma iluminação suave. Meias-esferas semelhantes a bolas de pingue-pongue partidas ao meio eram colocadas sobre os olhos das pessoas, que usavam fones de ouvido que tocavam uma estática contínua e silenciosa. Braud pediu aos voluntários que falassem durante vinte minutos a respeito de quaisquer impressões que surgissem em suas mentes.

A partir daí, a experiência seguia a estrutura usual de uma experiência de telepatia. O palpite de Braud revelou-se correto. As experiências *ganzfeld* estavam entre as mais bem-sucedidas de todas.

Quando os experimentos do próprio Braud foram combinados a 27 outras, 23, ou 82%, produziram índices de sucesso mais elevados do que se esperaria de resultados meramente probabilísticos. O efeito tamanho médio foi de 0,32 – igual ao efeito tamanho do REG da PEAR.[21]

Importantes mudanças no pensamento muitas vezes ocorrem com um sincronismo interessante. Charles Honorton, da clínica Maimonides, no Brooklyn, e Adrian Parker, psicólogo da Universidade de Edimburgo, vinham refletindo exatamente sobre a mesma coisa que Braud e também começaram a examinar o *ganzfeld* como um meio de explorar a natureza da consciência humana. A meta-análise combinada de todas as experiências *ganzfeld* produziu um resultado cuja ocorrência era de dez bilhões para um em relação ao mero acaso.[22]

Braud até mesmo experimentou algumas premonições quando usou o *ganzfeld* em si mesmo. Certa noite, enquanto estava sentado no chão da sala de seu apartamento em Houston, com as meias-bolas de pingue-pongue e os fones de ouvido devidamente no lugar, ele de repente teve uma intensa e vívida visão de uma motocicleta com faróis altos andando em ruas molhadas.

Pouco depois de Braud encerrar a sessão, sua mulher voltou para casa. No exato momento em que ele tivera a visão, disse ela ao marido, ela quase colidira com uma motocicleta. Ela se viu diante de uma luz forte de farol e as ruas estavam encharcadas por causa da chuva.[23]

Pensamentos a respeito da importância de seu trabalho se infiltraram na mente de Braud e provocaram uma inquietante constatação. Se éramos capazes de determinar que coisas boas acontecessem a outras pessoas, talvez também pudéssemos fazer com que coisas ruins ocorressem.[24] Existiam muitos relatos sobre os efeitos do vodu, e fazia bastante sentido, levando em conta os resultados experimentais que ele vinha obtendo, que as más intenções pudessem causar algum efeito. Será que poderíamos fazer algo para nos proteger delas?

Alguns trabalhos preliminares de Braud o tranquilizaram. Uma de suas experiências demonstrou que era possível bloquear ou impedir qualquer influência que não desejássemos.[25] Isso era possível por meio de "estratégias de proteção". Poderíamos visualizar um escudo seguro ou protetor, ou ainda uma barreira ou anteparo, que impediria a penetração de tal influência.[26] Nessa experiência, era dito aos participantes que "se protegessem" contra a influência de dois pesquisadores, que tentariam aumentar os seus níveis de EDA. O mesmo foi tentado com outro grupo, só que desta vez não foi recomendado aos participantes que bloqueassem qualquer influência remota. As pessoas que estavam tentando exercer a influência não tinham ciência de quem estava ou não bloqueando as tentativas. No final do experimento, o grupo protegido demonstrou bem menos efeitos físicos do que aqueles que simplesmente se deixaram ser afetados.[27]

Todo o trabalho inicial da PES havia criado uma espécie de rádio mental, no qual um participante enviava pensamentos para outro. Braud agora acreditava que a verdade era bem mais complexa. Parecia que as estruturas mentais e físicas da consciência do emissor eram capazes de exercer uma influência ordenadora no receptor menos organizado. Outra possibilidade era que ela estivesse presente o tempo todo, em algum tipo de campo, como o campo de ponto zero, que poderia ser utilizado e mobilizado quando necessário. Essa era a opinião de David Bohm, que postulara que todas as informações estavam presentes em um domínio invisível, ou realidade superior (a ordem implícita), mas que informações ativas podiam ser convocadas, como uma brigada de incêndio, nos momentos de necessidade, quando seriam necessárias e significativas.[28] Braud desconfiava que a resposta poderia ser uma combinação dessas duas últimas coisas – um campo de todas as informações e a capacidade dos seres humanos de fornecer informações que ajudariam a ordenar melhor outras pessoas e coisas. Na percepção habitual, a capacidade das redes dendríticas de nossos cérebros para receber informações do campo de ponto zero é seriamente limitada, como demonstrou Pribram. Estamos em sintonia apenas com uma amplitude limitada de frequências. No entanto, qualquer estado alterado de consciência – a meditação, o relaxamento, o *ganzfeld*, os sonhos – diminui essa limitação. De acordo com o teórico de sistemas Ervin Laszlo, é como se fôssemos um rádio e a nossa "largura de banda" se expandisse.[29] As partes receptivas do cérebro se tornam mais suscetíveis a um número maior de comprimentos de onda no campo de ponto zero.

Nossa capacidade de captar sinais também aumenta durante o tipo de profunda conexão interpessoal examinada por Braud. Quando duas pessoas "relaxam" suas larguras de banda e tentam estabelecer algum tipo de conexão profunda, seus padrões cerebrais ficam altamente sincronizados.

Pesquisas semelhantes às de Braud, realizadas no México, em que era solicitado a dois voluntários, em salas separadas, que sentissem a presença um do outro, revelaram que as ondas cerebrais de ambos os participantes, medidas em leituras de eletroencefalogramas, começavam a entrar em sincronia. Ao mesmo tempo, a atividade elétrica dentro de cada hemisfério cerebral de cada participante também ficava sincronizada, fenômeno que em geral só ocorre durante a meditação. Não obstante, era o participante com os padrões cerebrais mais coesivos que tinha a tendência de influenciar o outro. O padrão cerebral mais ordenado sempre prevalecia.[30]

Nessa circunstância, um tipo de "domínio coerente" se estabelece, da maneira exata como acontece com as moléculas da água. O limite habitual de separação é transposto. O cérebro de cada um dos membros do par torna-se menos sintonizado com suas próprias informações em separado e mais receptivo às do outro. Passam a captar as informações da outra pessoa no campo de ponto zero, como se essas fossem suas.

Assim como a mecânica quântica governa os sistemas vivos, a incerteza quântica e a probabilidade são características de todos os nossos processos corporais. Somos máquinas REG ambulantes. A qualquer momento da vida, qualquer um dos processos microscópicos que formam a nossa existência física e mental pode ser influenciado para seguir um entre vários caminhos. Na circunstância das experiências de

Braud, em que duas pessoas têm uma largura de banda "sincronizada", o observador com o maior grau de coerência, ou ordem, influencia os processos probabilísticos do receptor menos organizado. O membro mais ordenado dos pares de Braud estimula algum estado quântico no outro mais desordenado e o empurra suavemente em direção a um grau mais elevado de ordem.

Laszlo acredita que essa noção de largura de banda "expandida" seria responsável por uma série de relatos enigmáticos de pessoas que se submetem à terapia de regressão ou afirmam se lembrar de vidas passadas, fenômeno que ocorre principalmente entre crianças muito pequenas.[31] Pesquisas de EEG sobre o cérebro de crianças com menos de cinco anos mostram que ele funciona permanentemente no modo alfa – o estado de consciência alterado no adulto – e não no modo beta costumeiro da consciência amadurecida. As crianças estão abertas a uma quantidade bem maior de informações disponíveis no campo do que o adulto típico. Na verdade, a criança vive em um estado de permanente alucinação. Se uma criança pequena afirma se lembrar de uma vida passada, ela talvez não seja capaz de distinguir suas experiências das informações de uma outra pessoa que estão armazenadas no campo de ponto zero. Uma característica comum – uma limitação ou um talento especial, digamos – pode ativar uma associação, e a criança captaria essa informação como se fosse sua "memória" de uma vida passada. Não se trata de reencarnação, mas apenas do fato de uma pessoa que tem a capacidade de receber um maior número de estações e por acidente sintoniza a estação de rádio de outra pessoa.[32]

O modelo sugerido pelo trabalho de Braud é de um Universo que está, até certo ponto, sob nosso controle. Nossos desejos e intenções criam nossa realidade. Talvez sejamos capazes de usá-los para ter uma vida mais feliz, bloquear influências desfavoráveis, permanecer encerrados dentro de uma cerca protetora de boa vontade. Tome cuidado com o que você deseja, pensou Braud. Cada um de nós tem a capacidade de tornar nossos desejos realidade.

Braud começou a testar essa ideia com seu jeito tranquilo e casual, usando a intenção para obter determinados resultados. O processo só parecia funcionar quando ele usava uma forma suave de desejar, e não uma intensa determinação. Era como quando tentamos forçar o sono: quanto mais nos esforçamos, mais interferimos no processo. Braud tinha a impressão de que os seres humanos operavam em dois níveis – o do esforço concreto e motivado do mundo do dia a dia e o do mundo relaxado, passivo e receptivo do campo – e os dois pareciam incompatíveis. Com o tempo, quando os resultados que Braud desejava pareceram ocorrer com mais frequência do que o esperado pelo acaso, ele adquiriu a reputação de ser "pé quente".[33]

O trabalho de Braud ofereceu provas adicionais de algo que outros cientistas estavam começando a perceber. Nosso estado natural de ser é o relacionamento – um tango –, um estado constante de um influenciando o outro. Assim como as partículas subatômicas das quais somos formados não podem ser separadas do espaço e das partículas que as cercam, também os seres humanos não podem se isolar uns dos outros. Um sistema vivo de maior coerência poderia trocar informações e criar ou restaurar a coerência em um sistema desordenado, aleatório ou caótico. O estado natural do mundo vivo parecia ser a ordem – um impulso em direção a uma maior coerência. A negentropia dava a impressão de ser a força mais poderosa. Por meio do ato da observação e da intenção, temos a capacidade de estender uma espécie de superradiância para o mundo.

Esse tango parece se estender tanto aos nossos pensamentos como aos nossos processos corporais. Os sonhos, assim como as horas que passamos despertos, podem ser compartilhados entre nós mesmos e todas as pessoas que já viveram. Conduzimos um constante diálogo com o campo, enriquecendo-o e ao mesmo tempo recorrendo a ele. Muitas das maiores realizações da humanidade podem resultar do fato de uma pessoa ter tido acesso a um acúmulo compartilhado de informações – um esforço coletivo no campo de ponto zero –, no que chamamos de um momento de inspiração. O que denominamos "genialidade" pode ser simplesmente uma maior capacidade de acessar o campo de ponto zero. Nesse sentindo, nossa inteligência, criatividade e imaginação não estão trancadas no cérebro; elas existem como uma interação com o campo.[34]

A questão mais fundamental levantada pelo trabalho de Braud tem a ver com a individualidade. Onde cada um de nós começa e termina? Se todo resultado, cada evento, era um relacionamento, e os pensamentos eram um processo comunal, talvez precisássemos de uma forte comunidade de boa intenção para funcionar bem no mundo. Muitas outras pesquisas demonstraram que o intenso envolvimento comunitário era um dos mais importantes indicadores de saúde.[35]

O exemplo mais interessante disso era uma pequena cidade na Pensilvânia chamada Roseto. Essa minúscula cidade era toda povoada por imigrantes da mesma região da Itália. A cultura fora integralmente transplantada com as pessoas. A cidade compartilhava um sentimento bastante coeso de comunidade; os ricos viviam lado a lado com os pobres, mas o sentimento de inter-relação era tão grande que a inveja parecia ser minimizada. Roseto tinha um registro médico impressionante. Apesar da prevalência de uma série de fatores de alto risco na comunidade, como o fumo, o estresse econômico e a alimentação com elevado teor de gordura, os habitantes apresentavam um índice de ataques do coração de menos da metade do das cidades vizinhas. Uma geração mais tarde, a natureza coesiva da cidade se fragmentou; os jovens não levaram adiante o sentimento comunitário e não demorou muito para que Roseto começasse a exibir as características de uma cidade norte-americana típica, uma coleção de pessoas isoladas. Ao mesmo tempo, o índice de ataques do coração aumentou com rapidez e se equiparou ao das cidades vizinhas.[36] No entanto, naqueles poucos e preciosos anos, Roseto fora coerente.

Braud demonstrara que os seres humanos extrapolam os limites individuais. O que ele ainda não sabia era até onde poderíamos nos deslocar.

CAPÍTULO 8

A visão prolongada

No porão de um dos prédios do instituto de física da Universidade de Stanford, as mais diminutas centelhas dos mais ínfimos fragmentos do mundo estavam sendo captadas e medidas. O dispositivo necessário para medir o movimento das partículas subatômicas lembrava uma batedeira manual com um metro de comprimento. O magnetômetro estava preso a um dispositivo de saída cuja frequência é um indicador da velocidade de mudança do campo magnético. Ele oscilava muito levemente, produzindo de maneira monótona sua curva senoide que ondulava com lentidão em um gravador x-y, um gráfico com uma regularidade irritante. Para o olho não treinado, os quarks eram sedentários: nada jamais mudava no gráfico. Uma pessoa que não um físico poderia olhar para esse dispositivo e considerá-lo semelhante a um pêndulo "envenenado".

O físico de Stanford chamado Arthur Hebard encarara o magnetômetro diferencial com alta capacidade de transmissão como uma ocupação de pós-doutorado adequada, tendo entrado com um pedido de bolsa para conceber um instrumento impermeável a tudo exceto ao fluxo do campo eletromagnético causado por quaisquer quarks que por acaso estivessem passando pelo local no momento. Não obstante, para qualquer pessoa que tivesse algum conhecimento sobre a mensuração dos quarks, o assunto era delicado. Era preciso bloquear a entrada de quase todo o interminável ruído do Universo para ouvir a linguagem infinitesimal de uma partícula subatômica. Para tanto, as entranhas do magnetômetro precisavam ser envolvidas por múltiplas camadas de proteção – de cobre, de alumínio, de nióbio supercondutor, até mesmo uma de μ-metal, um metal que blinda o campo magnético.

O dispositivo era então enterrado em um poço de concreto no chão do laboratório. O SQUID, sigla de *superconducting quantum interference device* (dispositivo supercondutor de interferência quântica) era meio que um mistério em Stanford; era visto, mas não era compreendido. Ninguém jamais publicara os procedimentos de sua complexa construção interior.

Para Hal Puthoff, o magnetômetro era um destruidor de fraudes. Ele encarava o dispositivo como o teste perfeito capaz de verificar se existia de fato o poder psíquico. Puthoff tinha o espírito aberto o suficiente para testar se a psicocinese funcionava, mas não estava realmente convencido. Ele fora criado em Ohio e na Flórida, mas gostava de dizer que era de Missouri – o estado Show Me*, o estado supremo do cético. Mostre-me, prove-me, quero ver como funciona. Os princípios científicos eram um refúgio confortante para ele, a melhor maneira pela qual era capaz de compreender a realidade. As múltiplas camadas de proteção erguidas ao redor do magnetômetro apresentariam um grande desafio para Ingo Swann, o paranormal cujo avião estaria chegando de Nova York naquela tarde. Puthoff apresentaria o aparelho para Swann e simplesmente deixaria que ele visse se era capaz de alterar o padrão de uma máquina impermeável a qualquer coisa menos intensa do que uma explosão atômica.

Estávamos em 1972, um ano antes de Puthoff começar a trabalhar em suas teorias do campo de ponto zero. Ele ainda estava no SRI. Mesmo naquela época, antes de pensar nas implicações das flutuações do ponto zero quântico, Puthoff estava interessado na possibilidade da interligação entre as coisas vivas. No entanto, nesse estágio, ele não tinha ainda um foco, muito menos uma teoria. Ele andara mexendo superficialmente com os táquions, ou partículas que viajam mais rápido do que a luz. Ele se perguntava se os táquions poderiam explicar algumas pesquisas com as quais se deparara e que mostravam que os animais e as plantas tinham a capacidade de se envolver em uma espécie de comunicação instantânea, mesmo quando separados por centenas de quilômetros ou protegidos por uma multiplicidade de métodos. Hal

---

* Mostre-me. [N. de T.]

de fato queria descobrir se poderíamos usar a teoria quântica para descrever processos vitais. À semelhança de Mitchell e Popp, havia muito ele suspeitava que tudo no Universo, no nível mais fundamental, possuía propriedades quânticas, o que significaria que deveria haver efeitos não locais entre as coisas vivas. Ele andara brincando com a ideia de que, se os elétrons tinham efeitos não locais, isso poderia significar, em grande escala, algo extraordinário no mundo, em particular nas coisas vivas, uma forma de adquirir ou receber informações de modo instantâneo. Na época, tudo que ele tinha em mente para testar essa suposição era uma modesta pesquisa que envolvia basicamente uma certa quantidade de algas, na qual Bill Church foi com o tempo persuadido a investir 10 mil dólares.

Hal enviara a proposta a Cleve Backster, especialista em polígrafos de Nova York que estivera realizando experiências, apenas por diversão, em um equipamento padrão de detecção de mentiras – na forma de uma sinalização elétrica – para verificar se as plantas registravam, assim como os humanos, alguma "emoção" em reação ao estresse. Essas foram as experiências que tanto fascinaram Hal. Backster experimentara queimar a folha de uma planta e em seguida mediu a reação galvânica, da mesma maneira como registraria a reação da pele de uma pessoa que estivesse sendo testada para a verificação de uma mentira. Curiosamente, a planta registrou a mesma reação de estresse aumentado que um ser humano exibiria se a sua mão tivesse sido queimada. O que é ainda mais fascinante, no que dizia respeito a Hal, era que Backster queimara então a folha de uma planta próxima que não estava ligada ao equipamento. A planta original, que ainda estava conectada ao polígrafo, registrou novamente a reação de "dor" que registrara quando suas próprias folhas haviam sido queimadas. Isso sugeriu a Hal que a primeira planta havia recebido essa informação por meio de algum mecanismo extrassensorial e estava demonstrando empatia. Tudo isso parecia apontar para algum tipo de interligação entre as coisas vivas.[1]

O "efeito Backster" também foi observado entre plantas e animais. Quando camarões do gênero *Artemia* de um local morreram de repente, o fato pareceu ser sentido instantaneamente por plantas de outro local, tendo sido registrado em um instrumento padrão de reação psicogalvânica (PGR). Backster havia conduzido esse tipo de experiência ao longo de várias centenas de quilômetros e entre paramécios, culturas de mofo e amostras de sangue, e, em cada um dos casos, uma misteriosa comunicação ocorreu entre coisas vivas e plantas.[2] De maneira similar ao que aconteceu em *Star Wars*, cada morte foi registrada como um distúrbio no campo.

A proposta de Hal para as experiências com as algas encontrava-se, por acaso, sobre a mesa de Backster no dia em que ele recebera a visita de Ingo Swann. Este, um artista, era conhecido principalmente por ser um paranormal talentoso, que trabalhara em experiências sobre a PES com Gertrude Schmeidler, professora de psicologia do City College de Nova York.[3] Swann leu atentamente a proposta de Hal e ficou intrigado o suficiente para escrever para ele, sugerindo que, se Hal estava interessando em considerar um denominador comum entre a esfera inanimada e a biológica, deveria começar a fazer algumas experiências com fenômenos psíquicos. O próprio Swann havia realizado alguns trabalhos com experiências fora do corpo e obtivera bons resultados. Hal estava profundamente cético, mas aceitou a sugestão. Entrou em contato com Bill Church para verificar se poderia modificar a pesquisa e utilizar parte do dinheiro da subvenção para convidar Swann para vir à Califórnia por uma semana com todas as despesas pagas.

Swann era um homem baixo, rechonchudo e de feições agradáveis. Chegou vestido com um chapéu branco de caubói, de paletó e calças também brancos, como se fosse um astro de rock convidado para uma visita. Hal ficou convencido de que estava desperdiçando o dinheiro de Bill Church. Dois dias depois da chegada de Swann, Hal levou-o ao porão do prédio Varian Hall do Instituto de Física.

Hal apontou para o magnetômetro e pediu a Swann que tentasse alterar o campo magnético do aparelho, explicando que qualquer alteração apareceria na fita de saída.

Swann a princípio ficou perturbado com a perspectiva, pois nunca fizera algo semelhante. Ele disse que primeiro iria examinar psiquicamente as entranhas da máquina para ter uma ideia melhor de como poderia influenciá-la. Enquanto o fazia, a curva senoide de repente duplicou sua frequência durante cerca de 45 segundos – o tempo que Swann permaneceu concentrado.

Ele seria capaz de interromper a mudança de campo sobre a máquina, que é indicada pela curva senoide?, perguntou Hal a Swann.

Este fechou os olhos e se concentrou durante 45 segundos. Durante o mesmo período, o dispositivo de saída da máquina parou de registrar montes e vales: o gráfico traçou um longo platô. Swann informou que estava tentando deixar de pensar no assunto; a máquina retomou sua curva normal em S. Ele explicou que, ao examinar a máquina e concentrar-se em diversas partes dela, conseguia alterar o que a máquina fazia. Enquanto ele falava, o aparelho registrou novamente uma frequência dupla e em seguida uma dupla depressão – que Swann declarou ter algo a ver com o fato de ele ter se concentrado na bola de nióbio no interior da máquina.

Hal então pediu a Swann que parasse de pensar naquilo e conversou com ele durante alguns minutos a respeito de outros assuntos. A curva normal em S voltou a aparecer. Hal então pediu a Swann que se concentrasse no magnetômetro. O traçado começou a ficar furiosamente irregular. Hal disse então a Swann que parasse de pensar na máquina, e o lento S recomeçou a aparecer. Swann fez um rápido esboço do que ele afirmou ter "visto" como projeto do interior da máquina e depois perguntou se poderiam parar porque estava cansado. Nas três horas seguintes, a saída da máquina voltou a apresentar as curvas regulares, monótonas e uniformes.

Um grupo de alunos de pós-graduação que havia se reunido em volta dos dois atribuiu as mudanças a algum ruído eletromagnético estranho e coincidente que teria penetrado no sistema. Na opinião deles, uma alteração facilmente explicável havia ocorrido. Mas Hal pediu a Hebarb, o aluno de pós-doutorado que criara a máquina, que verificasse o traçado registrado, e ele afirmou que estava absolutamente preciso.

Hal não sabia o que pensar. Parecia que algum efeito não local ocorrera entre Ingo Swann e o magnetômetro. Hal foi para casa, redigiu um texto cauteloso sobre o assunto e o distribuiu para seus colegas, pedindo-lhes que fizessem comentários. O que ele presenciara era em geral conhecido como projeção astral ou experiências fora do corpo, ou ainda por clarividência, mas Hal acabaria optando por uma frase neutra e não emocional: "visão remota."

A modesta experiência de Hal lançou-o em um projeto de treze anos de duração, conduzido em paralelo ao seu trabalho do campo de ponto zero, que buscava determinar se as pessoas eram capazes de enxergar coisas além dos mecanismos sensoriais conhecidos. Hal compreendeu que havia se deparado com uma propriedade dos seres humanos que não estava a um milhão de quilômetros de distância do que Backster observara – uma conexão instantânea com o invisível. A visão a distância parecia ser compatível com a ideia, com a qual ele vinha brincando, a respeito de uma espécie de interligação entre as coisas vivas. Muito tempo depois, Hal especularia privadamente se a visão a distância teria alguma coisa a ver com o Campo de Ponto Zero. Naquele momento, ele estava apenas interessado em descobrir se o que vira era real e até que ponto funcionava. Se Swann conseguia enxergar dentro do magnetômetro, seria ele capaz de ver qualquer outro lugar do mundo?

De maneira inadvertida, Hal também lançara os Estados Unidos no maior programa de espionagem já tentado com a utilização da clarividência. Algumas semanas depois de ele ter distribuído sua dissertação, dois homens da CIA, vestindo ternos azuis, bateram à sua porta com o relatório na mão. A CIA, disseram eles, estava ficando cada vez mais preocupada com a quantidade de experiências em parapsicologia que os russos estavam realizando financiadas pelas forças de segurança soviéticas.[4] Levando em conta os recursos que estavam investindo, parecia que os russos estavam convencidos de que a PES poderia desvendar todos os segredos do Ocidente. Uma pessoa que fosse capaz de ver e ouvir coisas e eventos separados pelo tempo e pelo espaço representava o perfeito espião. A Defense Intelligence Agency acabara de distribuir um relatório, "Comportamento ofensivo controlado – URSS", que prognosticava que os soviéticos, por intermédio da sua pesquisa psíquica, seriam capazes de descobrir o conteúdo de documentos altamente confidenciais, a movimentação de tropas e navios, a localização de instalações militares e os pensamentos dos generais e coronéis. Eles talvez até mesmo pudessem matar pessoas ou derrubar aviões a distância.[5] Muitos membros da alta administração da CIA eram de opinião que havia chegado o momento de os Estados Unidos também examinarem o assunto; o problema era que a maioria dos laboratórios estava simplesmente rindo da ideia. Ninguém na comunidade científica norte-americana levava a PES ou a clarividência a sério. A opinião da CIA era que, se não fizessem nada, os russos provavelmente obteriam uma vantagem que os Estados Unidos nunca conseguiriam superar. O departamento de defesa estivera procurando um pequeno laboratório de pesquisas fora do meio acadêmico que talvez estivesse disposto a realizar uma pequena investigação reservada. O SRI – e o interesse de Hal na época – pareciam ter as qualificações perfeitas para o que buscavam. Hal representava um bom risco de segurança, já que tivera experiência nos serviços de inteligência da Marinha e trabalhara para a National Security Agency.

Os homens pediram a Hal que realizasse algumas experiências simples, nada de muito elaborado, talvez apenas adivinhar os objetos que estavam escondidos em uma caixa. Se obtivessem sucesso, a CIA concordaria em financiar um programa piloto. Mais tarde, os dois homens de Washington presenciaram Swann descrever corretamente uma mariposa escondida na caixa. A CIA ficou impressionada o bastante para investir quase 50 mil dólares em um projeto piloto, que duraria oito meses.

Hal concordou em dar seguimento ao exercício de adivinhação e durante vários meses realizou tentativas com Ingo Swann, que conseguia descrever com grande precisão objetos ocultos em caixas, obtendo um sucesso bem maior do que poderia ser alcançado por meio de simples palpites.

A essa altura, Hal contava com o apoio de Russell Targ, um físico especializado em laser que também fora um pioneiro no desenvolvimento do laser para a Sylvania. Provavelmente não foi por acaso que outro físico interessado no efeito da luz através do espaço também tivesse ficado intrigado com a possibilidade de que a mente também pudesse transpor grandes distâncias. À semelhança de Hal, Targ representava um bom risco de segurança para a operação sigilosa porque estivera envolvido em pesquisas de segurança para a Sylvania. Alto e magricela, com quase dois metros de altura, Russ tinha um farto cabelo crespo que lhe caía sobre a testa – um Art Garfunkel de cabelos castanhos para o robusto Paul Simon de Hal. A semelhança acabava aí; preso ao rosto de Russ havia um par marrom de fundos de garrafas de Coca-Cola. A visão de Targ era horrível e ele fora considerado legalmente cego. Seus óculos só corrigiam sua visão para uma fração do normal. Talvez sua visão externa deficiente tenha sido o motivo pelo qual ele enxergava tão claramente as imagens em sua mente.

Targ passara a se interessar pela natureza da consciência humana por causa de seu hobby, ele era mágico amador. Muitas vezes, quando estava no palco executando algum truque de prestidigitação no voluntário escolhido na audiência, Targ de repente se dava conta de que tinha mais informações do que as que lhe haviam sido fornecidas. Ele podia, por exemplo, estar fingindo adivinhar a resposta de uma pergunta sobre um determinado lugar e, de repente, uma imagem do local surgia em sua cabeça. Invariavelmente, sua imagem interna se revelava precisa, o que aumentava o seu conceito como mágico, mas o deixava com muitas perguntas a respeito de como isso poderia estar acontecendo.

Ingo Swann teve a ideia de fazer uma tentativa em um verdadeiro teste de seus poderes – um teste que de perto se pareceria mais com a maneira como a CIA imaginava que a visão a distância deveria ser usada. Ele teve a ideia de utilizar coordenadas geográficas como uma maneira rápida, rigorosa e não emocional de chegar ao essencial. Tanto Puthoff quanto Targ estavam céticos em relação a essa ideia. Se eles lhe fornecessem coordenadas e Swann fizesse uma adivinhação correta, isso poderia significar simplesmente que ele tinha se lembrado de um lugar em um mapa; ele talvez tivesse uma memória fotográfica.

Fizeram algumas tentativas assistemáticas, e Swann ficou muito longe da meta. Mas depois, após cinquenta tentativas, Swann começou a melhorar. Na centésima coordenada, Hal estava impressionado o suficiente para pegar o telefone e ligar para Christopher Green, um analista do Office of Scientific Intelligence da CIA, recomendando com insistência que ele lhes desse permissão para realizar um verdadeiro teste para o departamento. Embora Green estivesse muito hesitante, concordou em fornecer a eles um mapa das coordenadas de um lugar a respeito do qual nem mesmo ele tinha qualquer conhecimento.

Algumas horas depois, a pedido de Green, um colega chamado Hank Turner[6] apresentou-lhe um conjunto de números em uma folha de papel. Os números representavam coordenadas extremamente precisas, tinham até os minutos e segundos de latitude e longitude, de um lugar do qual apenas Turner tinha conhecimento. Green pegou o papel e então ligou para Hal.

Puthoff pediu a Swann que se sentasse em uma mesa no SRI e entregou-lhe as coordenadas. Enquanto dava baforadas em um charuto, e alternava entre fechar os olhos e rabiscar um pedaço de papel, Swann descreveu um surto de imagens: "Morros e colinas ondulantes", "um rio ao leste", "uma cidade ao norte". Ele afirmou que o lugar parecia estranho, "um pouco como os gramados ao redor de uma base militar". Ele teve a impressão de que havia "antigas casamatas ao redor", ou que podia tratar-se simplesmente de um "reservatório coberto".[7]

No dia seguinte, Swann fez uma nova tentativa em casa e rascunhou suas impressões em um relatório que ele levara para Hal. Uma vez mais, teve a impressão de que havia algo subterrâneo.

Alguns dias depois, Puthoff recebeu um telefonema de Pat Price, empreiteiro de Lake Tahoe que também cultivava árvores de Natal. Price, que se considerava paranormal, conhecera Puthoff em uma palestra e estava telefonando para oferecer seus serviços para os experimentos. Price era um irlandês de cinquenta e poucos anos, corado e chegado a fazer piadinhas sarcásticas. Disse que estivera usando, com sucesso, sua própria versão da visão a distância durante muitos anos, até mesmo para capturar criminosos. Ele trabalhou durante um breve período como comissário de polícia em Burbank, uma cidade no condado de Los Angeles. Price ficava na sala de mensagens e, assim que um crime era informado, ele fazia uma varredura mental na cidade. Quando se decidia por um lugar, enviava uma viatura para o local que vira em sua mente. Ele afirmava que, invariavelmente, capturava o homem bem no lugar que visualizara.

De maneira impulsiva, Puthoff forneceu a ele as coordenadas que lhe haviam sido informadas pela CIA. Três dias depois, Hal recebeu um pacote que Price havia colocado no correio no dia seguinte ao qual haviam conversado e que continha páginas com descrições e esboços. Estava óbvio para Puthoff que Price estava descrevendo o mesmo lugar que Swann, só que de forma mais detalhada. Price forneceu uma descrição extremamente precisa das montanhas, da localização do lugar e de sua proximidade de estradas e de uma cidade. Descreveu até mesmo as condições atmosféricas. No entanto, o que mais interessou a Price foi o interior da área de um dos morros. Escreveu que julgava ter visto um tipo de "área subterrânea de armazenamento" que tinha sido muito bem ocultada, talvez "deliberadamente".

"O local parece uma antiga instalação de mísseis; as bases de lançamento ainda estão lá, mas o lugar agora abriga uma área de armazenamento de registros, microfilmes e arquivos", escreveu Price. Ele foi capaz de descrever as portas corrediças de alumínio, o tamanho das salas e o conteúdo delas, e até mesmo os grandes mapas pregados na parede.

Puthoff telefonou para Price, pedindo a ele que olhasse de novo e tentasse captar qualquer informação específica, como nomes em código ou nome de agentes. Ele queria levar esses resultados para Green e precisava de detalhes para refutar qualquer incredulidade que pudesse persistir. Price então lhe forneceu, algum tempo depois, detalhes de uma sala específica: arquivos com o nome "Flytrap" e "Minerva", nomes escritos nas etiquetas de pastas dentro dos arquivos, e o nome do coronel e dos majores que se sentavam nas mesas de aço.

Green levou essas informações para Turner, que leu os relatórios e balançou a cabeça. Os paranormais estavam completamente errados, afirmou. Tudo que haviam fornecido eram as coordenadas de seu chalé de veraneio.

Green foi embora, perplexo com o fato de tanto Swann quanto Price terem descrito um lugar tão semelhante. No fim de semana seguinte, ele foi até o local com sua mulher. A alguns quilômetros das coordenadas, seguindo por uma estrada de terra, encontrou uma placa do governo que dizia "Proibido ultrapassar". O local parecia corresponder à descrição dos dois paranormais.

Green começou a fazer indagações a respeito do local, e de imediato se viu envolvido em uma intensa investigação sobre violação da segurança. O que Swann e Price haviam corretamente descrito eram enormes instalações subterrâneas secretas do Pentágono nas montanhas Blue Ridge na Virgínia Ocidental, operadas por especialistas em criptoanálise da National Security Agency, cuja principal função era interceptar a comunicação telefônica internacional e controlar os satélites-espiões dos Estados Unidos. Era como se as antenas psíquicas de ambos os paranormais não tivessem captado nada importante com as coordenadas originais, de modo que esquadrinharam a área até entrar em sintonia com o comprimento de onda de algo mais relevante para as forças armadas.

Durante meses, a NSA permaneceu convencida de que Puthoff e Targ, e até mesmo o próprio Green, estavam recebendo essas informações de alguma fonte de dentro das instalações. Puthoff e Targ foram considerados riscos à segurança, e seus amigos e colegas foram interrogados com relação à possível tendência comunista de ambos. Price só conseguiu acalmar o departamento oferecendo uma guloseima: informações detalhadas a respeito do equivalente russo das instalações secretas da NSA, operadas pelos soviéticos na região norte dos montes Urais.

Depois do episódio da Virgínia Ocidental, as mais altas autoridades da CIA se convenceram a tentar um teste verdadeiro sobre o tema. Certo dia, um dos supervisores do contrato foi ao SRI com as coordenadas geográficas de instalações soviéticas que interessavam muito aos analistas.

Russ e Hal foram apenas informados de que o local era uma instalação de pesquisa e desenvolvimento.[8]

Eles queriam testar Price. Targ e Price se dirigiram à sala especial, situada no segundo andar do prédio da Radiofísica, que fora eletricamente protegido por um anteparo duplo de cobre, que bloquearia a habilidade de um observador a distância se ela fosse gerada por um campo eletromagnético de alta frequência. Targ iniciou a fita. Pat retirou os óculos com armação de metal, recostou-se na cadeira, pegou um lenço de linho branco no bolso, limpou as lentes dos óculos, fechou os olhos e só falou depois de transcorrido um minuto.

"Estou deitado de costas no telhado de um prédio de tijolos de três andares", declarou de modo sonhador. "O dia está ensolarado. O sol me transmite uma sensação agradável. Há uma coisa espantosa. Um gigantesco guindaste de cavalete se movimenta de um lado para outro sobre minha cabeça. (...) Quando eu subo no ar e olho para baixo, ele parece estar percorrendo uma pista com um trilho de cada lado do prédio. Nunca vi algo assim."[9] Pat passou então a esboçar o *layout* do prédio, prestando uma atenção particular ao que continuava a descrever como um "guindaste de cavalete".

Passados dois ou três dias, após encerrar o trabalho naquele local, Russ, Hal e Pat ficaram atônitos ao ouvirem dizer que lhes tinha sido pedido que obtivessem informações sobre um suposto PNUTS, que é o código da CIA para um Possible Nuclear Underground Testing Site (possível campo de provas nuclear subterrâneo). Esse local estava levando o departamento à loucura. Todo os recursos do serviço de inteligência dos Estados Unidos estavam sendo usados na tentativa de descobrir o que estava acontecendo lá dentro. O desenho de Pat revelou-se extremamente parecido com fotos de satélite, inclusive no detalhe de um grupo de cilindros de gás comprimido.

Pat não se ateve ao lado de fora do prédio. Suas descrições abarcavam o que estava acontecendo do lado de dentro. Ele viu imagens de trabalhadores tentando montar, com grande dificuldade, um gigantesco globo de metal de dezoito metros soldando pedaços triangulares de metal, cujo formato lembrava gomos de frutas. No entanto, os pedaços estavam se deformando e Pat acreditava que eles estavam tentando encontrar um material que pudessem soldar a uma temperatura mais baixa.

Ninguém no governo tinha a menor ideia do que estava acontecendo dentro das instalações, e Pat faleceu um ano depois. Não obstante, dois anos mais tarde, um relatório da Força Aérea sobre a utilização de satélites de reconhecimento com alta resolução fotográfica vazou para a revista *Aviation Week*, o que por fim confirmou a visão de Pat. Os satélites estavam sendo usados para observar os russos perfurando sólidas formações de granito. Eles tinham conseguido observar enormes triângulos de aço sendo fabricados em um prédio vizinho.

"Esses segmentos de aço eram partes de uma grande esfera que se supunha ter cerca de dezoito metros", dizia o artigo *Az Aviation Week.*

> "As autoridades norte-americanas acreditam que as esferas são necessárias para capturar e armazenar energia oriunda de explosivos movidos a energia nuclear ou de geradores pulsadores de energia. A princípio, alguns físicos norte-americanos acreditavam que não existia nenhum método que os soviéticos pudessem usar para soldar os triângulos de ação das esferas para produzir um receptáculo forte o suficiente para suportar as pressões que provavelmente ocorreriam em um processo de fissão nuclear explosiva, especialmente quando o aço a ser soldado fosse bastante compacto."[10]

Como os desenhos de Pat foram extremamente semelhantes às fotos de satélite, a CIA pressupôs que as esferas nucleares que ele viu deviam estar sendo produzidas para fabricar bombas atômicas, e uma suposição depois da outra levou o Governo Reagan a idealizar o que ficou conhecido como programa Guerra nas Estrelas.[11] Muitos bilhões de dólares mais tarde, aquilo se revelou um engodo. Semipalatinsk, o local que Pat vira, não era nem mesmo uma instalação militar. Os russos estavam, de fato, tentando desenvolver foguetes nucleares, mas para uma missão tripulada à Marte. Os foguetes seriam usados apenas como combustível.

Pat Price não soube dizer ao governo norte-americano para que Semipalatinsk era usado e morreu antes de poder desaconselhá-los a dar seguimento ao programa Guerra nas Estrelas. Mas, para Targ e Puthoff, a visão de Semipalatinsk significou mais do que somente um evento de espionagem psíquica. Ela ofereceu uma evidência vital de como a visão a distância funcionava. Eles estavam diante da evidência de que havia uma pessoa capaz de pegar coordenadas geográficas de qualquer lugar no mundo e ver e experimentar diretamente o que estava acontecendo no local, até mesmo um lugar do qual ninguém nos Estados Unidos tinha sequer ouvido falar.

Mas será que essa distância tinha um limite? A outra incrível experiência foi realizada com Ingo Swann. Ele também estava interessado em testar a suposição de Targ e Puthoff de que um farol humano teria necessariamente de estar presente em um local para que um observador a distância pudesse captá-lo. Swann apresentou uma audaciosa sugestão, um teste que poderia prejudicar todas as suas habilidades. Por que ele não tentava visualizar o planeta Júpiter, pouco antes do próximo lançamento do *Pioneer 10* da NASA, que passaria perto do planeta?

Durante a experiência, Swann admitiu, constrangido, que vira – e desenhara – um anel ao redor de Júpiter. Talvez, disse ele a Puthoff, ele tivesse apenas dirigido erroneamente a atenção para Saturno. Ninguém estava preparado para levar o desenho a sério, até que a missão da NASA revelou que Júpiter, de fato, tinha um anel naquela ocasião.[12]

O experimento de Swann demonstrou que nenhuma pessoa precisava estar presente e também que os seres humanos podiam de fato "ver" ou ter acesso a informações praticamente a qualquer distância, algo que Ed Mitchell também havia descoberto com os testes que fizera com as cartas em sua viagem de ida e volta para a Lua.

Puthoff e Targ queriam criar um protocolo científico para a visão a distância. Aos poucos, abandonaram as coordenadas e se voltaram para lugares. Criaram uma caixa-arquivo que continha cem locais-alvo – prédios, estradas, ruas, pontes, pontos de referência – situados a meia hora do SRI e no perímetro que ia da área da Baía de San Francisco a San Jose. Todos foram lacrados e preparados por um pesquisador independente e trancados em um cofre seguro. Uma calculadora eletrônica programada para escolher números aleatórios seria usada para escolher um dos locais-alvo.

No dia da experiência, eles trancavam Swann ou Price na sala especial. Um dos pesquisadores, em geral Targ, por causa de sua deficiência visual, permanecia no local com Swann. Nesse ínterim, Hal e um dos outros coordenadores do programa pegavam o envelope lacrado e se dirigiam para o local-alvo, que não era revelado para nenhum dos voluntários e nem para Targ. Hal atuava como o "farol" de foco – eles queriam usar alguém familiar a Swann ou Price, com quem estes poderiam entrar em sintonia quando estivessem tentando encontrar um local mundano. Na hora combinada para o início do experimento, e durante os quinze minutos seguintes, era pedido a Swann que tentasse desenhar e descrever em um gravador quaisquer impressões que tivesse do local-alvo. Targ também desconhecia a localização da equipe-alvo, para que ele ficasse à vontade para fazer perguntas sem receio de fornecer, inadvertidamente, a Swann uma pista sobre a resposta certa. Assim que a equipe-alvo retornava, eles conduziam o observador a distância ao local-alvo, para que ele obtivesse um *feedback* direto da precisão do que imaginava ter visto. O histórico de Swann era impressionante. Ele apresentou uma elevada precisão na identificação correta do alvo em vários testes consecutivos.[13]

Com o tempo, Price assumiu a função de especialista chefe em visão a distância. Hal e Russ realizaram nove experiências com ele, seguindo o protocolo duplamente cego habitual de locais-alvo lacrados perto de Paio Alto – a Hoover Tower, uma reserva florestal, um rádio telescópio, uma marina, um posto de pedágio, um cinema drive-in, um shopping de artes e ofícios, uma igreja católica e um balneário com piscinas. Pesquisadores independentes concluíram que Price havia tido sete acertos em nove. Em alguns casos, como no da Hoover Tower, Price chegou a identificar o lugar pelo nome.[14] Price era célebre por sua incrível precisão, assim como pela capacidade de "enxergar" com os olhos de seu companheiro de viagem. Certo dia, quando Puthoff estava se dirigindo para uma marina, Pat fechou os olhos, e quando os abriu, deixou escapar: "Estou olhando para um quebra-mar ou uma doca ao longo da baía...".[15]

Hal até mesmo testou Pat para ver se ele sabia os detalhes. Pediu a Green, o chefe da CIA, que levantasse voo em uma pequena aeronave com três números escritos em um pedaço de papel dentro do bolso interno do paletó. Números e letras tinham a fama de ser quase impossíveis de serem vistos com precisão na visão a distância. Ainda assim, Pat Price os descreveu muito bem, inclusive na ordem. Ele só se queixou de estar se sentindo um pouco enjoado e desenhou uma espécie de cruz especial, cuja imagem ele vira balançando de um lado para o outro, o que o deixou indisposto. Como se constatou mais tarde, Green estava usando no pescoço um *ankh*, uma antiga cruz egípcia que correspondia ao desenho que Price fez, e o cordão devia estar balançando sem parar durante ao voo.[16]

Embora os resultados de Price e Swann tivessem sido impressionantes, o departamento queria se convencer de que não estava diante do trabalho de pessoas com um dom excepcional ou, o que era ainda pior, de um elaborado truque de mágica. Dois supervisores do contrato com a CIA perguntaram se poderiam fazer uma tentativa, o que deixou Hal muito satisfeito, pois ele tinha vontade de verificar se pessoas comuns conseguiriam praticar a visão a distância. Cada um deles foi convidado a participar de três experiências, e ambos melhoraram com a prática. O primeiro cientista identificou corretamente um carrossel de criança e uma ponte, e o segundo detectou um moinho de vento. Das cinco experiências, três foram acertos diretos e uma delas um quase acerto.[17]

Quando as experiências dos testes com a CIA funcionaram, Puthoff e Targ começaram a recrutar voluntários comuns, alguns com um talento natural, mas sem nenhuma prática de visão a distância. No final de 1973 e no início de 1974, Puthoff e Targ escolheram quatro pessoas comuns. Três funcionários do SRI e uma fotógrafa chamada Hella Hammid, uma amiga de Targ. Hammid, que nunca estivera envolvida antes em uma pesquisa psíquica, mostrou ter um dom natural para a visão a distância. Hella teve acertos diretos em cinco de nove alvos, como foi determinado por árbitros diferentes.[18]

Hal precisou ir à Costa Rica a negócios, de modo que decidiu usar a viagem como um alvo de longa distância. Em cada dia da viagem, ele escrevia um registro detalhado de sua localização e atividades exatamente às 13h30, no fuso horário PDT (Pacific Daylight Time). Nesse mesmo horário, era solicitado a Hella ou Pat Price que descrevessem e desenhassem onde o dr. Puthoff estava todos os dias àquela hora.

Certo dia, quando nem Hella nem Pat apareceram, Targ assumiu o lugar deles como observador a distância. Ele teve a forte sensação de que Puthoff estava no mar ou na praia, embora soubesse que a Costa Rica é basicamente um país montanhoso. Embora incerto em relação à precisão do que vira, Targ descreveu um aeroporto e uma pista de decolagem em uma praia arenosa com um oceano em uma das extremidades. Naquele momento, Hal fizera um desvio não planejado para uma ilha. No horário designado, ele estava acabando de descer de um avião em um minúsculo aeroporto da ilha. Targ descreveu e desenhou com precisão o aeroporto em todos os aspectos, exceto um. O único pequeno erro que cometeu foi no desenho do aeroporto: ele desenhou uma edificação que parecia um abrigo Nissen*, quando na verdade o prédio era retangular. Durante o resto da viagem, Hammid e Price identificaram corretamente quando Hal estava relaxando em uma piscina ou dirigindo através de uma floresta tropical na base de um vulcão. Eles conseguiram até identificar a cor do tapete do hotel em que Hal estava hospedado.[19]

Hal reuniu nove observadores a distância, a maioria iniciantes sem nenhum histórico de paranormalidade, que realizaram um total de cinquenta experiências. Uma vez mais, um importante grupo de pesquisadores comparou os alvos com a transcrição das descrições dos voluntários. Elas talvez contivessem algumas imprecisões, mas eram detalhadas e precisas o suficiente para possibilitar que os árbitros correlacionassem a descrição com o alvo em cerca de metade das vezes, o que era um resultado bastante significativo.

Como um método de reforço na avaliação da visão, Hal pediu então a um grupo de cinco cientistas do SRI, não associados ao projeto, que correlacionassem transcrições e desenhos não editados e não rotulados, feitos pelos observadores a distância, com os nove locais-alvo, que

* O abrigo Nissen é uma estrutura pré-fabricada simples, constituída por uma chapa de aço corrugado (aço canelado) que é moldada até formar uma secção semicircular. [N. de T.]

eles visitaram um por um. Os juízes como um todo obtiveram vinte e quatro combinações corretas da transcrição com o local-alvo, quando o esperado seriam cinco.[20]

Aos poucos, Puthoff e Targ estavam se tornando adeptos. Os seres humanos, possuindo ou não um dom, pareciam ter a capacidade latente de enxergar qualquer lugar a qualquer distância. Os observadores a distância mais talentosos eram claramente capazes de entrar em uma estrutura de consciência que lhes permitia observar qualquer lugar no mundo. No entanto, a conclusão incontestável de suas experiências era que todas as pessoas tinham a capacidade de enxergar a distância, desde que fossem preparadas para isso – até mesmo aquelas altamente céticas em relação à ideia. O componente mais importante parecia ser uma atmosfera relaxada, até mesmo divertida, que deliberadamente evitasse causar ansiedade ou uma expectativa nervosa no observador. E isso era tudo, somado a um pouco de prática. O próprio Swann aprendera com o tempo a separar o sinal do ruído, distinguindo de alguma maneira o que era sua imaginação do que estava claramente na cena.

Puthoff e Targ haviam abordado a visão a distância como cientistas, criando um método científico para testá-la. Brenda Dunne e Robert Jahn aperfeiçoaram ainda mais essa ciência. Foi uma progressão natural para eles. Uma das primeiras pessoas a reproduzir o trabalho do SRI foi Brenda Dunne, enquanto era aluna da graduação na Mundelein College e depois quando era aluna de pós-graduação da Universidade de Chicago, antes de se mudar para Princeton.[21] O ponto forte do trabalho de Dunne, uma vez mais, foi a utilização de voluntários comuns, e não de paranormais talentosos. Em oito experiências, usando dois alunos sem nenhum talento para a habilidade psíquica, Dunne demonstrou que os participantes eram capazes de ter êxito ao descrever corretamente locais-alvo. Quando ela foi para Princeton, a visão a distância também passou a ser incluída na programação da PEAR.

Jahn e Dunne estavam preocupados, principalmente, com a grande probabilidade de que esse tipo de pesquisa fosse vulnerável a protocolos e técnicas de processamento de dados negligentes ou a uma "dica sensorial" involuntária da parte de um dos dois participantes. Determinados a evitar a ocorrência de qualquer uma dessas fraquezas, eles foram meticulosos ao extremo no projeto das experiências. Conceberam a maneira subjetiva mais avançada de medir o sucesso: uma lista de verificação padronizada. Além de descrever a cena e desenhar uma figura, seria solicitado ao observador a distância que preenchesse um formulário de trinta questões de múltipla escolha a respeito dos detalhes da cena, com a finalidade de tornar a descrição mais elaborada. Nesse ínterim, a pessoa que estava no local distante também preenchia o mesmo formulário, além de tirar fotos e fazer desenhos. Em muitas ocasiões, o local-alvo era escolhido por uma das máquinas REG e entregue em um envelope lacrado à pessoa que ia viajar para o local distante, que deveria ser aberto longe da PEAR; em outras ocasiões, o participante que ia viajar só poderia escolher um local-alvo depois que estivesse em um local distante que ninguém em Princeton sabia qual era.

Quando o viajante voltava, um dos membros da equipe da PEAR inseria os dados em um computador, que então comparava a lista de verificação do viajante com a do observador a distância, além de comparar também essas listas com todas as outras que faziam parte da base de dados.

Jahn e Dunne realizaram um total de 336 experimentações formais envolvendo 48 receptores e distâncias que variavam de oito a quase dez mil quilômetros e elaboraram uma avaliação matemática analítica altamente detalhada para melhorar a precisão dos resultados. Eles até mesmo determinaram resultados probabilísticos individuais de se chegar à resposta certa por acaso. *Quase 213 dos participantes foram mais precisos do que se poderia explicar pelo mero acaso.* A probabilidade global de que os resultados tivessem acontecido por acaso era de um bilhão para um.[22]

Uma possível crítica era que quase todos os pares envolvidos nas experiências de visão a distância se conheciam. Embora algum tipo de vínculo emocional ou psicológico entre os participantes desse a impressão de melhorar os resultados, bons resultados também eram alcançados quando a pessoa que viajava para o local e o observador a distância praticamente não se conheciam. Ao contrário das pesquisas iniciais do SRI, ninguém era escolhido por ter um dom especial para a telepatia. Além disso, os melhores resultados eram obtidos quando o local-alvo era aleatoriamente atribuído aos participantes que viajavam a partir de um grande conjunto de possibilidades, e não quando eles mesmos o escolhiam espontaneamente. Esse fato tornava improvável que qualquer conhecimento comum entre os pares de participantes melhorasse os resultados.

Tanto Jahn como Puthoff compreenderam que nada nas teorias então vigentes da biologia ou da física poderia explicar a visão a distância. Os russos haviam sustentado que a clarividência atuava por intermédio de uma espécie de onda eletromagnética de frequência extremamente baixa[23], ou *extremely-low-frequency* (ELF). O problema dessa interpretação é que em muitas das experiências os observadores tinham conseguido ver um lugar como um vídeo em movimento, como se de fato estivessem presentes no ambiente. Isso significava que o fenômeno operava além de uma frequência ELF convencional. Além disso, a utilização da sala especial de parede dupla com anteparo de cobre, capaz de bloquear até mesmo ondas de rádio de baixa frequência, não embotava a capacidade de captar a cena e tampouco prejudicava as descrições, nem mesmo de eventos situados a milhares de quilômetros de distância.

Puthoff passou então a testar a hipótese da ELF conduzindo duas das experiências a partir de um submarino Taurus, um minúsculo veículo para cinco pessoas fabricado pela International Hydrodynamics Company (HYCO) do Canadá. Várias centenas de metros de água salgada são sabidamente um escudo eficaz para tudo, exceto para as frequências mais baixas do espectro eletromagnético. O observador a distância – em geral Hammid ou Price – viajava no submarino, 170 metros debaixo da superfície, perto da ilha de Santa Catalina, ao largo da costa sul da Califórnia, enquanto Hal e um supervisor de contrato do governo escolhiam um alvo perto de San Francisco. No horário designado, eles iam para o local e lá permaneciam durante quinze minutos. Nesse momento, Hammid ou Price tentavam descrever e desenhar o que o colega estava vendo a 800 quilômetros de distância.

Em ambos os casos, eles identificaram corretamente o local-alvo: uma árvore no cume de um morro em Portola Valley, Califórnia, e um centro comercial em Mountain View, também na Califórnia. Esse resultado tornou um tanto improvável que o canal de comunicação fosse composto de ondas eletromagnéticas, mesmo que de uma frequência extremamente baixa. Até mesmo as ondas cerebrais de frequência muito baixa, de 10 Hz, seriam bloqueadas em 170 metros de água. As únicas ondas que não seriam bloqueadas seriam os efeitos quânticos. Como todos os objetos absorvem e depois voltam a irradiar o campo de ponto zero, as informações seriam emitidas de volta para o outro lado do "escudo" de água.

Puthoff e Targ tinham algumas pistas a respeito das características peculiares da visão a distância. Antes de mais nada, cada um dos observadores do SRI parecia ter a sua característica particular. A orientação parecia ser compatível com as tendências da pessoa em outros aspectos; um observador a distância sensorial também observava as coisas com os sentidos face a face. Uma pessoa poderia ser especialmente competente em traçar um mapa do local e descrever as características arquitetônicas e topográficas; outra se concentraria na "sensação" sensorial do alvo; uma terceira enfatizaria o comportamento do voluntário que tivesse se dirigido ao local-alvo, ou descreveria o que ele estava vendo e sentindo, como se ela fosse de algum modo transportada e capaz de ver com os olhos da pessoa-alvo.[24] Muitos dos observadores operavam em "tempo real", como se estivessem de certa forma no local, vivendo a cena a partir do ponto de vista do voluntário-alvo. Quando Hal estava nadando na Costa Rica, os observadores viram a cena a partir da perspectiva dele; se ele fosse distraído por uma cena diferente da principal que estava visitando no momento, o mesmo acontecia com os observadores. Era como se estes funcionassem com os sentidos de duas pessoas: os deles próprios e os da pessoa no local-alvo.

Os sinais estavam atuando como se tivessem sido enviados através de um canal de bits de baixa frequência. Nas experiências, as informações eram recebidas em bits e, em muitas ocasiões, de um modo imperfeito. Embora as informações básicas conseguissem passar, os detalhes às vezes ficavam um pouco turvos. Em geral, a cena ficava invertida, de modo que o observador a via ao contrário, como se a estivesse olhando por meio de um espelho. Targ e Puthoff se perguntaram se isso teria algo a ver com a atividade rotineira do córtex visual como eles a compreendiam. A perspectiva convencional era que o córtex capta a cena de maneira invertida e o cérebro faz a correção. No caso em questão, a paisagem não está sendo vista pelos olhos, mas mesmo assim o cérebro executa a correção, invertendo a cena. É nesse ponto que a semelhança com a atividade normal do cérebro terminava. Muitos dos observadores a distância tinham sido capazes de modificar sua perspectiva da cena, em particular quando delicadamente estimulados pelo monitor, para que pudessem se deslocar à vontade em torno de alturas e ângulos ou se aproximar para dar um close, como uma câmera de vídeo sobre um suporte móvel. Em sua primeira observação a distância do local secreto do Pentágono, Pat começara a observar a partir de 500 metros para assimilar a cena como um todo e depois se aproximou para examinar os detalhes.

A pior coisa que um observador a distância poderia fazer era interpretar ou analisar o que estava vendo, pois isso tinha a tendência de deturpar as impressões enquanto ele ainda estava absorvendo as informações, o que invariavelmente fazia com que desse um palpite errado. Baseado nesse palpite, ele começaria a interpretar outros itens da cena como sendo prováveis companheiros da imagem principal. Se um observador pensasse ter visto um castelo, começaria a procurar um fosso. A sua expectativa ou imaginação tomaria o lugar da extremidade receptora do canal.[25] Não havia nenhuma dúvida de que as informações entravam espacial e holisticamente em lampejos de imagens. À semelhança do que acontecia com os fenômenos estudados pela PEAR e por Braud, esse canal sensorial parecia utilizar a parte inconsciente e não analítica do cérebro. Como Dunne e Jahn haviam descoberto com suas máquinas REG, o lado esquerdo do cérebro é o inimigo do campo.

Os observadores a distância ficavam exaustos quando terminavam e também oprimidos por uma espécie de sobrecarga sensorial quando voltavam ao aqui e agora. Era como se tivessem entrado em uma superconsciência e, quando saíam, o mundo estivesse mais intenso. O céu estava mais azul, os sons mais altos, tudo mais deliciosamente real. Era como se, ao entrar em sintonia com aqueles sinais, seus sentidos tivessem sido girados até o volume máximo. Depois que se juntavam de novo ao mundo, o volume usual os bombardeava com a visão e o som.[26]

Hal começou a pensar a respeito de como a visão a distância poderia ser possível. Ele não queria tentar elaborar uma teoria. Como a maioria dos cientistas, detestava especulações imprecisas. Mas não havia nenhuma dúvida de que, em algum nível da consciência, tínhamos todas as informações acerca de tudo que existe no mundo. Estava claro que os faróis humanos nem sempre eram necessários. Até mesmo um conjunto de coordenadas poderia nos levar ao local desejado. O fato de sermos capazes de ver instantaneamente lugares distantes era uma forte indicação de que se tratava de um efeito quântico, não local. Com a prática, as pessoas poderiam expandir o mecanismo receptor do cérebro para obter acesso a informações armazenadas no campo de ponto zero. Esse gigantesco criptograma, continuamente codificado com cada átomo do Universo, continha todas as informações do mundo, cada visão, som e odor. Quando os observadores a distância estavam "vendo" uma cena particular, a mente deles não era na verdade transportada de alguma maneira para a cena. O que eles estavam vendo eram as informações que a pessoa que tinha viajado para o local codificara na flutuação quântica. Eles estavam captando informações contidas no campo. De certo modo, o campo possibilitava que encerrássemos todo o Universo dentro de nós. As pessoas competentes na visão a distância não estavam vendo nada que fosse invisível para o restante de nós. Elas estavam apenas amortecendo as outras distrações.

Enquanto cada partícula quântica está registrando o mundo em ondas, carregando imagens do mundo a cada momento, em algum nível quântico imensamente profundo, alguma coisa a respeito da cena – uma pessoa-alvo ou coordenadas de um mapa – provavelmente está atuando como um farol. Um observador a distância capta sinais da pessoa-alvo e o sinal transporta uma mensagem que é captada por nós em um nível quântico. No caso de todas as pessoas, exceto as experientes e as talentosas, como Pat Price, essa informação é recebida de um modo imperfeito, invertida ou em imagens incompletas, como se algo estivesse errado com o transmissor. Como a informação é recebida por nossa mente inconsciente, com frequência a recebemos como o faríamos com um sonho, uma memória ou um vislumbre repentino – o lampejo de uma imagem, uma parte de um todo. O sucesso de Price com a instalação russa e o êxito de Swann no caso de Júpiter sugerem que qualquer tipo de mnemônica, como um mapa ou um código, pode trazer à mente o lugar efetivo. Assim como um portador da síndrome de Savant* tem acesso a cálculos impossíveis em um instante, talvez o campo de ponto zero possibilite que encerremos uma imagem do Universo físico dentro de nós, e em certas circunstâncias nós expandimos nossa largura de banda o suficiente para vislumbrar uma parte dele.

O programa de visão a distância do SRI (mais tarde deslocado para a Science Applications International Corp, ou SAIC) prosseguiu durante 23 anos, atrás de um muro de sigilo que está de pé até hoje. Ele fora inteiramente financiado pelo governo, primeiro sob a direção de Puthoff, depois de Targ e por fim de Edwin May, um físico nuclear corpulento que já havia realizado outros trabalhos para o serviço de inteligência. Em 1978, o Exército tinha sua própria unidade de espionagem psíquica do serviço de inteligência, cujo codinome era Grill

---

* A Síndrome de Savant é uma condição rara, em que a pessoa portadora dos mais diversos transtornos mentais, incluindo o Transtorno do Espectro Autista, apresenta um talento brilhante ou habilidade que contrasta fortemente com suas limitações. Essa condição pode ser congênita ou adquirida. [N. de T.]

Flame, possivelmente o programa mais secreto do Pentágono, com recrutas que tinham afirmado ter algum talento na área de fenômenos físicos. Na gestão de Ed May, um grupo de cientistas formado por dois laureados do prêmio Nobel e dois diretores de departamento de universidades, todos escolhidos por seu ceticismo, tornaram-se membros de uma comissão de Human Use and Procedural Oversight (utilização humana e supervisão de procedimento) do governo norte-americano. A tarefa deles era rever toda a pesquisa de visão a distância do SRI, e para fazer isso eles receberam, sem aviso prévio, privilégios temporários no SAIC para se precaverem contra fraudes. Todos chegaram à conclusão de que a pesquisa era impecável, e a metade deles na verdade sentiu que a pesquisa demonstrava algo importante.[27] Até hoje, o governo norte-americano só liberou a experiência de Semipalatinsk, uma minúscula parte de um monte de documentos do SRI, e mesmo assim só depois de uma insistência implacável da parte de Russell Targ.[28]

Quando o programa foi encerrado em 1995, Jessica Utts, professora de estatística da Universidade da Califórnia em Davis, e o dr. Ray Hyman, um cético em relação aos fenômenos psíquicos, realizaram uma análise crítica, patrocinada pelo governo, de todos os dados do SRI e da SAIC e concordaram em que os fenômenos da visão a distância haviam de fato sido demonstrados pelos dados.[29] No que dizia respeito ao governo dos Estados Unidos, os estudos do SRI conferiram ao país uma possível vantagem sobre o serviço de inteligência russo. No entanto, para os cientistas, esses resultados representaram bem mais do que uma manobra no jogo de xadrez na Guerra Fria. Os resultados pareciam indicar que devido ao nosso constante diálogo com o campo de ponto zero, assim como o elétron de Broglie, estamos em todos os lugares ao mesmo tempo.

CAPÍTULO 9

O interminável aqui e agora

A CIA talvez tenha ficado impressionada com o sucesso de Pat Price no caso das instalações russas em Semipalatinsk, mas essa não foi a experiência que causou a maior impressão em Hal Puthoff e Russell Targ. Esta ocorreu no ano anterior e não dizia respeito a nada mais sigiloso do que uma piscina.

Targ estava com Pat Price na sala protegida por cobre no segundo andar do prédio da Radiofísica do SRI. Hal e um colega fizeram a calculadora eletrônica escolher aleatoriamente um dos locais, que nesse caso particular veio a ser o balneário com piscinas em Rinconada Park, em Palo Alto, a cerca de oito quilômetros dali.

Meia hora depois, quando era provável que Puthoff tivesse chegado a seu destino, Targ deu o sinal verde para Price. Este fechou os olhos e descreveu detalhadamente, com dimensões quase corretas, a piscina maior, a piscina menor e um prédio de concreto. Seu desenho estava perfeito sob todos os pontos de vista, exceto por um: ele insistia em afirmar que o local abrigava uma espécie de planta para purificação de água. Ele até mesmo traçou dispositivos giratórios em seu desenho das piscinas e acrescentou dois tanques de água ao recinto.

Durante muitos anos, Hal e Russel apenas supuseram que Pat tinha falhado nesse caso. Ruído demais no sinal, é o que eles costumavam dizer. Não havia nenhum sistema de purificação de água no local, e com certeza não existiam tanques de água.

Mais tarde, no início de 1975, Russell recebeu um relatório anual da cidade de Paio Alto, uma comemoração de seu centenário, contendo alguns dos pontos de destaque da cidade nos cem anos anteriores. Enquanto folheava a publicação, Targ ficou estupefato ao ler o seguinte:

"Em 1913, uma nova instalação de tratamento de água foi construída no local do atual Rinconada Park". O relatório também incluía uma foto do lugar, na qual apareciam claramente dois tanques. Russ se lembrou do desenho de Pat e decidiu examiná-lo; os tanques estavam exatamente no lugar onde Pat Price os desenhara. Quando Pat "viu" o local, ele o enxergou como ele fora cinquenta anos antes, embora todos os indícios das instalações de purificação de água tivessem há muito desaparecido.[1]

Um dos aspectos mais impressionantes dos dados reunidos por Puthoff, Jahn e os outros cientistas é que eles não eram nem um pouco sensíveis a distância. Uma pessoa não precisa estar bem perto de uma máquina REG para influenciá-la. Em ao menos um quarto das experiências de Jahn, os participantes estavam em lugares que variavam da casa vizinha a milhares de quilômetros de distância. Não obstante, os resultados eram praticamente idênticos aos obtidos quando os participantes se encontravam no laboratório da PEAR, sentados bem diante de uma máquina. A distância, até mesmo quando muito grande, não parecia reduzir o efeito da pessoa sobre a máquina.[2]

O mesmo havia ocorrido com as pesquisas de visão a distância da PEAR e do SRI. Os observadores a distância eram capazes de enxergar através de países, continentes e até mesmo do espaço.[3]

Entretanto, a experiência de Pat Price era um exemplo de algo ainda mais extraordinário. As pesquisas que estavam emergindo em laboratórios como o da PEAR e do SRI sugeriam que as pessoas podiam "enxergar" no futuro ou recuar ao passado.

Uma das ideias mais consagradas do nosso sentimento de nós mesmos e do nosso mundo é a noção do tempo e do espaço. Encaramos a vida como uma progressão que podemos medir por meio de relógios, calendários e momentos que consideramos mais importantes. Nascemos, crescemos, casamos e temos filhos, acumulamos casas, bens, gatos e cachorros, o tempo todo, inevitavelmente, envelhecendo e avançando em uma linha na direção da morte. Na verdade, a evidência mais tangível da progressão do tempo é o fato físico do envelhecimento.

A outra ideia inviolável a partir do ponto de vista da física clássica é a noção de que o mundo é um lugar geométrico repleto de objetos sólidos com espaços entre eles. O tamanho do espaço entre os objetos determinava o tipo de influência que um tinha sobre o outro. As coisas não poderiam exercer nenhum tipo de influência instantânea se estivessem a quilômetros de distância uma da outra.

As experiências com Pat Price e os estudos da PEAR começaram a prenunciar que, em um nível mais fundamental da existência, não há nem espaço nem tempo, nenhuma causa ou efeito óbvio – de alguma coisa colidindo com outra e causando um evento no tempo ou no espaço. As ideias newtonianas de um tempo e um espaço absolutos ou mesmo a concepção de Einstein de um espaço-tempo relativo são substituídas por uma imagem mais verdadeira, ou seja, a de que o Universo existe em um vasto "aqui", onde o aqui representa todos os pontos do espaço e do tempo em um único instante. Se as partículas subatômicas podem interagir ao longo de todo o espaço e todo o tempo, o mesmo pode ser possível para a matéria maior que elas compõem. No mundo quântico do Campo, um mundo subatômico de puro potencial, a vida existe como um enorme presente. "Se retirarmos o tempo", gostava de dizer Robert Jahn, "tudo faz sentido."

Jahn tinha o seu próprio depósito de indícios que mostravam que as pessoas podiam prognosticar os eventos. Em grande medida devido a um trabalho semelhante conduzido por Brenda Dunne no Mundelein College, Dunne e Jahn conceberam a maior parte de suas experiências de visão a distância como "percepção precognitiva a distância", ou PRP, sigla de *precognitive remote perception*. Era solicitado aos observadores a distância que permaneciam no laboratório da PEAR que dissessem o nome dos destinos do parceiro que estava viajando não apenas antes de ele chegar lá, mas também muitas horas ou dias antes de o próprio viajante saber para onde estava indo. Uma pessoa não envolvida com a experiência usava um REG para escolher de forma aleatória os destinos do viajante em um conjunto de alvos previamente selecionados, ou então o próprio viajante poderia escolher espontaneamente o destino depois de partir. Aquele que estava viajando seguiria então o protocolo padrão das experiências de visão a distância. Permanecia, na hora determinada, de dez a quinze minutos no destino-alvo, gravando suas impressões do local, tirando fotos e averiguando os itens da lista de verificação criada pela equipe da PEAR. Nesse meio-tempo, no laboratório, o observador a distância tinha de gravar e desenhar suas impressões sobre o destino de quem viajara, *de meia hora a cinco dias antes da chegada do viajante ao local.*

Das 336 experimentações formais da PEAR envolvendo a visão a distância, a maioria foi configurada como PRP ou "retrocognição" – horas ou dias após o viajante ter deixado o destino – e foram tão bem-sucedidas quanto aquelas conduzidas em "tempo real".

Muitas das descrições dos receptores correspondiam às fotos tiradas pelo viajante com uma precisão espetacular. Em um dos casos, o viajante se dirigiu para a Northwest Railroad Station, em Glencoe, Illinois, e tirou uma foto da estação quando um trem estava chegando e depois outra do interior da estação, uma pequena sala de espera sem graça com um quadro de avisos debaixo de uma placa. "Estou vendo a estação de trem", escreveu o observador a distância 35 minutos antes de o viajante ter escolhido o local para onde iria, "uma das estações de trem situadas na via expressa, para as pessoas que viajam todos os dias para o trabalho – vejo o cimento branco da estação e os trilhos prateados. Vejo um trem se aproximando (...) Vejo ou ouço o estalar de pés ou sapatos no chão de madeira (...) Pôsteres ou outras coisas estão pendurados, alguns tipos de anúncios ou pôsteres na parede da estação de trem. Vejo os bancos. Estou captando a imagem de uma placa (...)"

Em outro caso, o observador a distância do laboratório da PEAR relatou a imagem "estranha porém persistente" de que o parceiro estava de pé dentro de uma "grande tigela" – e "se ela estivesse cheia de sopa [o parceiro] seria do tamanho de uma almôndega grande". Quarenta minutos depois, o viajante estava de fato do tamanho de uma almôndega em comparação com a gigantesca estrutura curva abobadada de um radiotelescópio em Kitt Peak, Arizona, debaixo do qual se encontrava. Outro participante da PEAR descreveu o parceiro em um "prédio velho" com "janelas parecidas com arcos" que "quase formam uma ponta em cima", mas "não uma ponta regular", além de "grandes portas duplas" e "colunas quadradas com bolas em cima". Quase um dia depois, o viajante chegou a seu destino, a Galeria Tretiakov em Moscou, um imponente prédio ornamentado com colunas na frente e uma grande porta dupla debaixo de uma arcada ogival.[4]

Em outros casos, o observador a distância captava a impressão de uma cena na jornada do viajante diferente da "oficial". Em certa ocasião, o viajante pretendia visitar o foguete lunar de Saturno no Centro Espacial da NASA em Houston, Texas. Nesse ínterim, o observador a distância "viu" uma cena em recinto fechado na qual o viajante estava brincando no chão com vários cachorrinhos. Naquela mesma noite, o viajante (que nada sabia sobre as impressões do observador a distância) visitou a casa de um amigo, onde de fato brincou com uma ninhada de cachorrinhos recém-nascidos, um dos quais o induziu a levar para casa.

Os observadores a distância captavam até mesmo informações a respeito de eventos ou cenas que haviam distraído os viajantes de seus alvos principais. Determinado viajante, quando estava em uma fazenda em Idaho, concentrando-se em um rebanho de vacas, foi distraído por um canal de irrigação situado vários metros mais adiante na estrada. Ele ficou fascinado pelo canal, de modo que o fotografou e redigiu uma descrição dele. O observador a distância, que estava em Nova Jersey, captando a cena antes de ela acontecer, não fez nenhuma menção a vacas em sua descrição, mas disse que estava captando imagens de edificações em uma fazenda, campos e um canal de irrigação.[5]

Outra evidência científica amparava a ideia de que os seres humanos têm a capacidade de "ver" o futuro. Charles Honorton, do Maimonides Center, fez uma recapitulação de quase todos os tipos de experiências científicas bem conduzidas. Em geral elas requeriam que os participantes adivinhassem quais lâmpadas iriam acender, quais os símbolos das cartas que iriam se apresentar, que número em um par de dados iria aparecer ou até mesmo quais seriam as condições atmosféricas.[6] Combinando um total de 2 milhões de experimentações compreendendo 309 experiências e 50 mil participantes, nas quais o tempo entre a adivinhação e o evento variava entre alguns milissegundos e um ano inteiro, Honorton encontrou resultados positivos cuja probabilidade de terem ocorrido por acaso eram de 10 milhões de bilhões de bilhões para um.[7]

O ex-presidente dos Estados Unidos Abraham Lincoln sonhou com seu próprio assassinato uma semana antes de morrer. Esta é uma das grandes histórias a respeito de premonições e sonhos prevendo o futuro que entraram para a história. O problema para a maioria dos cientistas é como testar histórias desse tipo em laboratório. Como quantificar e controlar uma premonição?

O laboratório dos sonhos do Maimonides tentara fazer exatamente isso: reproduzir os sonhos das pessoas a respeito do próprio futuro delas em uma experiência científica confiável. Eles propuseram um novo procedimento, usando um talentoso paranormal inglês chamado Malcolm Bessent. Este havia aprimorado seu dom especial estudando por muitos anos na London College of Psychic Studies com pessoas igualmente talentosas e experimentadas em PES e clarividência. Bessent foi convidado para dormir no laboratório do Maimonides, onde lhe pediram que sonhasse a respeito do que iria lhe acontecer no dia seguinte. Durante a noite, ele era acordado e lhe solicitavam que relatasse seus sonhos. Em uma ocorrência, Bessent havia seguido o procedimento combinado para o relato do sonho. Na manhã seguinte, outro pesquisador que não tinha nenhum conhecimento ou contato com Bessent ou com o sonho deste pôs em prática o procedimento combinado de escolher aleatoriamente um alvo entre algumas reproduções de quadros. O escolhido foi o *Corredor de hospital em Saint-Remy*, de Van Gogh. Como precaução adicional contra qualquer possível influência, a fita de Bessent relatando seu sonho fora embrulhada e enviada pelo correio para um transcritor antes que o quadro tivesse sido escolhido.

Assim que a imagem foi selecionada, a equipe do Maimonides entrou em atividade. Quando Bessent acordou e saiu da sala onde dormiu, foi cumprimentado pela equipe, que vestia jalecos brancos e chamava-o de "sr. Van Gogh" e o tratava de uma maneira rude e negligente. Enquanto caminhava pelo corredor, ele podia ouvir o som de risos histéricos. Os "médicos" o obrigaram a tomar uma pílula e o "desinfetaram" com um pedaço de gaze.

Mais tarde, a transcrição da descrição que ele fez de seu sonho foi examinada. Constatou-se que Bessent havia relatado que era um paciente que estava tentando fugir, enquanto muitas pessoas vestidas com jalecos brancos – médicos e outros profissionais da equipe – o hostilizavam.[8]

As premonições de Bessent no laboratório tinham sido altamente bem-sucedidas, com seis em um total de oito sendo consideradas impecáveis. Em uma segunda série, Bessent provou que era capaz de sonhar com êxito tanto a respeito de alvos futuros quanto com aqueles que acabara de ver. Quando o laboratório do sonho fechou as portas em 1978 por falta de recursos financeiros, eles tinham reunido 379 experimentações, com um impressionante índice de sucesso de 83,5% de sonhos sobre o presente e o futuro.[9]

Dean Radin concebeu uma nova variação para a maneira de testar a premonição. Em vez de se apoiar na precisão verbal, ele testaria se o nosso corpo estava registrando algum pressentimento de um evento. Essa ideia era um modelo simplificado da pesquisa do sonho. Os testes do Maimonides eram dispendiosos, exigindo de oito a dez pessoas por dia para cada experimento. Com o protocolo de Radin, era possível obter os mesmos resultados em vinte minutos, e com um custo bastante menor.

Radin fazia parte do pequeno círculo interno dos investigadores da consciência, sendo um dos pouquíssimos cientistas que haviam deliberadamente escolhido esse campo de investigação em vez de ter chegado a ele pela porta dos fundos. O envolvimento dele com esse tipo especial de pesquisa estava relacionado com o casamento peculiar que a sua vida tinha feito da ciência com a ficção científica. Radin estava com cinquenta anos, mas apesar da presença de um bigode preto e fino e de entradas no cabelo, ele conservara a aparência inteligente e infantil da criança prodígio que um dia foi. Seu instrumento particular de precocidade havia sido o violino, que ele tocou desde os cinco anos de idade até a metade da casa dos vinte. Foi a falta de resistência física que o fez desistir do que poderia ter sido uma carreira promissora como violinista. A performance musical de nível internacional exige nada menos do que uma magnífica disposição atlética de praticar e tocar diariamente horas a fio, aprimorando a mecânica do controle motor fino, e Radin veio a compreender que nada em sua magra constituição física possuía esse nível de robustez. Era natural que ele passasse a se dedicar então ao seu segundo grande amor, os contos de fadas – a perspectiva de um mundo mágico e secreto. Mas o mesmo tipo de precisão e distanciamento que o conduzira à sua competência com o violino também contribuiu para que ele fosse um habilidoso investigador e tivesse um talento natural para estudar a evidência retórica ou desenterrar pistas evasivas. Sua professora do primeiro ano primário notou a franqueza natural e a seriedade de propósito daquela criança frágil e adivinhou corretamente a futura vocação de Radin. O que ele realmente queria levar para seu laboratório juvenil era a mágica. Queria desmembrar a mágica e estudá-la debaixo de um microscópio. Aos doze anos de idade, já havia começado a realizar suas próprias investigações de PES.

Ao longo de dez anos de estudos universitários, primeiro em engenharia e em seguida no doutorado em psicologia, e até mesmo durante um primeiro emprego na divisão de fatores humanos dos Laboratórios Bell, o funcionamento da consciência e os limites exteriores do potencial humano continuaram a ser a paixão principal dele. Radin ouvira falar nas máquinas de Helmut Schmidt, e não demorou muito para que fizesse uma visita a Schmidt e voltasse com um RNG emprestado para realizar pessoalmente algumas experiências. Quase de imediato, Radin começou a obter bons resultados, tão bons quanto os de Schmidt. Isso era importante demais para ser uma atividade paralela à sua carreira. Radin insistiu com alguns dos cientistas que já atuavam nessa área para que o deixassem trabalhar com eles e começou a circular, trabalhando em determinado momento no SRI e depois na Universidade de Princeton, antes de montar seu próprio laboratório de consciência na Universidade de Nevada, em Las Vegas, um distante local acadêmico onde esperava que o deixassem em paz.[10]

A contribuição inicial de Radin para essa pesquisa foi o árduo e cansativo trabalho estatístico. Grande parte do seu trabalho anterior envolvia reproduzir ou fornecer uma verificação matemática da pesquisa de seus colegas. Era ele, por exemplo, que elaborara a meta-análise das experiências do REG da PEAR.

Radin estudara os dados existentes das pesquisas dos sonhos sobre premonições. O que mais lhe interessava era descobrir se as pessoas tinham o mesmo tipo de pressentimento claro quando estavam acordadas. Em seu laboratório, ele montou um computador que escolheria aleatoriamente fotos destinadas a deixar o participante calmo ou agitado, excitado ou irritado. Os voluntários de Radin eram conectados a monitores fisiológicos que registravam mudanças da condutância da pele, do batimento cardíaco e da pressão sanguínea.

O computador exibia ao acaso fotos coloridas de cenas tranquilas (paisagens ou imagens da natureza) ou concebidas para abalar ou excitar (imagens de autópsias ou com conteúdo erótico). Como era de se esperar, o corpo do participante ficava calmo logo depois de ele observar as cenas tranquilas e excitado ou agitado depois de olhar para as imagens eróticas ou perturbadoras. Naturalmente, os voluntários da pesquisa registravam a reação mais intensa quando viam as fotos. Entretanto, o que Radin descobriu foi que os participantes também estavam antevendo o que estavam prestes a ver, registrando reações fisiológicas *antes* de terem visto a foto. Como se estivessem se preparando, as reações eram mais intensas antes que eles vissem uma imagem perturbadora. A pressão sanguínea caía nas extremidades mais ou menos um segundo antes de a imagem ser exibida. O mais estranho de tudo foi que Radin descobriu um pressentimento muito maior no caso do sexo do que da violência, o que possivelmente reflete o fato de que os norte-americanos ficam mais perturbados com o sexo do que com a violência. Ele compreendeu que tinha nas mãos algumas das primeiras provas de laboratório de que nosso corpo inconscientemente antevê e exprime nosso estado emocional futuro. Os resultados também indicaram que o “sistema nervoso não está apenas ‘reagindo’ a um choque futuro, mas procurando entender o significado emocional dele”.[11]

As experiências de Radin foram reproduzidas com êxito por seu equivalente holandês, um psicólogo chamado Dick Bierman, da Universidade de Amsterdã.[12] Bierman prosseguiu com as experiências e usou o mesmo modelo para determinar se as pessoas anteveem boas ou más notícias. Ao estudar a atividade eletrodérmica dos participantes de outra pesquisa publicada que examinava a reação adquirida em um tipo particular de jogo de cartas, Bierman descobriu que os participantes registravam rápidas mudanças na reação de EDA *antes* de receberem as cartas. Além disso, essas diferenças tinham a tendência de corresponder ao tipo de cartas que recebiam. Os que estavam para receber cartas ruins ficavam mais perturbados e exibiam todas as características de uma intensa reação de lutar ou fugir.[13] Isso parecia indicar que, em um nível fisiológico subconsciente, temos um pressentimento quando estamos prestes a receber más notícias ou quando coisas ruins estão para nos acontecer.

Radin realizou outro teste para prever o futuro usando uma variação da máquina de Helmut Schmidt. Esse tipo de máquina é um “pseudogerador aleatório de eventos”, ainda imprevisível, mas que utilizava um mecanismo diferente. Nesse caso, um número inicial desencadeava uma sequência matemática bastante complexa de outros números. A máquina continha 10 mil números iniciais diferentes e, portanto, 10 mil possibilidades matemáticas diversas. O pseudogerador aleatório de números foi projetado para produzir sequências de bits aleatórios, ou “0”s e “1”s. As sequências que continham a maior quantidade de “1”s eram consideradas as melhores e, por conseguinte, as mais desejáveis. O objetivo era interromper a máquina em um momento particular, em um número inicial específico, para dar origem às melhores sequências.

É claro que esse era o truque. A janela de seleção era incrivelmente pequena; como o relógio do computador bate cinquenta vezes por segundo, o número inicial correto estaria visível em janelas de 20 milissegundos, ou seja, dez vezes mais rápido do que o tempo de reação dos seres humanos. Para ter êxito na experiência, a pessoa teria que saber intuitivamente que um bom número inicial estava a caminho e apertar o botão exatamente naquele milissegundo. Por mais impossível que isso pudesse parecer, foi precisamente o que Radin e seu chefe no SRI, Ed May, fizeram. Em centenas de experimentações, Radin e May de alguma maneira conseguiram "saber" exatamente quando tinham que pressionar o botão para obter a sequência favorável.[14]

Helmut Schmidt foi dominado por uma deliciosa possibilidade: a perspectiva de voltar no tempo. Ele estivera pensando a respeito de como os efeitos que andara observando com as máquinas pareciam desafiar o espaço ou a causalidade. O que começou a tomar forma na cabeça de Schmidt era uma questão quase absurda: se uma pessoa que estivesse tentando influenciar o resultado de uma dessas máquinas também poderia fazê-lo *depois* que a operação estivesse concluída. Se um estado quântico era tão etéreo quanto uma borboleta adejante, faria diferença quando tentássemos imobilizá-lo, desde que fôssemos o primeiro a tentá-lo, ou seja, o primeiro observador?

Schmidt refez a fiação de seu REG e conectou-o a um dispositivo de áudio para que ele aleatoriamente deflagrasse um clique, que seria gravado em fita magnética para ser ouvido em um par de fones de ouvido, tanto pelo ouvido esquerdo quanto pelo direito. Em seguida, Schmidt ligou as máquinas e gravou o resultado, certificando-se de que ninguém, inclusive ele mesmo, estava ouvindo. Depois, fez uma cópia da fita mestra, de novo sem que ninguém estivesse escutando, e trancou-a em segurança. Schmidt também criou, intermitentemente, fitas que iriam atuar como padrão de controle, e em cujos cliques (no ouvido esquerdo ou no direito) ninguém jamais tentaria influir. Como era de se esperar, quando as fitas de controle foram tocadas, constatou-se que os cliques no ouvido esquerdo e os no ouvido direito estavam mais ou menos uniformemente distribuídos.

No dia seguinte, Schmidt pediu a um voluntário que levasse uma das fitas para casa. A atribuição dele era ouvir a fita e tentar exercer uma influência, fazendo com que mais cliques fossem para o seu ouvido direito. Mais tarde, Schmidt fez o computador dele contar os cliques do lado esquerdo e do direito. O resultado pareceu desafiar o bom senso. Ele descobriu que o influenciador tinha modificado o resultado da máquina, *exatamente como se tivesse estado presente quando a fita estava sendo gravada*. Além disso, os resultados eram tão satisfatórios quanto os testes habituais com o REG, tão válidos quanto seriam se alguém tivesse estado sentado diante da máquina.

Após realizar vários testes desse tipo, Schmidt percebeu que um efeito estava ocorrendo, mas não achava que os participantes tivessem modificado o passado, ou apagado uma fita e gravado outra. O que parecia ter acontecido era que os influenciadores haviam mudado o que acontecera no início. A influência deles voltara no tempo e afetara a aleatoriedade da máquina *na ocasião da gravação inicial*. Eles não mudaram o que *havia* acontecido; eles influenciaram o que teria acontecido originalmente. As intenções presentes ou futuras atuam sobre as probabilidades iniciais e determinam os eventos que de fato passam a existir.

No decorrer de mais de 20 mil experimentações em cinco pesquisas realizadas entre 1971 e 1975, Schmidt demonstrou que um número muito significativo de fitas se desviou do que era esperado, que seria aproximadamente 50% de cliques para a esquerda e para a direita. Ele obteve resultados semelhantes usando máquinas que deslocavam uma agulha em um mostrador, para a esquerda ou para a direita.[15] De todas as pesquisas realizadas a respeito da viagem no tempo, as de Schmidt foram provavelmente as mais seguras. O fato de uma cópia dos resultados ter sido feita e trancada em um lugar seguro eliminava a possibilidade de uma fraude. O que as experiências revelaram era que os efeitos da psicocinese sobre um sistema aleatório como uma máquina REG podem ocorrer em qualquer tempo, passado ou futuro.

Schmidt também descobriu que era importante que o influenciador fosse o primeiro observador. Quando qualquer outra pessoa ouvia a fita primeiro e prestava bastante atenção nela, o sistema parecia torná-la menos susceptível a ser influenciada mais tarde. Qualquer forma de atenção concentrada parecia imobilizar o sistema na sua existência definitiva. Algumas pesquisas esparsas até mesmo sugerem que a observação por parte de qualquer sistema vivo, seja ele humano ou animal, parece bloquear com êxito futuras tentativas de uma influência deslocada no tempo. Embora esse tipo de pesquisa tenha sido escasso, as poucas realizadas concordam com o que sabemos a respeito do efeito do observador na teoria quântica. Isso sugere que a observação por parte de observadores vivos conduz as coisas a algum tipo de existência definida.[16]

Bob Jahn e Brenda Dunne também começaram a brincar com o tempo em suas experimentações com o REG. Em 87 mil das experiências que realizaram sobre o tema, pediram aos voluntários que voltassem a atenção para as operações da máquina em algum momento entre três dias e duas semanas *depois* que ela começou a funcionar. Quando Jahn e Dunne examinaram os dados, verificaram que eram inacreditáveis. Sob todos os aspectos, eram idênticos aos dados mais convencionais que eles haviam gerado quando os participantes estavam tentando exercer uma influência no momento em que a máquina estava funcionando, ou seja, as diferenças entre os homens e as mulheres ainda estavam presentes e as distorções da população como um todo eram as mesmas. Havia apenas uma única distinção importante. Nas experiências com o "tempo deslocado", os voluntários estavam obtendo efeitos mais intensos do que nas experiências convencionais em todas as vezes que eles haviam determinado que a máquina produzisse caras. Entretanto, devido aos números relativamente pequenos, Jahn e Dunne tiveram que considerar esse estranho efeito como não significativo.[17]

Vários outros pesquisadores tentaram esse tipo de viagem regressiva no tempo para influenciar os gerbos correndo nas rodas de atividade, a direção de pessoas andando no escuro (e atingindo um feixe de luz) ou até mesmo carros atingindo um feixe de luz dentro de um túnel em Viena na hora do rush. As revoluções sobre as rodas e as colisões com o feixe de luz foram convertidas em cliques que foram depois gravados em fita, armazenados e tocados pela primeira vez entre um dia e uma semana mais tarde para observadores, que tentaram influenciar os gerbos a correr mais rápido ou as pessoas ou os carros a colidirem mais vezes com os feixes de luz. Outra pesquisa tentou verificar se um agente de cura seria capaz de influenciar retroativamente a propagação de parasitas do sangue em ratos. Braud realizou suas próprias experiências registrando a reação EDA de certas pessoas e pedindo a elas que a examinassem e tentassem influenciar sua própria EDA. Radin havia conduzido uma pesquisa semelhante com fitas EDA e agentes de cura. Schmidt fizera experiências em que tentara alterar o seu próprio ritmo respiratório pré-gravado. No final, dez das dezenove experiências revelaram efeitos significativamente diferentes do mero acaso – o suficiente para indicar que algo fora do comum estava acontecendo.[18]

Eram resultados como esses que mais perturbavam Hal Puthoff. O tipo de energia do ponto zero com a qual ele estava mais familiarizado era a eletromagnética: um mundo de causa e efeito, de ordem, de certas leis e limites – neste caso, a velocidade da luz. As coisas não recuavam nem avançavam no tempo.

Esse grupo de experiências sugeria três possíveis cenários. O primeiro era a visão de um Universo totalmente determinista, onde tudo que iria acontecer já teria ocorrido. Dentro desse universo de determinação fixa e absoluta, as pessoas que tinham premonições estavam simplesmente interceptando informações que já estavam disponíveis em algum nível.

A segunda possibilidade era perfeitamente explicável dentro das leis teóricas conhecidas sobre o Universo. Dick Bierman, da Universidade de Amsterdã, acreditava que era possível explicar a precognição por meio de um fenômeno quântico familiar conhecido como ondas adiantadas e atrasadas, a chamada teoria do absorvedor de Wheeler e Feynman, que diz que uma onda pode viajar para trás no tempo vinda do futuro para chegar à sua origem. O que acontece entre dois elétrons é isso. Quando um elétron se agita um pouco, ele envia ondas irradiantes tanto para o passado como para o futuro. A onda futura, digamos, atingiria uma futura partícula, que também oscilaria, enquanto estaria enviando suas próprias ondas adiantadas e atrasadas. Os dois conjuntos de ondas desses dois elétrons se neutralizam de maneira mútua, exceto na região entre eles. O resultado final de uma onda da primeira viagem para trás e da onda da segunda viagem para a frente é uma conexão instantânea.[19] Radin especulou que no caso da premonição, em um nível quântico, talvez estejamos enviando ondas para encontrar o nosso próprio futuro.[20]

A terceira possibilidade, que talvez faça mais sentido, é que tudo no futuro já existe em algum nível subjacente na esfera de puro potencial, e que quando vemos algo no futuro, ou no passado, estamos ajudando a dar-lhe forma e existência, exatamente como fazemos com uma entidade quântica no presente com o ato da observação. Uma transferência de informação por meio de ondas subatômicas não existe no tempo ou no espaço, mas está, de algum modo, espalhada e é onipresente. O passado e o presente são indistintos em um vasto "aqui e agora", de modo que o nosso cérebro "capta" sinais e imagens do passado e do futuro. O nosso futuro já existe em um estado nebuloso que podemos começar a realizar no presente. Isso faz sentido se levarmos em consideração que todas as partículas subatômicas existem em um estado de todos os potenciais a não ser que sejam observadas – o que incluiria alguém pensar a respeito delas.

Ervin Laszlo apresentou uma interessante explicação física para o deslocamento do tempo. Ele sugere que o campo de ponto zero de ondas eletromagnéticas tem sua própria subestrutura. Os campos secundários causados pelo movimento de partículas subatômicas interagindo com o campo são chamados de ondas "escalares", que não são eletromagnéticas nem possuem direção ou *spin*. Essas ondas podem viajar bem mais rápido do que a luz – como os táquions imaginados por Puthoff. Laszlo propõe que são as ondas escalares que codificam as informações do espaço e do tempo em uma taquigrafia quântica de padrões de interferência intemporais e ilimitados. No modelo de Laszlo, esse nível subjacente do campo de ponto zero – a mãe de todos os campos – fornece o modelo holográfico do mundo para todo o tempo, passado e futuro. É isso que interceptamos quando investigamos o passado ou o futuro.[21]

Para retirar o tempo da equação, como sugere Robert Jahn, precisamos retirar o estado de separação. A energia pura que existe no nível quântico não tem tempo nem espaço, existindo em um vasto *continuum* de energia flutuante. Nós, de certa maneira, somos o tempo e o espaço. Quando trazemos energia para a consciência por meio do ato da percepção, criamos objetos separados que existem no espaço em um *continuum* uniforme. Ao criar o tempo e o espaço, criamos a nossa condição de separação.

Isso sugere um modelo semelhante ao da ordem implícita do físico inglês David Bohm, que teorizou que tudo no mundo está envolto nesse estado "implícito", até que se torna explícito – uma configuração, imaginou ele, de flutuações do ponto zero.[22] O modelo de Bohm encarava o tempo como parte de uma realidade maior, que poderia projetar muitas sequências ou momentos na consciência, não necessariamente em uma ordem linear. Ele argumentou que, como a teoria da relatividade afirma que o espaço e o tempo são relativos e na verdade uma única entidade (espaço-tempo), e se a teoria quântica estipula que os elementos que estão separados no espaço estão conectados e são projeções de uma realidade de dimensão mais elevada, então momentos separados no tempo também são projeções dessa realidade maior.

> Tanto na experiência habitual como na física, o tempo tem sido em geral considerado uma ordem primordial, independente e universalmente aplicável, talvez a mais fundamental que conhecemos. Agora, somos levados a propor que ele é secundário e que, assim como o espaço, deve resultar de uma base de dimensão superior, como uma ordem particular. Na verdade, podemos acrescentar que muitas dessas ordens de tempo inter-relacionadas particulares podem originar diferentes conjuntos de sequências de momentos, correspondendo a sistemas materiais que viajam a velocidades diferentes. No entanto, todas dependem de uma realidade multidimensional que não pode

ser totalmente compreendida em função de qualquer ordem, ou conjunto de ordens, de tempo.[23]

Se a consciência está operando no nível de frequência quântica, ela também residiria, naturalmente, fora do espaço e do tempo, o que significa que em teoria temos acesso a informações "passadas" e "futuras". Se os seres humanos são capazes de influenciar os eventos quânticos, isso implica que também somos capazes de interferir em eventos ou momentos que não pertencem ao presente.

Isso sugeriu a William Braud uma ideia fascinante. A intenção humana deslocada no tempo de algum modo atua sobre as probabilidades de uma ocorrência para produzir um resultado, e funciona melhor no que Braud gostava de chamar de "momentos iniciais" – os primeiros em uma cadeia de eventos. Assim, se aplicássemos esse princípio à saúde física ou mental, isso talvez significasse que poderíamos usar O Campo para conduzir influências "para trás" no tempo e alterar momentos fundamentais ou condições iniciais que mais tarde se tornam problemas ou doenças plenamente desenvolvidos.

Se o pensamento no cérebro é um processo quântico probabilístico, como sugerem Karl Pribram e seus colegas, a intenção futura talvez possa influenciar o disparo de um neurônio e não de outro, desencadear uma ou outra cadeia de eventos químicos e hormonais que podem ou não resultar em uma doença. Braud imaginou um momento inicial no qual uma célula assassina natural pode existir em um estado probabilístico com 50% de chance de matar e 50% de não dar atenção a certas células cancerosas. Essa simples decisão inicial poderá com o tempo fazer a diferença entre a saúde e a doença, ou até entre a vida e a morte. Pode haver inúmeras maneiras pelas quais poderíamos usar a intenção no futuro para modificar as probabilidades antes que elas se transformem em uma doença plenamente desenvolvida. Na verdade, até mesmo o diagnóstico pode influenciar o curso da doença, de modo que deve ser abordado com cautela.

Não é que não poderíamos eliminar a doença se ela tivesse se desenvolvido, mas alguns dos aspectos mais prejudiciais dela talvez ainda não tivessem se tornado reais e ainda poderiam ser susceptíveis de mudança. Pegaríamos a doença em um ponto no qual ela poderia ser impelida em muitas direções, da saúde até a morte. Braud refletiu se alguns casos de remissão espontânea não teriam sido causados por uma intenção futura agindo sobre uma doença antes do ponto em que já não há mais volta. Pode muito bem ser que cada momento de nossa vida influencie todos os outros, para a frente e para trás. Assim como nos filmes da franquia *Exterminador do futuro*, talvez possamos voltar no tempo para alterar nosso próprio futuro.[24]

TERCEIRA PARTE

Entrando em contato com o campo

"O século passado foi a era atômica, mas este poderá muito bem ser a era do ponto zero."

Hal Puthoff

CAPÍTULO 10

O campo que cura

Puthoff, Braud e os outros cientistas tinham sido deixados com algo imponderável: a utilidade suprema dos efeitos não locais que eles haviam observado. As pesquisas deles sugeriam uma série de elegantes ideias metafísicas a respeito do homem e de sua relação com o mundo, mas várias considerações de ordem prática haviam ficado sem resposta.

Até que ponto a intenção era poderosa enquanto força e exatamente quanto a coerência da consciência individual era "contagiante"? Poderíamos de fato utilizar o campo para controlar nossa saúde e até mesmo curar outras pessoas? Poderia ele curar doenças graves como o câncer? A coerência da consciência humana era responsável pela psiconeuroimunologia – o efeito de cura da mente sobre o corpo?

As pesquisas de Braud sugeriam que a intenção humana poderia ser usada como uma força de cura extraordinariamente poderosa. Parecia que poderíamos ordenar as flutuações aleatórias no campo de ponto zero e usar isso para estabelecer uma "ordem" maior em outra pessoa. Com esse tipo de capacidade, uma pessoa deveria ser capaz de agir como um canal de cura, possibilitando que o campo realinhasse a estrutura de outra pessoa. Fritz-Albert Popp acreditava que a consciência humana poderia agir como um lembrete para restabelecer a coerência de outra pessoa. Se os efeitos não locais podiam ser orientados para curar alguém, uma disciplina como a cura a distância deveria funcionar.

Um teste dessas ideias na vida real, com uma pesquisa cuidadosamente planejada para poder responder a algumas dessas perguntas, fazia-se claramente necessário. No início da década de 1990, surgiu a oportunidade com o candidato perfeito: uma cientista um tanto cética em relação à cura a distância e um grupo de pacientes já desenganados.

Elisabeth Targ, uma psiquiatra ortodoxa de trinta e poucos anos, era filha de Russell Targ, parceiro e sucessor de Hal Puthoff nas experiências de visão a distância do SRI. Elisabeth era uma híbrida curiosa, atraída pelas possibilidades sugeridas pelo trabalho de visão a distância do pai no SRI, mas também tolhida pelo rigor de sua prática científica. Na época, fora convidada para atuar como diretora do Complementary Research Institute do California Pacific Medical Center, em decorrência do trabalho de visão a distância que ela fizera com o pai. Uma de suas tarefas era estudar formalmente os tratamentos oferecidos pela clínica, que se baseavam em grande medida na medicina alternativa. Com frequência ela parecia estar oscilando entre os dois campos – querendo que a ciência abraçasse e estudasse o milagroso, e desejando que a medicina alternativa fosse mais científica.

Diferentes aspectos da vida dela começaram a convergir. Ela recebera um telefonema de uma amiga, Hella Hammid, que informou estar com câncer de mama. Hella entrara na vida de Elisabeth por intermédio de seu pai, que acidentalmente descobrira em Hella, uma fotógrafa, um de seus mais talentosos observadores a distância. Hella telefonara para perguntar se Elisabeth tinha alguma informação segura de que terapias alternativas como a cura a distância, que era parecida com a visão a distância, poderiam ajudar a curar o câncer de mama.

Na década de 1980, no auge da epidemia de AIDS, quando um diagnóstico de HIV era praticamente uma sentença de morte, Elisabeth escolhera um especialista em San Francisco, o epicentro da epidemia nos Estados Unidos. Na ocasião em que Hella telefonou, o assunto mais quente nos círculos médicos da Califórnia era a psiconeuroimunologia. Os pacientes haviam começado a comparecer em massa a palestras apresentadas por entusiastas do corpo-mente, como Louise Hay, ou a seminários sobre visualização e poder da imaginação. A própria Elisabeth andara se aventurando em algumas experiências com a medicina corpo-mente, sem dúvida por não ter muito mais a oferecer aos pacientes com AIDS em estágio avançado, embora fosse profundamente cética com relação à abordagem de Puthoff. Uma das primeiras experiências dela revelou que a terapia em grupo era tão eficiente quanto o Prozac para tratar a depressão nos pacientes com AIDS.[1] Ela também havia lido a respeito do trabalho de David Spiegel, da faculdade de medicina de Stanford, que demonstrava que a terapia em grupo aumentava consideravelmente a expectativa de vida das mulheres com câncer de mama.[2]

Em seu coração lógico e pragmático, Elisabeth desconfiava que o efeito era uma combinação de esperança e pensamento fantasioso, e talvez uma certa confiança gerada pelo apoio do grupo. Os pacientes podiam estar em melhores condições psicológicas, mas a contagem das suas células T com certeza não estava melhorando. Ainda assim, ela alimentava um resquício de dúvida, possivelmente oriundo dos anos que passara observando o trabalho do pai de visão a distância no SRI. O sucesso que ela alcançara era um forte argumento a favor da existência de algum tipo de conexão extrassensorial entre as pessoas e um campo que ligava todas as coisas. A própria Elisabeth muitas vezes se perguntava se alguém poderia usar a habilidade especial observada na visão a distância para outra coisa além de espionar os soviéticos ou prever o resultado de um páreo no hipódromo, como ela própria fizera certa vez.

Foi então que, em 1995, Elisabeth recebeu um telefonema de Fred Sicher. Ele era psicólogo, pesquisador e administrador hospitalar aposentado. Sicher fora encaminhado para Marilyn Schlitz, amiga de Elisabeth, ex-colaboradora de Braud e então diretora do Institute of Noetic Sciences, a organização com sede em Sausalito que Edgar Mitchell fundara muitos anos antes. Sicher tinha, finalmente, todo o tempo do mundo para investigar algo que sempre o fascinara. No período em que exercera a função de administrador hospitalar, sempre fora um pouco filantropo. Por sugestão de Schlitz, procurou Elisabeth e perguntou se ela estaria interessada em trabalhar com ele em uma pesquisa sobre a cura a distância.

Devido à sua formação especial, Elisabeth era uma escolha natural para chefiar a pesquisa.

Elisabeth não tinha muita experiência com rezas. Ela herdara do pai não apenas a aparência russa melancólica e o cabelo preto cheio e anelado com um leve tom grisalho, mas também a paixão pelo microscópio. O único Deus na casa da família Targ havia sido o método científico. Targ havia transmitido para a filha o sentimento de se emocionar com a ciência e sua capacidade de responder às grandes questões. Assim como o pai tinha escolhido descobrir como o mundo funciona, a filha tinha decidido desvendar o funcionamento da mente humana. Aos treze anos de idade, ela até mesmo deu um jeito de trabalhar no laboratório de pesquisas cerebrais de Karl Pribram na Universidade de Stanford, examinando as diferenças entre as atividades dos hemisférios esquerdo e direito do cérebro, antes de optar por um programa de curso ortodoxo de psiquiatria em Stanford.

Não obstante, Elisabeth ficara bastante impressionada com a Academia de Ciências da URSS durante uma visita que fizera com o pai à instituição, e com o fato de que as experiências de parapsicologia em laboratório podiam ser conduzidas de maneira tão aberta pelos pesquisadores. Na Rússia oficialmente ateísta, existiam apenas duas categorias de crença: algo era ou não verdadeiro. Nos Estados Unidos, havia uma terceira categoria: a religião, que colocava algumas coisas além do alcance da investigação científica. Tudo que os cientistas não conseguiam explicar, tudo que estava associado ou às preces ou à paranormalidade – o território do trabalho do pai dela – parecia se encaixar nessa terceira categoria. Depois que a coisa era inserida nesta, era oficialmente declarada proibida.

O pai de Elisabeth construíra a reputação dele desenvolvendo experiências impecáveis, e ele ensinara a filha a respeitar a importância da experimentação incontestável e bem controlada. Elisabeth cresceu acreditando que todo e qualquer tipo de efeito podia ser quantificado, desde que a experiência fosse definida para levar em conta as variáveis. Na verdade, tanto Puthoff quanto Targ haviam demonstrado que a experiência bem estruturada poderia até mesmo demonstrar o milagroso. O resultado era uma verdade indiscutível, independentemente do fato de violar todas as expectativas do pesquisador. Todas as experiências eficientes "funcionam": o problema é que podemos simplesmente não gostar das conclusões.

Enquanto Targ, o pai, mudava o modo dele de pensar e passava a abraçar certas ideias espirituais, Elisabeth continuou a ser fria e racionalista. Ainda assim, ao longo de sua prática ortodoxa na psiquiatria, ela nunca esqueceu as lições do pai: a sabedoria recebida era inimiga da ciência competente. Na condição de aluna, ela procurou textos psiquiátricos empoeirados do século XIX, antes do advento da moderna psicofarmacologia, quando os psiquiatras moravam nos sanatórios e redigiam os desvarios dos pacientes na tentativa de compreender melhor a doença deles. Targ acreditava que a verdade se encontrava em algum lugar dos dados brutos, separada do dogma da época.

Elisabeth aceitou colaborar com Sicher, embora intimamente duvidasse que a ideia dele fosse dar certo. Ela testaria a cura a distância da maneira mais pura possível. Elisabeth a experimentaria em seus pacientes com AIDS em estágio avançado, um grupo cujos membros estavam de tal modo desenganados que só lhes restava ter esperança e rezar. Elisabeth iria tentar descobrir se a prece e a intenção a distância poderiam curar os casos que não tinham nenhuma esperança.

Começou a esquadrinhar as evidências de cura. As pesquisas pareciam se encaixar em três categorias principais: tentativas de influenciar células ou enzimas isoladas; a cura de animais, plantas ou sistemas microscópicos vivos; e as pesquisas com seres humanos. Entre elas estava todo o trabalho de Braud e Schlitz, que mostrava que as pessoas poderiam exercer uma influência em todos os tipos de processos vitais. Havia também alguns indícios interessantes que mostravam os efeitos que os seres humanos podiam exercer sobre plantas e animais. Havia até alguns trabalhos que demonstraram que os pensamentos e sentimentos positivos ou negativos podiam, de alguma maneira, ser transmitidos para outras coisas vivas.

Na década de 1960, o biólogo Bernard Grad, da Universidade McGill em Montreal, um dos pioneiros da área, estava interessado em determinar se os agentes de cura psíquicos de fato transmitem energia para os pacientes. Em vez de usar humanos, Grad utilizou plantas que ele planejara fazer "adoecer" mergulhando as sementes em água salgada, o que retarda o crescimento. Entretanto, antes de encharcar as sementes, Grad pediu a um agente de cura que colocasse as mãos sobre um dos recipientes com água salgada que seria usado para um dos lotes de sementes. O outro recipiente, que não fora exposto ao agente de cura, conteria as sementes remanescentes. Depois que as sementes foram mergulhadas nos dois recipientes com água salgada, um número maior de sementes do lote que tinha sido exposto à água tratada pelo agente de cura germinou.

Grad levantou então a hipótese de que o inverso talvez também pudesse acontecer, ou seja, os sentimentos negativos talvez exercessem um efeito negativo no crescimento das plantas. Em uma pesquisa complementar, pediu a um pequeno grupo de pacientes psiquiátricos que segurassem recipientes contendo água comum que seriam novamente usados para fazer sementes germinar. Um dos pacientes, que sofria de depressão psicótica, estava visivelmente mais deprimido do que os outros. Mais tarde, quando Grad tentou estimular o desenvolvimento de sementes usando a água cujos recipientes foram segurados pelos pacientes, *a água que fora exposta ao homem deprimido refreou o crescimento.*[3] Essa talvez seja uma boa explicação de por que algumas pessoas têm uma boa mão para plantar enquanto outras não conseguem fazer com que nada vivo cresça.[4] Em experiências posteriores, Grad analisou quimicamente a água por meio da espectroscopia infravermelha e descobriu que a água tratada pelo agente de cura apresentava pequenas mudanças na sua estrutura molecular e uma menor ligação de hidrogênio entre as moléculas, semelhante ao que acontece quando a água é exposta a magnetos. Vários outros cientistas confirmaram as constatações de Grad.[5]

Grad passou então a trabalhar com camundongos que tinham recebido ferimentos na pele. Depois de levar em conta uma série de fatores, até mesmo o efeito de mãos aquecidas, ele descobriu que a pele dos camundongos usados nas experiências ficava curada muito mais rápido quando eles eram tratados por agentes de cura.[6] Grad também demonstrou que estes eram capazes de reduzir o crescimento de tumores cancerosos em animais de laboratório. Os que tinham tumores e não recebiam o tratamento de cura morriam mais depressa.[7] Outras pesquisas com animais mostraram que a amiloidose, os tumores e o bócio induzido no laboratório podiam ser curados nos animais de laboratório.[8]

Outras pesquisas haviam mostrado que as pessoas podiam influenciar a levedura, os fungos e até mesmo células cancerosas isoladas.[9] Em uma dessas experiências, uma bióloga chamada Carroll Nash, da Universidade St. Josephs, na Filadélfia, descobriu que as pessoas tinham a capacidade de influenciar a taxa de crescimento de bactérias apenas determinando mentalmente que isso acontecesse.[10]

Uma engenhosa experimentação de Gerald Solfvin demonstrou que a nossa capacidade de "torcer pelo melhor" podia de fato ajudar na cura de outros seres humanos. Solfvin estipulou uma série de condições complexas para o seu teste. Inoculou a malária em um grupo de camundongos, que é uma doença que atua invariavelmente rápido e é fatal para os roedores.

O teste envolvia três manipuladores, que foram informados de que apenas metade dos camundongos havia sido infectada, e que um agente de cura psíquico iria tentar curar metade dos camundongos, embora os manipuladores não soubessem quais camundongos seriam alvo da sessão de cura. Nenhuma das duas declarações era verdadeira.

Tudo que os manipuladores poderiam fazer era torcer para que os camundongos que estavam aos seus cuidados se recuperassem, e que a intervenção do agente de cura psíquico funcionasse. Entretanto, um dos manipuladores estava visivelmente mais otimista do que seus colegas. No final, os camundongos que estavam aos cuidados dele ficaram menos doentes do que os que tinham recebido a atenção dos outros dois manipuladores.[11]

A pesquisa de Solfvin foi pequena demais para ser definitiva, mas reforçou um experimento anterior realizado por Rex Stanford em 1974. Este havia demonstrado que as pessoas podiam influenciar eventos apenas "torcendo" para que tudo desse certo, mesmo quando não compreendiam exatamente para o que deveriam estar torcendo.[12]

Elisabeth ficou surpresa ao descobrir que uma grande quantidade de pesquisas – pelo menos 150 experimentações – haviam sido feitas em humanos. Eram casos em que um intermediário usava vários métodos para tentar enviar mensagens de cura, por meio de toques, preces ou algum tipo de intenção secular. No caso do toque terapêutico, o paciente deve relaxar e tentar dirigir a atenção para dentro de si mesmo, enquanto o agente de cura coloca as mãos sobre o paciente com a intenção de fazê-lo ficar curado.

Uma pesquisa típica envolveu 96 pacientes com pressão alta e uma série de agentes de cura. Nem o médico ou os pacientes sabiam quem estava recebendo os tratamentos de cura mental. Uma análise estatística realizada posteriormente revelou que a pressão sanguínea sistólica (ou seja, a pressão do fluxo do sangue enquanto está sendo bombeado a partir do coração) do grupo que estava sendo tratado por um agente apresentara uma melhora significativa em comparação com a do grupo de controle. Os agentes de cura haviam empregado um sistema bem definido, que envolvia relaxar, em seguida entrar em contato com um poder superior ou um ser infinito, empregando a visualização ou afirmação dos pacientes em um estado de perfeita saúde, e por fim agradecer ao manancial, fosse ele Deus ou algum outro poder espiritual. Enquanto grupo, os agentes de cura demonstraram um sucesso global, mas alguns em particular foram mais bem-sucedidos do que outros. Quatro dos agentes de cura alcançaram uma melhora de 92,3% em seus grupos de pacientes.[13]

Talvez a pesquisa mais impressionante com seres humanos tenha sido conduzida pelo médico Randolph Byrd em 1988. Ele tentou determinar em uma experimentação aleatória e duplamente cega se a prece a distância exerceria algum efeito em pacientes de uma unidade coronariana do hospital em que trabalhava. Ao longo de dez meses, quase quatrocentos pacientes foram divididos em dois grupos, e apenas metade deles (sem que soubessem) recebeu preces de cristãos fora do hospital. Todos os pacientes haviam sido avaliados, e não havia nenhuma diferença estatística no estado deles antes do tratamento. Depois do tratamento, os que haviam sido alvo de orações apresentaram sintomas significativamente menos graves, requerendo menos ajuda de um respirador, assim como uma quantidade menor de antibióticos e diuréticos do que os pacientes que não tinham recebido preces.[14]

Embora um grande número de pesquisas tenha sido realizado, o problema de muitas delas, no que dizia respeito à Elisabeth, era o potencial para um protocolo descuidado. Os pesquisadores não tinham construído experimentações com rigidez suficiente para demonstrar que o resultado positivo tinha sido de fato causado pelas sessões de cura. Qualquer número de influências, em vez de um mecanismo de cura efetivo, poderia ter sido responsável pelo resultado.

Na pesquisa sobre a cura da hipertensão, por exemplo, os autores não registraram se os pacientes estavam tomando alguma medicação para controlar a pressão e tampouco realizaram algum tipo de acompanhamento quando isso era constatado. Por melhores que tivessem sido os resultados, não era possível dizer realmente se eles tinham sido causados pelas sessões de cura ou pelos medicamentos.

Embora a pesquisa de Byrd sobre as preces tenha sido bem elaborada, uma omissão óbvia foi a ausência de dados relacionados com o estado psicológico dos pacientes no início das experiências. Como é sabido que fatores psicológicos podem influenciar na recuperação depois de várias doenças, em particular no caso da cirurgia cardíaca, pode ter acontecido de um número desproporcional de pacientes com uma mentalidade positiva ter ido parar no grupo que foi submetido às sessões de cura.

Para demonstrar que eram as sessões de cura que efetivamente faziam os pacientes melhorarem, era vital filtrar quaisquer efeitos que pudessem ter sido produzidos por outras causas. Até mesmo a expectativa humana poderia distorcer os resultados. Era preciso controlar os efeitos da esperança ou de fatores como o relaxamento no resultado das experimentações. Afagar os animais ou manusear o conteúdo de placas de Petri poderia influir nos resultados, assim como o ato de procurar um agente de cura ou mesmo um par de mãos aquecidas.

Em qualquer experimentação científica, quando estamos testando a eficácia de alguma forma de intervenção, precisamos tomar medidas para garantir que a única diferença entre o grupo de tratamento e o grupo de controle seja que um recebe o tratamento e o outro não. Isso significa igualar o máximo possível os dois grupos sob o aspecto da saúde, da idade, da condição socioeconômica e de quaisquer outros fatores relevantes. Se os pacientes estiverem doentes, é preciso garantir que um dos grupos não está mais doente do que o outro. Entretanto, nas pesquisas que Elisabeth leu, poucas tentativas tinham sido feitas para garantir que as populações fossem semelhantes.

Também é necessário garantir que a participação em uma pesquisa e toda a atenção associada a ela não seja em si uma causa de melhora, para que possamos ter os mesmos resultados entre aqueles que foram tratados e os que não foram.

Em uma pesquisa de cura a distância com seis semanas de duração em pacientes que sofriam de depressão, o teste não obteve êxito: todos os pacientes melhoraram, inclusive os do grupo de controle que não tinham sido submetidos a intenções de cura. No entanto, todos os pacientes, tanto os que foram alvo das intenções de cura quanto os que não foram, podem ter recebido um incentivo psicológico na sessão, que talvez tenha sobrepujado qualquer efeito de cura efetivo.[15]

Todas essas considerações representavam um tremendo desafio para Elisabeth preparar um experimento. A pesquisa teria que ser elaborada com extrema rigidez para que nenhuma dessas variáveis afetasse os resultados. Até mesmo o fato de um agente de cura estar presente algumas vezes e outras não talvez pudesse influenciar o resultado. Embora a imposição das mãos talvez ajudasse no processo de cura, fazer um controle adequado do ponto de vista científico significava que os pacientes não saberiam se estavam sendo tocados ou recebendo um tratamento de cura.

Targ e Sicher passaram meses idealizando a experimentação. Obviamente, ela teria que ser duplamente cega, para que nem os pacientes nem os médicos pudessem saber quem estava sendo submetido ao tratamento de cura. A população de pacientes teria que ser homogênea, de modo que escolheram pacientes de Elisabeth, portadores de AIDS em estágio avançado com o mesmo grau da doença, ou seja, a mesma contagem de células T, o mesmo número de enfermidades que definem a AIDS. Era importante eliminar qualquer elemento do mecanismo de cura que pudesse confundir os resultados, como conhecer o agente de cura ou ser tocado. Eles chegaram à conclusão de que isso significava que todo o tratamento de cura deveria ser realizado a distância. Como estavam testando a cura propriamente dita, e não o poder de uma forma particular dela, como a oração cristã, por exemplo, os agentes de cura deveriam ter formações distintas e entre eles cobrir todo o conjunto de abordagens. Eles eliminariam qualquer pessoa que parecesse excessivamente egoísta, que só quisesse participar da pesquisa por pensar que iria receber dinheiro ou que desse a impressão de ser fraudulenta. As pessoas também teriam que ser dedicadas, já que não receberiam nenhuma remuneração e nenhuma glória particular. Cada paciente deveria ser tratado pelo menos por dez agentes de cura diferentes.

Após procurar durante quatro meses, Fred e Elisabeth afinal tinham os agentes de cura, um grupo de quarenta agentes de cura religiosos e espirituais de todos os Estados Unidos, muitos deles bastante respeitados em seus respectivos campos. Só uma pequena minoria se descreveu como sendo convencionalmente religiosa, dizendo que realizavam seus trabalhos rezando para Deus ou usando um rosário: vários agentes de cura cristãos, um punhado de evangélicos, um judeu cabalista e alguns budistas. Vários outros tinham sido treinados em escolas de cura não religiosas, como a Barbara Brennan School of Healing Light, ou então trabalhavam com campos de energia complexos, tentando modificar as cores ou as vibrações da aura dos pacientes. Alguns empregavam a cura contemplativa ou visualizações; outros trabalhavam com o som e pretendiam cantar ou tocar sinos em benefício dos pacientes, com o objetivo, afirmavam, de harmonizar os *chakras*, ou centros de energia, dos doentes. Alguns trabalhavam com cristais. Um dos agentes de cura, que recebera um treinamento de xamã da etnia Lakota Sioux, pretendia usar a cerimônia indígena do cachimbo. O tambor e o canto o fariam entrar em um transe, durante o qual ele entraria em contato com os espíritos em benefício do paciente. Também recrutaram um mestre chinês de Qigong, que declarou que enviaria a energia harmonizadora do *qi* para os pacientes. O único critério utilizado, sustentaram Targ e Sicher, foi que os agentes de cura acreditassem que o método que empregariam iria funcionar.

Eles tinham outro elemento em comum: o sucesso no tratamento de casos sem esperança. Em conjunto, os agentes de cura tinham uma média de dezessete anos de experiência na arte da cura, e a média individual de curas a distância informadas era de 117.

Targ e Sicher dividiram em dois o grupo de vinte pacientes. Ambos receberiam o tratamento ortodoxo habitual, mas apenas um dos grupos receberia também a cura a distância. Nem os médicos nem os pacientes saberiam quem iria receber o tratamento e quem não iria.

Todas as informações a respeito de cada paciente ficariam guardadas em envelopes lacrados e manipulados individualmente em cada passo da pesquisa. Um dos pesquisadores reuniria o nome, uma fotografia e os detalhes clínicos de cada paciente em uma pasta numerada. As pastas então seriam entregues a outro pesquisador que alteraria aleatoriamente a numeração delas. Depois, um terceiro pesquisador dividiria as pastas em dois grupos e, por fim, elas seriam colocadas em arquivos. Cópias em cinco pacotes lacrados seriam enviadas para cada agente de cura, com informações a respeito dos cinco pacientes e uma data de início especificando os dias em que o tratamento deveria ser iniciado em cada pessoa. Os únicos participantes da pesquisa que iriam saber quem estaria recebendo o tratamento eram os próprios agentes de cura. Estes não teriam nenhum contato com os pacientes; na verdade, jamais viriam a conhecê-los. Tudo que iriam receber para o trabalho era uma foto, um nome e uma contagem de células T.

Era solicitado a cada agente de cura que sustentasse a intenção de melhorar a saúde e o bem-estar do paciente durante uma hora por dia, seis dias por semana, ao longo de dez semanas, com semanas alternadas para descanso. Tratava-se de um protocolo sem precedentes, no qual cada paciente do grupo de tratamento seria tratado, um após o outro, por cada agente de cura. Para eliminar quaisquer predisposições individuais, os agentes de cura faziam uma rotação semanal, de maneira que lhes era atribuído um novo paciente a cada semana. Isso possibilitaria que todos os agentes de cura fossem distribuídos por toda a população de pacientes, para que a cura propriamente dita fosse estudada, e não uma variedade particular dela. Os agentes de cura deveriam manter um registro de suas sessões de cura com informações a respeito dos métodos de cura empregados e as impressões sobre a saúde dos pacientes. No final da pesquisa, cada um dos pacientes teria sido tratado por dez agentes de cura, e cada um destes teria tratado cinco pacientes.

Elisabeth estava com o espírito aberto para a pesquisa, mas sua parte conservadora insistia em vir à tona. Por mais que tentasse, sua bagagem teórica e suas predileções teimavam em aflorar. Ela permaneceu relativamente convencida de que o cachimbo do indígena norte-americano e o canto do *chakra* nada tinham a ver com a cura de um grupo de homens que sofriam de uma doença tão grave e avançada que a morte deles era quase certa.

Mas então ela começou a ver os pacientes em estágio terminal melhorarem. Durante os seis meses do período da experimentação, 40% das pessoas do grupo de controle morreram. Em contrapartida, os dez pacientes do grupo que estava recebendo o tratamento de cura estavam vivos e também tinham ficado mais saudáveis, sendo essas informações baseadas nos próprios relatos deles e em avaliações médicas.

No final da pesquisa, os pacientes foram examinados por uma equipe de cientistas, e o estado deles gerou uma conclusão inevitável: o tratamento estava funcionando.

Targ quase não conseguia acreditar nos resultados. Ela e Sicher precisavam garantir que o tratamento a distância fora responsável por eles, de modo que conferiram e reconferiram o protocolo. Houvera algo diferente no grupo de controle? A medicação tinha sido distinta, o médico ou a alimentação haviam sido diferentes? As contagens das células T tinham apresentado os mesmos resultados e eles não eram HIV positivos havia mais tempo. Depois de reexaminar os dados, Elisabeth descobriu uma diferença que haviam deixado de verificar: os pacientes do grupo de controle eram ligeiramente mais velhos, com uma idade média de 45 anos, enquanto no grupo que recebera o tratamento a média era de 35. Isso não representava uma diferença enorme – apenas uma diferença de idade de dez anos –, mas poderia ter sido um fator pelo qual um número maior deles morrera. Elisabeth acompanhou os pacientes depois da pesquisa e constatou que os que haviam recebido o tratamento de cura estavam sobrevivendo melhor, independentemente da idade. Não obstante, Elisabeth e Sicher sabiam que estavam lidando com um campo controverso e um efeito que é, à primeira vista, extremamente improvável, de modo que a ciência determina que é preciso partir do princípio de que o efeito não é real a não ser que tenhamos absoluta certeza. O princípio da navalha de Occam. Escolha a hipótese mais simples quando se vir diante de várias possibilidades.

Elisabeth e Sicher decidiram repetir a experiência, mas resolveram torná-la maior e controlar a idade e outros fatores que tinham anteriormente negligenciado. Os quarenta pacientes escolhidos para participar estavam perfeitamente compatibilizados em relação à idade, ao estágio da doença e a muitas outras variáveis, até mesmo no que dizia respeito aos hábitos pessoais. O número de cigarros que fumavam, o quanto se exercitavam, as convicções religiosas, até mesmo o uso ocasional de drogas era equivalente. Do ponto de vista científico, eles tinham nas mãos um grupo de homens que estavam o mais próximo possível de uma perfeita compatibilização.

Nessa ocasião, os inibidores de protease, a grande esperança do tratamento da AIDS, já tinham sido descobertos. Todos os pacientes receberam instruções para tomar a tripla terapia padrão para AIDS (inibidores de protease mais dois antirretrovirais como o AZT) e para continuar o tratamento médico em todos os outros aspectos.

Como a tripla terapia parecia estar fazendo uma profunda diferença nas taxas de mortalidade dos pacientes com AIDS, Elisabeth pressupôs que, dessa vez, ninguém em nenhum dos grupos iria morrer, o que significava que ela precisava modificar o resultado que tinha em mente. Na nova pesquisa, ela estava tentando descobrir se a cura a distância poderia tornar mais lento o avanço da AIDS. Será que o tratamento poderia resultar em menos doenças que definem a AIDS, melhores níveis de células T, menos intervenções médicas e um maior bem-estar psicológico?

A cautela de Elisabeth por fim foi recompensada. Seis meses depois, o grupo que recebeu o tratamento estava mais saudável em todos os parâmetros: um número significativamente menor de visitas médicas, menos hospitalizações, menos dias no hospital, um número menor de doenças que definem a AIDS e uma gravidade da doença acentuadamente menor. Apenas dois pacientes do grupo que recebera o tratamento haviam desenvolvido novas doenças que definem a AIDS, enquanto doze do grupo de controle as haviam contraído. E apenas três pacientes do grupo que recebera o tratamento haviam sido hospitalizados, em comparação com doze do grupo de controle. De acordo com testes psicológicos, o grupo que recebeu o tratamento também registrou uma melhora substancial no estado de espírito. Em seis dos onze indicadores médicos utilizados na avaliação dos resultados, o grupo que recebeu o tratamento de cura a distância apresentou resultados bastante melhores.

Até mesmo o poder do pensamento positivo entre os pacientes foi supervisionado. Na metade da pesquisa, foi perguntado a todos os participantes se eles acreditavam estar recebendo o tratamento. Tanto no grupo que estava recebendo quanto no grupo de controle, metade achou que estava e metade achou que não. Essa divisão aleatória de opiniões positivas e negativas a respeito da cura significou que qualquer envolvimento de uma atitude mental positiva não teria afetado os resultados. Quando analisadas, as convicções dos pacientes em relação a estar ou não recebendo o tratamento de cura a distância não se correlacionaram com nada. Só no final da pesquisa os pacientes tiveram a tendência de adivinhar corretamente que estavam no grupo de tratamento.

Apenas para ter certeza, Elisabeth realizou cinquenta testes estatísticos para eliminar a possibilidade de que quaisquer outras variáveis nos pacientes pudessem ter contribuído para os resultados. Dessa vez, só havia o acaso. Os resultados eram incontestáveis. Independentemente do tipo de método de cura que usaram ou da concepção deles a respeito de um ser superior, os agentes de cura estavam contribuindo de maneira acentuada para o bem-estar físico e psicológico dos pacientes.[16]

Os resultados de Targ e Sicher foram confirmados um ano depois, quando uma pesquisa de doze meses, intitulada MAHI (Mid-America Heart Institute), sobre o efeito de uma prece de intercessão para pacientes cardíacos hospitalizados demonstrou que eles tinham menos eventos adversos e ficavam menos tempo internados quando eram alvo de preces. Nessa pesquisa, no entanto, os "intercessores" não eram pessoas que tinham o dom de curar; para se qualificar para o papel, eles simplesmente precisavam acreditar em Deus e no fato de que Ele atende quando rezamos pedindo que cure uma pessoa que está doente. Nesse caso, todos os participantes estavam usando alguma forma de prece convencional, e quase todos eram cristãos protestantes, católicos romanos ou cristãos que não pertenciam a uma denominação específica. Foi atribuído a cada um deles um paciente pelo qual deveriam rezar.

Passado um mês, os sintomas no grupo das preces tinham sido reduzidos em mais de 10% em comparação com os que estavam recebendo o tratamento padrão, de acordo com um sistema especial de verificação que foi desenvolvido por três experientes cardiologistas do Mid-America Heart Institute e avalia o progresso do paciente de excelente a catastrófico. Embora a cura por meio das preces não tivesse encurtado o tempo de permanência no hospital, os pacientes que eram alvo das orações estavam definitivamente em melhores condições sob todos os outros aspectos.[17]

Muitas outras pesquisas estão hoje em andamento em várias universidades. A própria Elisabeth Targ iniciou uma experimentação (que na ocasião em que escrevo estas linhas, em 2001, ainda está em andamento) comparando os efeitos dos agentes de cura a distância com enfermeiros, um grupo de profissionais da área da saúde cuja atenção e dedicação para com os pacientes talvez possa atuar como mecanismo de cura.[18]

A pesquisa MAHI apresentou vários aperfeiçoamentos importantes em relação à de Byrd. Enquanto toda a equipe médica da pesquisa de Byrd tinha consciência de que uma experiência estava ocorrendo, a equipe médica da pesquisa MAHI não tinha a menor ideia de que isso estava acontecendo.

Os pacientes da MAHI também não sabiam que estavam participando de um estudo, de modo que não seria possível a ocorrência de efeitos psicológicos. Na pesquisa de Byrd, quase um oitavo dos 450 pacientes recusou-se a se envolver no estudo, o que significou que apenas aqueles que eram receptivos à ideia, ou pelo menos que não faziam objeção à ideia de ser alvo de preces, concordaram com a inclusão deles na experiência. E, na pesquisa de Byrd, os que estavam fazendo as preces haviam recebido uma grande quantidade de dados relacionados com os pacientes, enquanto na MAHI os cristãos não tinham praticamente nenhuma informação a respeito das pessoas para quem estavam rezando. Eles receberam instruções para rezar durante 28 dias, e ponto final. Não receberam nenhum *feedback* a respeito da eficácia de suas preces.

Nem a pesquisa de Targ nem a MAHI demonstraram que Deus atende a preces ou mesmo que exista. Os pesquisadores envolvidos na experiência MAHI salientaram o seguinte: "Tudo o que observamos é que, quando pessoas fora do hospital pronunciam (ou pensam), com uma atitude de prece, o primeiro nome de pacientes hospitalizados, estes parecem ter uma experiência 'melhor' na unidade coronariana".[19]

Na verdade, na pesquisa de Elisabeth, não pareceu fazer diferença o método utilizado, desde que o agente de cura sustentasse a intenção de que o paciente fosse curado. Invocar a Mulher-Aranha ou a figura de uma avó com o dom de curar comum na cultura dos indígenas norte-americanos alcançava tanto êxito quanto invocar Jesus. Elisabeth começou a analisar quais eram os agentes de cura mais bem-sucedidos. Eles tinham usado técnicas muito diferentes. Uma agente de cura estabelecida em Pittsburgh e que praticava o "alinhamento do fluxo" sentiu, depois de tentar trabalhar com vários pacientes, que havia um campo de energia comum em todos eles, que ela veio a considerar uma "característica da energia da AIDS". Ela então se esforçou para entrar em contato com o sistema imunológico saudável desses pacientes e desprezou a "energia má". Outra agente trabalhava com a cirurgia psíquica, removendo espiritualmente o vírus do corpo dos pacientes. Outra, uma cristã de Santa Fé que realizava a sessão de cura diante de seu próprio altar com imagens da Virgem Maria e de outros santos, além de muitas velas acesas, afirmou ter evocado médicos do espírito, anjos e guias. Outros, como o agente de cura cabalístico, simplesmente se concentravam em padrões de energia.[20]

Mas tudo que eles pareciam ter em comum era a capacidade de sair do caminho. Elisabeth teve a impressão de que quase todos afirmaram ter projetado suas intenções e depois dado um passo atrás e se entregado a outro tipo de poder de cura, como se estivessem abrindo uma porta e permitindo a entrada de algo maior. Muitos dos que haviam sido mais eficazes tinham pedido ajuda – do mundo espiritual, da consciência coletiva ou mesmo de uma figura religiosa como Jesus. Não era uma cura egoísta da parte deles, era mais como um pedido: "Por favor, faça com que essa pessoa fique curada". Grande parte da imagística deles tinha a ver com relaxar, liberar ou permitir a entrada do espírito, da luz ou do amor. O ser efetivo, fosse ele Jesus ou a Mulher--Aranha, parecia irrelevante.

O sucesso da pesquisa MAHI sugeriu que a cura por meio da intenção está disponível para as pessoas comuns, embora os agentes de cura possam ser mais experientes ou ter um maior talento natural para entrar em contato com o campo. No Copper Wall Project em Topeka, Kansas, um pesquisador chamado Elmer Green demonstrou que os agentes de cura experientes apresentam padrões de campo elétrico anormalmente elevados durante as sessões de cura. Em seu teste, Green encerrou os participantes em salas eletricamente isoladas construídas de cobre, o que bloquearia a eletricidade oriunda de quaisquer outras fontes. Embora os participantes comuns apresentassem as leituras elétricas esperadas em relação à respiração ou à pulsação, os agentes de cura estavam gerando sobretensões mais elevadas do que 60 volts durante as sessões de cura, medidas por eletrômetros colocados nos próprios agentes de cura e nas quatro paredes. Gravações dos agentes de cura feitas em vídeo mostraram que essas sobretensões de voltagem não tinham nada a ver com o movimento físico.[21] Pesquisas sobre a natureza da energia de cura dos mestres chineses do Qigong forneceram indícios da presença da emissão de fótons e de campos eletromagnéticos durante as sessões de cura.[22] Essas repentinas sobretensões de energia podem ser a evidência física da maior coerência de um agente de cura – a capacidade de organizar sua energia quântica e transferi-la para o receptor menos organizado.

A pesquisa de Elisabeth e o trabalho de William Braud deram origem a uma série de implicações profundas sobre a natureza das doenças e da cura. Sugeriram que a intenção, por si só, cura, mas que a cura também é um poder coletivo. A maneira pela qual os agentes de cura de Targ trabalharam indicaria que talvez exista uma memória coletiva do espírito de cura, que poderia ser reunida como uma energia medicinal. Nesse modelo, a doença pode ser curada por meio de um tipo de memória coletiva. As informações no campo ajudam a manter saudáveis os que estão vivos. Pode até ser que a saúde e a doença das pessoas sejam, de certo modo, coletivas. Certas epidemias talvez atinjam as sociedades como uma manifestação física de um tipo de histeria energética.

Se a intenção cria a saúde – ou seja, uma ordem aprimorada – em outra pessoa, isso sugeriria que a doença é um distúrbio das flutuações quânticas do indivíduo. A cura, como aventa o trabalho de Popp, pode ser uma questão de reprogramar as flutuações quânticas individuais para que o sistema recupere a estabilidade. Qualquer um entre vários processos biológicos exige uma respeitável sucessão de processos, que seriam sensíveis aos minúsculos efeitos observados na pesquisa da PEAR.[23]

É possível também que a doença seja um isolamento: uma falta de ligação com a saúde coletiva do campo e da comunidade. Na pesquisa de Elisabeth, Deb Schnitta, a agente de cura de Pittsburgh que praticava o alinhamento do fluxo, descobriu que o vírus da AIDS parecia se alimentar do medo – o tipo de medo que pode ser sentido por qualquer pessoa marginalizada pela comunidade, como foi o caso de muitos homossexuais no início da epidemia de AIDS. Várias pesquisas com pacientes cardíacos demonstraram que o isolamento – de si mesmo, da comunidade e da espiritualidade – e não os problemas físicos, como o colesterol elevado, está entre os fatores que mais contribuem para a doença.[24] Em pesquisas sobre a longevidade, as pessoas que vivem mais tempo com frequência são aquelas que não apenas acreditam em um ser espiritual superior, mas também as que têm o mais forte sentimento de pertencer a uma comunidade.[25]

Isso pode significar que a intenção do agente de cura era tão importante quanto o seu tratamento. O médico agitado que gostaria que o paciente cancelasse a consulta para poder ir almoçar, o médico recém-

-formado que passou três noites sem dormir e o médico que não gosta de determinado paciente podem exercer um efeito prejudicial. Também pode significar que o tratamento mais importante que um médico pode ministrar é desejar intensamente a saúde e o bem-estar do paciente.

Elisabeth começou a examinar o que estava presente em sua consciência imediatamente antes do momento em que entrava para ver os pacientes, para ter certeza de que estava enviando intenções positivas. Também começou a estudar a arte da cura. Se o processo podia funcionar com cristãos que não conheciam os pacientes para quem estavam rezando, pensou, também poderia funcionar para ela.

A maneira de agir dos agentes de cura sugeria a ideia mais estranha de todas: a de que a consciência individual não morre. Na verdade, uma das primeiras pesquisas de laboratório sobre um grupo de médiuns, realizada pela Universidade do Arizona, parece corroborar a ideia de que a consciência pode continuar a viver depois que morremos. Em pesquisas cuidadosamente supervisionadas para eliminar a fraude e a trapaça, os médiuns eram capazes de produzir mais de oitenta informações a respeito de parentes falecidos, desde o nome e excentricidades pessoais à natureza efetiva e detalhada da morte deles. No geral, os médiuns alcançaram um índice de precisão de 83%, com um deles chegando a acertar 93% das vezes. O grupo de controle, com pessoas sem qualquer poder mediúnico, só acertou, em média, 36% das vezes. Em um dos casos, um médium foi capaz de repetir a prece que uma mãe já falecida costumava recitar para uma das pessoas do grupo quando esta era criança. O professor Gary Schwarz, chefe da equipe, disse o seguinte: "A explicação mais parcimoniosa possível é que os médiuns estão mantendo uma comunicação direta com os falecidos".[26]

Fritz-Albert Popp descreveu a situação da seguinte maneira: quando morremos, experimentamos uma "dissociação" da nossa frequência em relação à matéria das nossas células. A morte pode ser meramente uma questão de voltar para casa ou, para ser mais preciso, de ficar para trás – retornando para o campo.

CAPÍTULO 11

Telegrama de Gaia

Tinha que ser o momento mais emocionante do qual Dean Radin conseguisse se lembrar, e nada, concluiu ele, era mais emocionante do que o final do julgamento de O.J. Simpson, que havia superado o julgamento do macaco de Scopes* como o julgamento do século. A partir do momento em que o Ford Bronco branco disparou nervoso pela autoestrada de Los Angeles, dezenas de milhões de norte-americanos por minuto viram o espetáculo se desenrolar na rede de televisão Court TV. E agora, quase um ano depois do início do julgamento, meio bilhão de telespectadores no mundo inteiro tinham ligado os seus aparelhos de televisão, prontos para assistir à transmissão ao vivo do destino do motorista do Bronco, que aguardava a decisão do júri acerca do fato de ele ter ou não assassinado brutalmente a esposa e o amante dela.

Um número imenso de norte-americanos permaneceu colado à televisão durante os nove meses e meio de julgamento, com 133 dias de depoimentos, 126 testemunhas, 857 provas apresentadas, questões de racismo, exames de DNA, luvas ensanguentadas, gafes

---

* Em 1925, o estado do Tennessee acabara de aprovar uma lei proibindo "o ensino de qualquer teoria que negasse a história da criação divina que está na Bíblia e sugerisse que o homem descenda de uma classe inferior de animais". O professor John Scopes, que na época tinha 24 anos, não concordava. Depois de passar um tempo em casa doente, lendo livros evolucionistas, voltou para a escola e decidiu transmitir a seus alunos os princípios darwinistas. Acabou sendo considerado culpado e condenado a pagar uma multa de 100 dólares (o que hoje, ajustando o valor pela inflação, equivale a cerca de 1.200 dólares). O caso, que ficou conhecido nos Estados Unidos como "O julgamento do macaco", mexeu com a opinião pública e literalmente transformou a cidade de Dayton em um circo. Em determinado momento, segundo relatos da época, macacos foram levados para a porta do tribunal. Também foi o primeiro julgamento a ser transmitido ao vivo, por rádio, para todo o país. [N. de T.]

impressionantes da polícia e dos especialistas forenses, o incidente em que o juiz Lance Ito expulsou duas vezes as câmeras de televisão e repreendeu severamente as duas equipes de advogados que discutiam aos gritos. Estima-se que o processo tenha custado 40 bilhões de dólares em perda de produtividade ao PIB dos Estados Unidos. E agora, um ano e quatro dias depois da seleção inicial do júri, esse drama da vida real que contribuiu para essa audiência compulsiva e que interferiu de tal maneira na audiência das novelas do horário diurno que poderia obter o seu próprio espaço nobre nos anúncios de televisão, estava para chegar ao fim.

Até mesmo os momentos finais tiveram um inesperado momento dramático de suspense. Quando os membros do júri chegaram a um veredicto e estavam reunidos na sala do tribunal, Armanda Cooley, a primeira jurada, percebeu que havia deixado o envelope lacrado, com o formulário que continha o veredicto, na sala dos jurados. No entanto, mesmo que ela tivesse o envelope nas mãos, dois advogados da defesa, entre eles Johnny Cochran, o chefe da "equipe dos sonhos"* de advogados de Simpson, não estavam presentes. O juiz Ito anunciou um recesso. O veredicto seria lido no dia seguinte às dez horas da manhã. O mundo teria que esperar mais um dia.

No dia 3 de outubro de 1995, uma audiência maior do que a de três das cinco finais anteriores do campeonato de futebol americano da NFL ou da que assistiu ao episódio "Afinal, quem matou J.R.?" de *Dallas* ligou o aparelho de televisão. O juiz Ito pediu que o veredicto fosse entregue à escrivã do tribunal, Deirdre Robertson. Ela e O.J. Simpson se levantaram. O mundo esperou ansioso.

"Causa do Povo do Estado da Califórnia contra Orenthal James Simpson, processo número BA 097211. Nós, membros do júri, na ação supramencionada, consideramos o acusado, Orenthal James Simpson, inocente", leu em voz alta a sra. Robertson.

O.J. Simpson, que permaneceu impassível durante a maior parte do julgamento, exibiu um sorriso triunfante. Ele foi inocentado das

* "Dream team" no original. Referência à seleção de basquete norte-americana formada pelos craques da NBA. [N. de T.]

duas alegações. Essa foi a última guinada da história. A audiência da televisão ficou aturdida com a decisão do júri, e o mesmo aconteceu com cinco outros observadores silenciosos, todos computadores REG: um no laboratório da PEAR, outro na Universidade de Amsterdã e os outros três na Universidade de Nevada. Eles tinham sido ajustados para funcionar continuamente desde três horas antes, assim como durante e depois da leitura do veredicto.

Radin depois examinou os resultados. Três picos significativos em termos estatísticos tinham ocorrido nos cinco computadores exatamente em três momentos específicos: um pequeno pico às nove horas da manhã, hora do Pacífico, um pico mais acentuado uma hora mais tarde, e então um pico enorme sete minutos depois. Esses três pontos correspondiam aos três mais importantes momentos finais do julgamento: o instante em que a transmissão começou, com o comentário inicial da televisão – ocasião em que a maioria das pessoas deve ter ligado a TV –, em seguida o início da exibição de imagens do tribunal e, por fim, o momento exato em que o veredicto foi anunciado. À semelhança do que as pessoas fizeram no mundo inteiro, esses computadores prestaram atenção para descobrir se O.J. era inocente ou culpado.[1]

A possibilidade de que uma consciência coletiva talvez existisse vinha tomando forma na cabeça de Dean Radin havia muitos anos, talvez até por influência da mãe dele, que sempre se interessara por ioga. Sem dúvida esse era um conceito familiar nas culturas orientais e da antiguidade. No entanto, outras pessoas, como o psicólogo William James, aventaram a hipótese de que o cérebro simplesmente reflete essa inteligência coletiva, como uma estação de rádio que capta sinais e os transmite. Enquanto Radin e seus colegas observavam a aparente capacidade da mente humana de expandir suas fronteiras, surgiram perguntas naturais a respeito de se os efeitos seriam maiores se muitas pessoas atuassem em uníssono e se de fato uma mente global coletiva operaria como uma unidade. Se uma coerência podia se desenvolver entre as pessoas e o ambiente, haveria a possibilidade de existir uma coerência em grupo?

O que era diferente a respeito das ideias de Radin é que ele estava tentando descobrir como poderia testar tudo isso de modo científico. Roger Nelson foi o primeiro a ter a ideia de verificar se uma máquina REG seria capaz de captar indícios de uma consciência coletiva. A ideia surgiu de uma experiência que ele teve certo dia enquanto analisava alguns dados no laboratório da PEAR. Corria o ano de 1993 e Nelson era um doutor em psicologia de 53 anos de idade, extraoficialmente considerado o coordenador das experiências do laboratório da PEAR. Detentor de uma habilidade natural para administrar, conseguia reunir todo mundo para garantir que o trabalho seria feito. Ele havia chegado ao laboratório em 1980, durante uma licença de um ano que obtivera do cargo de professor de uma faculdade de Vermont. Mas depois esse ano se transformou em dois, e não demorou muito para que ele informasse à faculdade que não iria voltar. O trabalho na PEAR era inebriante para Nelson, que nasceu em Nebraska, tinha uma barba vermelha e as feições não muito delicadas. Era outro cientista-filósofo atraído desde a infância pela vanguarda científica.

Nelson estivera sentado no departamento de engenharia de Princeton criando gráficos para as distribuições dos resultados de múltiplas sequências do REG. Enquanto examinava os gráficos de sequências em que as pessoas haviam produzido um conjunto de intenções (HIs) e gráficos da intenção oposta (LOs), não viu nada fora do comum. Como era de se esperar, o gráfico dos HIs tendia um pouco para a esquerda, e o dos LOs, um pouco para a direita. Roger então examinou os dados estatísticos para o terceiro teste, no qual as pessoas não deveriam ter nenhuma intenção com relação à máquina. Ele estava esperando ver uma linha de referência, com uma forma praticamente indistinguível das geradas pelo puro acaso quando a máquina funcionava sozinha, sem ninguém tentando influenciá-la. Mas o gráfico não refletia isso. Estava todo comprimido. No centro, havia uma nítida e óbvia exceção, uma pequena linha que se projetava e lembrava muito um pequeno punho cerrado. Lá estava ele, acenando para Nelson de modo reprovador. Este riu tanto que quase caiu da cadeira. Como pôde ter deixado de perceber isso? Até mesmo tentar não pensar em nada pode criar um foco de energia. Não há nada que a mente possa fazer. Tentar não exercer um efeito sobre a máquina REG era como fazer um esforço para não pensar em elefantes. Talvez qualquer tipo de atenção, em virtude do próprio ato de concentrar a consciência, fosse capaz de criar ordem. A mente estava sempre em atividade – observando, pensando.

Pensamos, logo exercemos uma influência.

Já houvera alguns indícios disso no laboratório da PEAR. Nelson observara nas inúmeras experiências com o REG que certas pessoas, com frequência as mulheres, obtinham um êxito mais acentuado ao influenciar as máquinas REG quando estavam se concentrando em outra coisa.[2] Nelson começou a testar essa possibilidade com um dispositivo que chamou de ContREG, uma forma abreviada de manter uma máquina REG funcionando continuamente para verificar se ela registrava mais caras ou coroas do que de costume no decurso de um dia comum e depois determinar o que estava acontecendo na sala nos momentos da alteração.

Tudo isso deu origem a outra ideia. A observação do dia a dia requer um estado de atenção muito baixo. Assimilamos muitas coisas que vemos, ouvimos e cheiramos à nossa volta no transcorrer das nossas atividades cotidianas. Entretanto, quando fazemos uma coisa que de fato mobiliza nossa mente e nossas emoções, como ouvir música, assistir a um momento de suspense no cinema, comparecer a um comício político ou a um serviço religioso, nós nos concentramos profundamente. Envolvemo-nos com a situação em um estado de grande intensidade.

Em primeiro lugar, Nelson se perguntou se a capacidade da consciência de ordenar ou influenciar dependeria do nível de concentração do observador. E segundo, caso dependesse, qual seria o efeito exercido por mais de uma pessoa? Ele observara, a partir dos dados da PEAR, que casais com uma forte ligação – pessoas que estavam intensamente envolvidas uma com a outra – exerciam um efeito mais profundo nas máquinas REG do que pessoas isoladas. Isso sugeria que duas pessoas com ideias similares criavam mais ordem em um sistema aleatório. E se reuníssemos um grupo grande de pessoas em que todas se concentrassem na mesma coisa? O efeito seria ainda maior? Haveria uma relação entre o tamanho do grupo ou a intensidade do interesse e o tamanho do efeito? Afinal de contas, pensou Nelson, todo mundo já passou por momentos na vida em que a consciência de um evento em grupo podia quase ser sentida. A sensibilidade da máquina REG era tão grande que ela talvez captasse isso.

Nelson decidiu pôr à prova essa teoria com encontros que já estavam para acontecer. Robert Jahn e Brenda Dunne estavam planejando comparecer ao International Consciousness Research Laboratories em abril de 1993, onde um grupo de acadêmicos graduados se reunia duas vezes por ano para trocar informações sobre o papel da consciência. Mais tarde no mesmo ano, Nelson planejava participar do Direct Mental Healing Interactions (DHML), que seria realizado no Esalen Institute, na Califórnia, e prometia ser uma conferência de peso com doze cientistas que debateriam sobre a maneira de conduzir uma pesquisa na arte da cura. Em Hollywood, era reservada certa reverência para as pessoas que "tinham boas vibrações" e influenciavam o ambiente das reuniões de forma positiva. No caso de Nelson, a questão era se a máquina REG também captaria as boas vibrações.

Jahn e Dunne partiram para a reunião com uma caixa e um notebook, que representavam o programa REG e os registros dos dados no computador, e os mantiveram em funcionamento durante a conferência. Nelson fez o mesmo em seu encontro no Esalen. Eles estavam verificando se esse afastamento constante do movimento aleatório indicaria alguma mudança no ambiente das "informações" e estaria relacionado com o campo compartilhado de informações e com a consciência coletiva do grupo.[3] A principal diferença entre essas experimentações e os experimentos habituais do REG era que o grupo não estaria tentando influenciar a máquina de nenhuma maneira.

Quando todos voltaram a Princeton e analisaram os resultados, descobriram que inegavelmente um efeito fora presenciado. Decidiram então conduzir uma série de experiências desse tipo. Em outro evento semelhante, dessa vez na Academy of Consciousness, patrocinada pelo International Consciousness Research Laboratories (ICRL), os dados foram ainda mais conclusivos. Uma grande inclinação central no gráfico correspondia exatamente ao momento do encontro em que ocorrera um intenso debate de vinte minutos sobre os rituais na vida cotidiana, tema que cativou a audiência. Nelson também examinou anotações e gravações realizadas por membros do grupo na ocasião. Vários dos cinquenta participantes haviam registrado a discussão como um momento especial e compartilhado. Sem conhecer o resultado da máquina REG, um dos membros relatara que uma mudança na energia do grupo tinha sido quase que palpável.[4]

Nelson descobriu com o seu próprio estudo sobre Esalen que o momento mais emocionante do encontro também produzira um forte desvio em relação à aleatoriedade dos dados.

Os resultados foram fascinantes, mas a ideia precisava ser mais bem testada, nos mais variados tipos de locais. Entretanto, para fazer isso com competência, Nelson precisava de um dispositivo que fosse de fato portátil. O equipamento utilizado fora incômodo e de difícil manejo, exigindo uma fonte de alimentação própria. Nelson pensou em usar um palmtop da Hewlett Packard, que não era muito maior do que um gravador de bolso, tendo em cima um dispositivo REG em miniatura, conectado à porta serial e fixado com um pedaço de velcro.

Nelson não estava interessado em saber se receberia mais caras do que coroas, já que ninguém estaria manifestando qualquer intenção. Tudo que desejava determinar era se a máquina havia se desviado, em qualquer direção, da atividade aleatória de 50-50. Qualquer mudança – fosse ela de mais caras ou mais coroas, ou às vezes mais caras e depois às vezes mais coroas – seria interpretada como um afastamento da probabilidade normal. Essas especificações exigiam um método estatístico de análise dos dados diferente do usado no laboratório da PEAR para as pesquisas habituais. Nelson decidiu utilizar um método chamado qi-quadrado, que consistia em traçar o quadrado de cada rodada individual. Qualquer comportamento fora do comum, algum desvio prolongado ou extremo em relação à monotonia aleatória esperada de caras ou coroas, apareceria com facilidade.

Nelson chamou essas atividades de experiências no "campo da consciência", ou "FieldREG", para resumir. O nome encerrava um elegante duplo sentido. Era um REG no campo, mas também um dispositivo usado para verificar se de fato existia um "campo de consciência".

Nelson decidiu experimentar o seu FieldREG nos mais variados tipos de eventos: reuniões de negócios, encontros acadêmicos, conferências humorísticas, concertos, eventos teatrais. Ele procurou acontecimentos cativantes que manteriam a audiência fascinada – momentos em que um grande número de pessoas estaria simultaneamente envolvido com o mesmo pensamento intenso.[5] Quando um dos membros do Covenant of Unitarian Universalist Pagans (CUUPS) demonstrou interesse pelo trabalho da PEAR, Nelson emprestou a ele um FieldREG e a máquina foi levada a quinze reuniões de ritual pagão, que incluíram sabás e eventos realizados durante a Lua cheia.[6]

Um amigo de um colega da PEAR, diretor artístico de um grande espetáculo musical chamado *The Revels*, que era apresentado todos os anos em dezembro, em oito cidades norte-americanas, para celebrar o Ano-Novo, procurou Nelson e perguntou se poderia fazer uma experiência com o FieldREG em seu show. Parecia perfeito: o espetáculo contava com um ritual, música e participação da audiência. Nelson assistiu à produção e pediu ao diretor artístico que escolhesse as cinco partes do show que mais tocariam a audiência e, por conseguinte, a máquina. O FieldREG foi levado a dez espetáculos em duas cidades em 1995 e a várias apresentações em oito cidades em 1996. E cada um dos momentos que Nelson previra causaram uma alteração nos dados da máquina.[7]

Um padrão definido estava emergindo. A máquina estava se afastando de seus movimentos aleatórios e adquirindo uma espécie de ordem durante os momentos de atenção máxima: apresentações especiais nas reuniões, os pontos altos das conferências humorísticas, os momentos mais intensos dos rituais pagãos. Para uma máquina REG, cujos movimentos eram tão delicados e minúsculos, esses efeitos eram relativamente grandes – três vezes maiores do que quando as pessoas tentavam afetar individualmente as máquinas na PEAR. Nas sessões pagãs, o FieldREG por duas vezes dera uma forte guinada para fora da norma, ambas durante rituais realizados na lua cheia, registrando muito mais coroas do que de costume.

Um dos membros do grupo do CUUPS não ficou surpreso quando Nelson lhe informou os resultados. "De modo geral", comentou ele, "nossos sabás não são muito pessoais ou intensos, ao passo que os rituais da Lua cheia às vezes são."[8]

A atividade específica na verdade não tinha importância. O que parecia realmente importar era a intensidade do grupo e o poder da atividade de manter a audiência fascinada. Outra coisa que parecia ajudar era o fato de existir algum tipo de ressonância coletiva entre os membros do grupo, em particular algum contexto que fosse emocionalmente significativo para eles. Na conferência humorística, a máquina fez seu maior desvio durante uma das apresentações principais, que foi tão engraçada que a audiência aclamara o comediante em pé pedindo bis. O mais importante fora claramente o fato de que todos estavam absortos, todo mundo estava pensando a mesma coisa.

O que parecia estar acontecendo era que, quando a atenção focalizava as ondas das mentes individuais em uma coisa semelhante, ocorria um tipo de "superradiância" quântica que exercia um efeito físico. A máquina REG era de certo modo uma espécie de termômetro que media a dinâmica e a coerência do grupo. As reuniões exclusivamente de negócios ou acadêmicas não exerciam nenhum efeito sobre a máquina. Se os membros de um grupo estavam entediados e a atenção deles divagava, a máquina também ficava entediada, por assim dizer. Apenas os momentos intensos de afinidade pareciam reunir energia suficiente para transmitir alguma ordem à caótica falta de objetivo de uma máquina REG.

A ideia de locais sagrados intrigava Nelson. Eles eram sagrados porque sua utilização ao longo dos séculos havia lhes conferido essa qualidade, ou o lugar em si encerrava determinada qualidade – a configuração de árvores ou pedras, o espírito do lugar, a localização – que estivera presente desde o início, fazendo com que os seres humanos o escolhessem para essa finalidade? Os povos da antiguidade eram sensíveis aos sinais da terra, eram capazes de ler e prestar atenção a certas configurações como as linhas *ley**.

Se havia algo diferente a respeito do lugar em si, teria um tipo de consciência coletiva se aglutinado ali como uma espiral energética, ou algum tipo de ressonância energética sempre existiu no local?

Nelson decidiu procurar vários locais nos Estados Unidos que tivessem sido sagrados para os índios. Ele e sua máquina observaram um pajé executando uma cerimônia de cura ritual no monumento Torre do Diabo, no estado de Wyoming, um local considerado sagrado por certas etnias. Mais tarde, ele caminhou ao redor da Torre do Diabo com um PalmREG no bolso, e depois visitou Joelho Ferido na Dakota do Sul, local do massacre de uma aldeia Sioux inteira. Nelson inspecionou a desolação, o cemitério e o monumento aos mortos. Em seguida, ficou em profundo silêncio. Mais tarde, quando examinou os dados de ambos os lugares, não havia nenhuma dúvida: o resultado da máquina estava de fato sendo influenciado, e o efeito era bem maior do que o das pesquisas habituais da PEAR, como se a memória dos pensamentos de todas as pessoas que viveram e morreram no local ainda estivessem lá.[9]

A oportunidade perfeita para examinar mais de perto a natureza da memória e da ressonância coletivas surgiu durante uma viagem ao Egito. Nelson decidiu participar de uma excursão de duas semanas a esse país com um grupo de dezenove colegas. Eles planejavam visitar os principais templos e locais sagrados dos antigos egípcios, onde realizariam uma série de cerimônias informais, como salmodiar e meditar. Essa viagem daria a Nelson a chance de verificar se as pessoas envolvidas em atividades meditativas nesses lugares – de certo modo, no tipo de atividades para as quais os locais haviam sido originalmente construídos – exerceriam um efeito ainda maior sobre as máquinas.

---

* As linhas *ley* são alinhamentos hipotéticos de locais com um interesse geográfico, como antigos monumentos e megálitos. [N. de T.]

Nelson manteve um PalmREG funcionando no bolso do paletó durante todas as visitas aos principais lugares: a grande Esfinge, os Templos de Karnak e de Luxor, a Grande Pirâmide de Gizé. O PalmREG ficou ligado enquanto o grupo meditava ou salmodiava, quando estavam simplesmente perambulando pelos templos e até mesmo durante os momentos em que ele estava sozinho dando um passeio ou meditando. Também manteve um registro cuidadoso das ocasiões em que atividades diversas tinham ocorrido.

Quando voltou para casa e compilou todos os dados, um interessante padrão emergiu. Os efeitos mais intensos sobre a máquina ocorreram durante ocasiões em que o grupo estava envolvido em um ritual, como a salmodia, num local sagrado. Na maioria das principais pirâmides, os efeitos tinham sido seis vezes maiores do que o das experimentações REG usuais da PEAR, e duas vezes maiores do que as experimentações habituais do FieldREG. Esses efeitos estavam entre os maiores que Nelson já havia registrado; eram tão grandes quanto os do casal com uma forte ligação. No entanto, quando reuniu todos os dados dos 27 locais sagrados que visitara, enquanto simplesmente os percorria apenas em um silêncio respeitoso, os resultados foram ainda mais espantosos. O próprio espírito do lugar parecia registrar efeitos tão grandes, sob todos os aspectos, quanto os do grupo de meditação.

Como Nelson estava sempre carregando o PalmREG no bolso, é claro que suas expectativas poderiam ter influenciado a máquina – um fenômeno bastante conhecido chamado "efeito do experimentador". Poderiam ter sido também as expectativas coletivas e o assombro dos outros visitantes; afinal de contas, ele nunca estava sozinho nos locais. Entretanto, alguns outros controles demonstraram que a situação era um pouco mais complicada. Uma vez mais, quando o grupo tentou salmodiar e meditar em outros lugares que não são considerados sagrados, os efeitos no PalmREG foram significativos, mas menores. Mesmo quando os membros do grupo pareciam estar em sintonia uns com os outros, como durante um eclipse solar, uma sessão especial de astrologia ou uma festa de aniversário ao pôr do sol, os efeitos da máquina também foram pequenos, não muito maiores do que os efeitos observados durante uma experimentação REG convencional. Nelson chegou a monitorar uma série do próprio ritual de concentração dele: durante as preces em uma mesquita, em certos passeios e enquanto observava e tentava "decifrar" hieróglifos. Muitas dessas atividades tinham sido envolventes para Nelson, algumas profundamente tocantes. Não obstante, o resultado da máquina apresentou um desvio, mas que não foi maior do que se ele estivesse em casa em Princeton, sentado diante de uma máquina REG. Estava claro que alguma ressonância reverberava nos locais, possivelmente até mesmo um vórtice de memória coerente.

Tanto o tipo de lugar como a atividade do grupo pareciam desempenhar papéis que contribuíam para criar um tipo de consciência de grupo. Nos locais sagrados em que não houve salmodia, a mera presença do grupo, ou talvez até o próprio lugar, encerravam um elevado grau de consciência ressonante. A máquina também registrava um efeito mesmo no meio de atividades ou locais mais mundanos, desde que a atenção do grupo tivesse sido despertada. E, por mais profundamente envolvido que Nelson pudesse ficar quando estava sozinho, ele não conseguiu igualar o tamanho do efeito do grupo.

Os dados continham outro elemento extraordinário. Durante a viagem à Grande Pirâmide de Quéops no planalto de Gizé, o PalmREG havia se desviado de seu curso aleatório, com uma tendência positiva durante duas salmodias em grupo dentro da câmara da rainha e da grande galeria, e depois exibira uma forte tendência negativa na câmara do rei, onde o grupo tinha dado seguimento à salmodia. Uma situação semelhante ocorrera em Karnak. Nelson ficou impressionado quando os resultados foram traçados em um gráfico: ambos formavam uma grande pirâmide. Foi difícil deixar de pensar que, em algum nível, o PalmREG estivera vivendo a viagem de Nelson em paralelo.[10]

Dean Radin esteve na reunião do Direct Mental Healing e viu os estranhos dados de Nelson. Como Radin fora colega de Nelson e coautor da meta-análise dos dados da PEAR, ele era um candidato natural a reproduzir o trabalho de Nelson.

Nas primeiras experiências, Radin, de maneira semelhante a Nelson, descobriu que esses efeitos acontecem quando um FieldREG está presente no local. Mas e se ele estiver longe? O veículo mais óbvio para a afinidade a distância era a televisão. Todo mundo assistia à televisão, em particular aos programas populares. Estariam todos pensando a mesma coisa enquanto assistiam? Para verificar essa hipótese, Radin precisava de algo mais do que um seriado cômico – um evento que garantisse que a audiência não iria desgrudar os olhos da tela.[11] O veredicto do julgamento de O.J. Simpson seria, mais tarde, uma escolha natural. Entretanto, para a sua primeira experiência, Radin escolheu a 67ª noite de entrega do Oscar, em março de 1995. Com um número estimado de um bilhão de telespectadores, era uma das maiores audiências que ele era capaz de imaginar. Ela era formada por pessoas de 120 países, de modo que a contribuição em bloco estaria vindo de todos os cantos do mundo.

Para demonstrar que os efeitos aconteciam instantaneamente a qualquer distância, Radin utilizou duas máquinas REG, colocadas em pontos diferentes. Uma delas estava situada a cerca de 20 metros dele enquanto ele assistia ao evento no dia 27 de março, a outra estava em seu laboratório, que ficava a mais ou menos 20 quilômetros de distância, funcionando sozinha e sem estar diante de um aparelho de televisão. Durante a transmissão, tanto Radin quanto seu assistente anotaram meticulosamente, minuto a minuto, os momentos bem interessantes e os pouco interessantes da cerimônia. Todos os momentos de tensão máxima, como o anúncio do melhor filme, do melhor ator ou da melhor atriz, foram cronometrados e assinalados como períodos de "alta coerência".

Quando o programa terminou, ele examinou os dados. Durante os períodos de maior interesse, o grau de ordem da máquina subiu para um nível tão elevado que a probabilidade de isso ter ocorrido por acaso era de mil para um. Por outro lado, durante os períodos menos interessantes, o grau de ordem não era maior do que dez para um.

Os dois computadores também ficaram funcionando durante quatro horas depois do evento, e no decorrer desse período de controle, depois de um minúsculo pico, que possivelmente refletiu o término da cerimônia de entrega dos prêmios, ambos logo retomaram o comportamento aleatório habitual. Radin reproduziu sua própria experiência um ano mais tarde, com resultados semelhantes. Ele obteve o mesmo tipo de resultados com as Olimpíadas de Verão, em julho de 1996, e, é claro, durante o julgamento de O.J. Simpson.

Radin testou suas máquinas na final do campeonato de futebol americano de 1996 e também durante o horário nobre nos quatro maiores canais de televisão dos Estados Unidos em uma noite de fevereiro desse mesmo ano. Nos momentos mais importantes da final do jogo de futebol, a máquina registrou um leve desvio, mas o efeito não foi nem de longe tão acentuado quanto no decorrer do julgamento de O.J. Simpson ou na noite do Oscar. Esse resultado pode estar relacionado a um problema simples apresentado em um evento esportivo: o fato de que grupos de pessoas reagem de uma maneira diferente e com intensidade a cada jogada, dependendo do time para o qual estão torcendo. Radin também imaginou que isso tivesse algo a ver com o número de intervalos comerciais que estão sempre interrompendo o jogo, especialmente porque os anúncios exibidos durante a final se tornaram tão populares quanto o próprio jogo. Às vezes era difícil distinguir os momentos de grande interesse dos de pouco interesse, e os resultados confirmaram isso.

Em sua outra experiência durante o horário nobre da televisão, Radin partira do princípio de que tanto as máquinas como os espectadores iriam atingir um máximo nos momentos importantes de qualquer espetáculo e se reduzir aos poucos no final, quando os comerciais em geral são exibidos. Foi exatamente isso que aconteceu. Embora o tamanho do efeito não fosse enorme, a maior tendência da máquina para a ordem teve um máximo exatamente quando a audiência estaria mais envolvida com os programas.

* * *

Os wagnerianos são fanáticos, pensou Dieter Vaitl, colega de Roger Nelson no departamento de psicologia clínica e fisiológica da Universidade de Giessen. Ao longo dos anos, a Festspielhaus, em Bayreuth, o teatro lírico que Wagner construíra para si mesmo, tornara-se uma espécie de local sagrado ao qual os aficionados por Wagner fazem uma peregrinação anual na época do Festival Wagner. Eram verdadeiros fanáticos, íntimos de cada nota, de cada ascensão e queda das emoções, felizes por permanecer sentados durante as quinze horas do ciclo do *Anel*. Os espectadores da Festspielhaus eram na maior parte entendidos na música de Wagner. Representava a audiência perfeita para uma experimentação do FieldREG.

Em 1996, Vaitl, que era pessoalmente um adorador de Wagner, com o lustroso cabelo branco penteado para trás e uma postura altiva, compareceu ao evento com uma máquina REG, registrando o primeiro ciclo das diversas óperas. Ele repetiu a experiência nos dois anos subsequentes. No total, a máquina REG esteve presente a muitas horas do evento – nove óperas, *Tristão e Isolda*, *O Crepúsculo dos Deuses*. No conjunto, ao longo dos três anos, as tendências foram uniformes, exibindo uma mudança global de ordem na máquina durante as cenas mais emocionantes ou naquelas em que a música era mais comovente, como nas partes do coro.[12]

Nesse caso, o laboratório da PEAR não conseguiu igualar os resultados de Vaitl. Eles também levaram máquinas FieldREG para várias óperas e espetáculos em Nova York, mas os resultados mostraram que a reação das máquinas não foi significativa.[13] Estava óbvio que a atenção da audiência necessitava de um tipo de intensidade wagneriana para exercer algum efeito sobre a máquina. Vaitl chegou à conclusão de que é mais provável que uma ressonância seja criada quando a audiência conhece bem a música e está em sintonia com ela.

Um resultado ainda mais interessante foi obtido por outro colega muito próximo a Radin, o professor Dick Bierman, de Amsterdã, que com frequência tentava reproduzir as pesquisas de Radin. Bierman decidira experimentar o FieldREG em uma casa cujos moradores estavam relatando efeitos do tipo *poltergeist*, estranhos movimentos ou o deslocamento de grandes objetos, os quais as pessoas em geral julgam ser causados por fantasmas (daí o nome, *poltergeist*, que significa "fantasmas barulhentos"). Em alguns lugares, acredita-se que os *poltergeister* nada mais sejam do que uma intensa energia proveniente de uma pessoa, muitas vezes um adolescente turbulento. No caso a que me refiro, Bierman instalou uma máquina REG e comparou os momentos em que a família informou a ocorrência de um efeito *poltergeist* com os resultados aleatórios de cara e coroa gerados pela máquina. Nas mesmas ocasiões em que os moradores da casa relataram ter visto um objeto voando, a máquina também demonstrou um desvio em relação à probabilidade normal.[14] É possível que uma pessoa com esse tipo de intensidade crie a experiência *poltergeist* por meio de intensos efeitos no campo.

Reza a lenda que o Sol sempre brilha na cabeça dos ex-alunos de Princeton, não apenas durante a vida, mas no dia em que eles se diplomam. Segundo o folclore local, mesmo quando a previsão era de chuva, esta de alguma maneira era adiada para depois do término da cerimônia da entrega dos diplomas. Roger Nelson comparecia todos os anos à formatura com a esposa, e em mais de uma ocasião comentara que o tempo estava muito bom. Ele começou a se perguntar se isso seria mais do que uma simples coincidência. As pesquisas com o FieldREG tinham deixado Nelson com algumas questões a respeito de como esse tipo de consciência de campo poderia funcionar na vida real. Ocorreu-lhe que o desejo coletivo de toda a comunidade universitária de que o dia fosse ensolarado talvez pudesse de fato exercer um efeito, afugentando as nuvens de chuva.

Ele reuniu todos os relatórios meteorológicos dos trinta anos anteriores e examinou como estivera o tempo antes, durante e após a colação de grau em Princeton. Ele estava procurando basicamente o índice de precipitação. Nelson também examinou as condições atmosféricas nas seis cidades ao redor de Princeton, que iriam atuar como padrão de comparação.

A análise de Nelson revelou alguns efeitos estranhos, como se um guarda-chuva coletivo cobrisse Princeton exatamente no dia em que os alunos se formavam. Nesses trinta anos, não choveu em 72% (ou quase 3/4) dos dias de formatura, em comparação com apenas 67% (ou 2/3) nas cidades vizinhas. Do ponto de vista estatístico, isso significava que Princeton tinha algum efeito mágico na ocasião da formatura e a cidade ficava mais seca do que de costume, ao passo que todas as cidades vizinhas apresentavam a umidade normal dessa época do ano. Até mesmo em um dia em que caiu um aguaceiro de quase sete centímetros em Princeton, curiosamente a chuva só começou após o término da cerimônia.[15]

A pesquisa que Nelson realizou em Princeton sobre as condições atmosféricas foi apenas um minúsculo indicador de que as pessoas podiam produzir um efeito positivo no ambiente. Durante vinte anos, a Organização da Meditação Transcendental havia sistematicamente testado, por meio de várias dezenas de pesquisas, se a meditação em grupo poderia reduzir a violência e os conflitos no mundo. O fundador da meditação transcendental, o iogue Maharishi Mahesh, afirmava que o estresse individual gerava o estresse mundial e que a calma do grupo gerava a calma no mundo. Ele postulou que, se 1% de uma região tivesse pessoas praticando MT, ou se a raiz quadrada de 1% da população praticasse MT-Sidhi, um tipo mais avançado e ativo de meditação, todas as formas de conflito, como os índices de mortes por arma de fogo e outros crimes, o consumo excessivo de drogas e até mesmo os acidentes de trânsito, diminuiriam. A ideia do efeito "Maharishi" era que a prática regular da meditação transcendental possibilitaria que entremos em contato com um campo fundamental que liga todas as coisas, um conceito não muito diferente do campo de ponto zero. Se um número suficiente de pessoas se dedicasse a essa prática, a coerência se revelaria contagiante em toda a população.

A organização da MT escolhera chamar esse processo de "Superradiância" porque, assim como a superradiância no cérebro ou em um laser cria a coerência e a unidade, a meditação exerceria o mesmo efeito na sociedade. Grupos especiais de iogues têm se reunido no mundo inteiro, apresentando seminários intensivos voltados para áreas específicas de conflito. Desde 1979, um grupo norte-americano de Superradiância cujo tamanho varia de algumas centenas de pessoas a mais de oito mil vem se reunindo duas vezes por dia na Universidade Internacional Maharishi, em Fairfield, Iowa, para tentar criar mais harmonia no mundo.

Embora a organização MT tenha sido ridicularizada, em grande parte por ter promovido os interesses pessoais do Maharishi, o valor dos dados apresentados por ela é irrefutável. Muitas das pesquisas foram publicadas por publicações de peso, como o *Journal of Conflict Resolution*, o *Journal of Mind and Behavior* e o *Social Indicators Research*, o que significa que elas tiveram que satisfazer rigorosos critérios de avaliação. Uma pesquisa recente feita no National Demonstration Project, em Washington DC, conduzida durante mais de dois meses em 1993, demonstrou que, quando o grupo local de Superradiância aumentou para quatro mil pessoas, o índice de crimes violentos, que vinha aumentando regularmente nos primeiros cinco meses do ano, começou a declinar, para 24%, e continuou a decrescer até o final do experimento. Assim que o grupo se dispersou, o índice de criminalidade voltou a subir. A pesquisa demonstrou que o efeito não poderia ter sido causado por variáveis como o tempo, a polícia ou qualquer campanha especial contra o crime.[16]

Outra pesquisa realizada em 24 cidades norte-americanas mostrou que, sempre que uma cidade atingia um ponto em que 1% da população estava praticando MT com regularidade, o índice de criminalidade caía para 24%. Em uma pesquisa suplementar realizada em 48 cidades, em metade das quais 1% da população meditava, as cidades onde isso acontecia alcançaram uma redução de 22% no índice de criminalidade, em comparação com um aumento de 2% nas cidades que serviram como padrão de comparação. Também houve uma redução de 89% na tendência da criminalidade, em comparação com um aumento de 53% nas cidades do grupo de controle.[17]

A organização da MT pesquisou até mesmo se as meditações em grupo eram capazes de influir na paz mundial. Em uma pesquisa sobre uma reunião especial da MT em Israel que acompanhou o conflito dia a dia durante dois meses, nos dias em que o número de meditadores era elevado, as baixas no Líbano diminuíam em 76%, e a criminalidade local, os acidentes de trânsito e os incêndios declinavam. Nesse caso também, influências que poderiam interferir no resultado, como as condições atmosféricas, os fins de semana ou os feriados, tinham sido levadas em conta.[18]

As pesquisas da MT, assim como o trabalho com o FieldREG de Nelson, com seu jeito modesto e preliminar, ofereciam esperança a uma geração alienada e incrédula. Afinal de contas, o bem talvez seja capaz de conquistar o mal. Poderíamos criar uma comunidade melhor. Tínhamos a capacidade coletiva de transformar o mundo em um lugar melhor.

Radin estava sendo um pouco brincalhão quando propôs a ideia. Ele e Nelson tinham participado de uma conferência em Freiburg no final de 1997, quando debateram se deveriam introduzir algumas medições físicas como o EEG nas pesquisas que usavam REGs. "Por que não dar uma olhada no EEG de Gaia?", observou Radin em determinado momento.

Nelson abraçou a ideia de imediato. Uma vez que o EEG registra a atividade de um cérebro individual, por meio da fixação de eletrodos na superfície do crânio, eles talvez conseguissem fazer leituras da mente de Gaia, nome pelo qual muitas pessoas gostam de chamar o nosso planeta. James Lovelock o inventara, em homenagem à deusa grega da Terra, com a hipótese de que o mundo é uma entidade viva com sua própria consciência.[19] Talvez eles pudessem montar uma rede de REGs que abrangesse o mundo inteiro. O EEG do mundo funcionaria de forma contínua, tirando uma temperatura constante do estado da mente coletiva. Quando estavam buscando um nome, outro colega de Nelson sugeriu "EletroGaiagrama", ou EGG. Nelson preferia o termo "noosfera", criado por Teilhard de Chardin para refletir a ideia de que a Terra estava encerrada em uma camada de inteligência. Embora Nelson depois viesse a desenvolver essa ideia no Global Consciousness Project, um projeto localizado em Princeton, mas separado da PEAR, o nome que pegou foi EGG.

Se era verdade que os campos gerados pelas consciências individuais podem se combinar durante os momentos de afinidade, Nelson queria verificar se a reação coletiva aos eventos mais emocionantes da nossa época teria algum tipo de efeito comum em medidores altamente sensíveis como as máquinas REG. O julgamento de O.J. Simpson fora uma primeira tentativa nesse sentido, quando máquinas foram colocadas para funcionar em lugares diferentes e os resultados obtidos por elas foram comparados.

Nelson começou com um pequeno grupo de cientistas, que ligaram suas máquinas REG em agosto de 1998. Com o tempo, ele formou uma rede de quarenta cientistas que colocaram REGs para funcionar no mundo inteiro. O projeto gerou uma enorme quantidade de dados. Fluxos contínuos de dados eram enviados pela internet, os quais eram comparados com momentos dramáticos da história moderna, como a morte de John F. Kennedy Jr. e o quase impeachment de Bill Clinton; o acidente com o *Concorde* em Paris e o bombardeio da Iugoslávia; enchentes, erupções vulcânicas e as celebrações do Ano-Novo de 2000.

Mesmo antes de começar, o EGG passou pelo seu primeiro teste ainda na forma de protótipo, quando a princesa mais amada do mundo morreu de repente em um túnel de Paris. Dados registrados antes, durante e depois do enterro da princesa de Gales foram compilados e comparados com a programação oficial dos eventos. Ao longo de todas as cerimônias públicas em homenagem a Diana, as máquinas haviam se desviado do curso aleatório, efeito cuja probabilidade de ter ocorrido por acaso era de 100 para 1.[20]

Além disso, quando Nelson examinou dados semelhantes registrados durante o enterro da Madre Teresa de Calcutá, ocorrido pouco depois, as máquinas não apresentaram nenhum efeito inesperado. Madre Teresa estava doente e sua morte era esperada. Era idosa e vivera uma vida plena e produtiva. Já a tragédia da jovem e confusa princesa claramente mobilizara o coração do mundo, e os REGs captaram esse sentimento.[21] As eleições norte-americanas e até mesmo o escândalo de Monica Levinsky não pareceram emocionar o mundo. Mas as celebrações de Ano-Novo, os grandes desastres e tragédias provocaram um arrepio na espinha dorsal coletiva que foi pontualmente registrado pelas máquinas.

Os resultados iniciais deixaram Nelson e Radin com muitas perguntas estimulantes na cabeça. Se a mente do mundo de fato existia, talvez pequenos vislumbres de inspiração da parte dela pudessem ser responsáveis pelos momentos mais monstruosos e magníficos da história da humanidade, ou talvez a consciência negativa fosse como um micróbio capaz de infectar as pessoas e assumir o controle. A Alemanha ficara deprimida em todos os sentidos depois da Primeira Guerra Mundial. Poderia esse abatimento ter afetado os alemães em um nível quântico, tornando mais fácil para Hitler, o mais inebriante dos oradores, criar uma espécie de coletivo negativo, que se alimentava de si mesmo e tolerava as maldades mais repulsivas? Teria uma consciência coletiva sido responsável pela inquisição espanhola? Pelos julgamentos das bruxas de Salém? O mal coletivo também teria a capacidade de criar coerência?

E as maiores realizações humanas? Um surto repentino de inspiração poderia ocorrer na mente do mundo? Poderia uma coalescência de energia ser responsável pelo florescimento da arte ou da consciência superior em determinada época? Na antiga Grécia? Na Renascença? A criatividade também seria contagiante, sendo responsável pela criatividade explosiva em Viena na década de 1790 e pela explosão da música pop inglesa na década de 1960? O campo de ponto zero fornecia uma explicação provável para certos sincronismos físicos inexplicáveis, como a cientificamente comprovada unificação do ciclo menstrual das mulheres que vivem em estreita proximidade.[22] Ele também poderia explicar o sincronismo emocional e intelectual no mundo?

Era a primeira indicação de que a consciência de grupo, atuando em um meio como o campo de ponto zero, funcionava como o fator de organização universal no cosmo. Entretanto, até então, com a tecnologia disponível, Nelson tivera apenas os primeiros vislumbres de evidência, um minúsculo desvio em relação à atividade aleatória. Tudo que ele podia fazer até aquele momento era medir um pequeno seixo ou, na melhor das hipóteses, um punhado de areia – o efeito quântico de uma pessoa ou de um pequeno grupo sobre o mundo. Um dia, ele talvez venha a ter a capacidade de medir o efeito da praia inteira, pois esse é o ponto supremo. A praia só deveria ser medida em sua totalidade. A areia de toda a praia é indivisível.

Vinte e cinco anos depois de Edgar Mitchell ter experimentado visceralmente a consciência coletiva, os cientistas estavam começando a demonstrá-la em laboratório.[23]

CAPÍTULO 12

A era do ponto zero

Em janeiro de 2001, numa sala pequena e obscura situada em um canto da Universidade de Sussex, um grupo de sessenta cientistas de dez diferentes países se reuniu para tentar resolver como iriam percorrer 30 trilhões de quilômetros no espaço cósmico. A NASA promovera alguns seminários de física de propulsão avançada nos Estados Unidos e este seria o seu equivalente internacional: um dos primeiros seminários independentes já conduzidos sobre propulsão. Na verdade, ele atraiu uma audiência impressionante de físicos do governo britânico, um alto funcionário da NASA, vários astrofísicos do Laboratoire D'Astrophysics Marseilles e do Laboratório de Gravitação, Relatividade e Cosmologia, ambos franceses, professores de universidades norte-americanas e europeias, e cerca de quinze representantes do setor privado. Foi apenas um primeiro encontro, e não uma verdadeira conferência científica. O objetivo era dar o pontapé inicial – um precursor da conferência internacional que se realizaria em dezembro do mesmo ano. Não obstante, havia na sala um ar de expectativa inconfundível, um reconhecimento tácito de que cada pessoa presente no recinto estava na vanguarda do conhecimento científico e poderia talvez vir a ser testemunha do despertar de uma nova era. Graham Ennis, o organizador da conferência, havia atraído representantes de quase todos os principais jornais e revistas científicas da Grã-Bretanha ao balançar diante deles o prognóstico de que em cinco anos estaríamos construindo nossos pequenos foguetes com propulsão por deflexão para manter os satélites na posição correta.

Apesar da ilustre audiência, a maior deferência estava reservada ao dr. Hal Puthoff, na ocasião com sessenta e poucos anos, um pouco mais magro, embora com a mesma quantidade de cabelo grisalho, que passara quase trinta anos tentando determinar se poderíamos utilizar o espaço interestelar. Para alguns dos membros mais jovens do evento, ele era uma espécie de ídolo. Quando estava na universidade, um jovem físico do governo britânico chamado Richard Obousy havia tropeçado nos textos sobre o campo de ponto zero de Hal e ficara atordoado com as implicações, a ponto de terem influenciado o curso de sua carreira.[1] E naquele momento ele se via diante da perspectiva de conhecer o grande homem e de precedê-lo no palco com um pequeno discurso introdutório sobre a manipulação do vácuo – uma espécie de aquecimento para a principal atração do dia.

O que estava acontecendo era algo mais do que um exercício frívolo, do que um grupo de tecnocratas brincando de construir a suprema tecnologia. Estava claro para todos os cientistas presentes na sala que restava ao planeta, na melhor das hipóteses, cinquenta anos de combustíveis fósseis, e os seres humanos estavam enfrentando uma crise climática à medida que o efeito estufa transformava o mundo em uma câmara de gás. Procurar novas fontes de energia não era apenas necessário para prover energia para as naves espaciais. Também era vital para energizar a Terra e conservá-la intacta para a geração seguinte.

Experiências empregando as novas ideias mais excêntricas da física estavam sendo realizadas em segredo há trinta anos. Corriam muitos rumores a respeito de locais secretos de testes, como Los Alamos, com orçamentos ocultos cuja existência tanto a NASA como as Forças Armadas dos Estados Unidos continuavam a negar com veemência. Até mesmo o British Aerospace havia lançado seu programa secreto, cujo codinome era Projeto Greenglow, para estudar a possibilidade de neutralizar a gravidade.[2]

Inúmeras outras possibilidades, todas apoiadas em processos físicos sólidos e comprovados, poderiam assegurar novos métodos de propulsão para as viagens espaciais, afirmou Ennis, que estava presidindo o primeiro dia do seminário. Várias alternativas eram possíveis: controlar a inércia de maneira que pudéssemos mover coisas grandes como uma nave espacial por meio de pequenas forças; empregar uma entre uma série de técnicas de fusão nuclear, o que exigiria pressão e temperatura muito elevadas; utilizar um reator nuclear, como os russos haviam feito; usar cabos, que extrairiam a energia eletrostática; empregar efeitos matéria-antimatéria, em que a reação da matéria ao encontrar seu oposto cria energia; modificar campos eletromagnéticos; rotacionar supercondutores. Em um congresso da NASA em Albuquerque, Novo México, fora discutida a possibilidade de uma nave espacial criar seu próprio buraco de verme, de um modo semelhante ao que Carl Sagan imaginara em *Contato*.[3] Uma série de empresas privadas, entre elas a Lockheed Martin, tinham ficado entusiasmadas e oferecido apoio. Isso poderia ter todos os tipos de aplicações práticas em nossa vida cotidiana. Imagine, por exemplo, se pudéssemos desativar a gravidade e fazer os nossos pacientes levitarem. As escaras se tornariam uma coisa do passado.

Ou então poderíamos experimentar algo mais excêntrico, como tentar extrair energia no nada do próprio espaço. Os cientistas concordaram que o campo de ponto zero representava um dos cenários mais favoráveis – um "almoço cósmico gratuito", como Graham Ennis gostava de dizer, um suprimento infinito de algo a partir do nada. Depois que o físico Robert Forward, do Hughes Research Laboratory em Malibu, Califórnia, escreveu uma dissertação a respeito do assunto, teorizando como seria possível conduzir experiências,[4] os físicos começaram a acreditar que tudo aquilo talvez fosse realizável e que, o que é mais importante, talvez fosse possível obter energia daquela maneira.

No dia seguinte, durante sua palestra, Hal Puthoff explicou que, do ponto de vista da mecânica quântica, teríamos várias escolhas para tentar extrair energia do campo. Precisaríamos nos separar da gravidade, reduzir a inércia ou gerar uma quantidade suficiente de energia a partir do vácuo para superar as duas coisas. A Força Aérea dos Estados Unidos havia recomendado que Forward primeiro fizesse sua pesquisa para medir a força Casimir, a força quântica entre duas placas metálicas causada quando protegemos parcialmente o espaço entre elas das flutuações do ponto zero no vácuo, desequilibrando assim as radiações de energia do ponto zero. Forward, especialista em teoria gravitacional, recebeu essa incumbência da diretoria de propulsão do Phillips Laboratory na Base Aérea Edwards, que tinha a missão de iniciar a pesquisa da propulsão espacial no século XXI.

Eles tinham provas de que as flutuações no vácuo poderiam ser alteradas por meio da tecnologia. Entretanto, as forças Casimir são inimaginavelmente pequenas – uma pressão de apenas um centésimo de milionésimo de uma atmosfera em placas mantidas separadas por um milésimo de milímetro.[5] Bernie Haisch e Daniel Cole publicaram um texto com a teoria de que, se construíssemos um motor a vácuo com um número enorme dessas placas prestes a colidir, cada uma delas geraria calor quando afinal entrassem em contato umas com as outras e forneceriam energia. O problema é que cada placa produz, no máximo, um valor energético equivalente à metade de um microwatt – "o que não é algo de que possamos nos gabar", declarou Puthoff.[6] Precisaríamos de minúsculos sistemas funcionando a uma velocidade muito elevada para que o processo funcionasse em qualquer nível.

Forward imaginou que seria possível fazer uma experiência para alterar a inércia efetuando mudanças no vácuo. Recomendou que fossem realizados quatro experimentos para testar esse conceito.[7] Cientistas que trabalhavam com a eletrodinâmica quântica já haviam demonstrado que essas flutuações no vácuo podiam ser controladas quando conseguíamos manipular as taxas de emissão espontânea dos átomos. A opinião de Puthoff era que os elétrons recebem energia para girar com rapidez ao redor do núcleo de um átomo sem perder velocidade porque estão utilizando as flutuações quânticas do espaço vazio. Se conseguíssemos manipular esse campo, afirmou ele, poderíamos desestabilizar os átomos e extrair a energia deles.[8]

Em teoria era possível extrair energia do campo de ponto zero; até mesmo na natureza os cientistas haviam conjeturado que era exatamente isso que acontecia quando os raios cósmicos "se energizam" ou quando a energia é liberada por supernovas e objetos celestes que descarregam raios gama. Havia outras ideias, como a conversão espetacular do som em ondas luminosas, ou sonoluminescência, em que a água, bombardeada por intensas ondas sonoras, produz bolhas de ar que rapidamente se contraem e colapsam em um lampejo de luz. A teoria em alguns lugares era que esse fenômeno era causado pela energia do ponto zero dentro das bolhas, a qual, depois que as bolhas encolhiam, convertia-se em luz. Puthoff, no entanto, já havia testado cada uma dessas ideias e achava que elas prometiam muito pouco.

A Força Aérea dos Estados Unidos também estivera explorando a ideia de raios cósmicos impulsionados pela energia do ponto zero, segundo a qual os prótons poderiam ser acelerados em uma armadilha de vácuo livre de colisões e criogenicamente resfriada – numa câmara cuja temperatura era a mais próxima possível do zero absoluto. Isso nos forneceria o espaço mais vazio possível para que tentássemos extrair energia das flutuações de prótons no vácuo quando eles começassem a se locomover mais rápido. Outra ideia era reduzir a atividade das partes mais energéticas de alta frequência da energia do ponto zero usando antenas produzidas especialmente.

Em seu laboratório, Puthoff vinha examinando um método que envolveria perturbar o estado fundamental de átomos ou moléculas. De acordo com suas teorias, esses eram simplesmente estados de equilíbrio que envolviam a troca de radiação/absorção dinâmica com o campo de ponto zero. Sendo assim, se empregássemos algum tipo de cavidade de Casimir, os átomos ou moléculas poderiam sofrer mudanças energéticas que alterariam as excitações envolvendo os estados fundamentais. Para experimentar essa ideia, ele já havia iniciado experiências em uma instalação de sincrotron, um lugar com um acelerador subatômico especial, mas ainda não obtivera êxito.[9]

Hal então pensou em mudar por completo o projeto e colocar em prática uma ideia inicialmente proposta por Miguel Alcubierre, teórico da relatividade da Universidade do País de Gales. Alcubierre tentara determinar se as propulsões de deflexão, como descritas em *Star Trek*, eram de fato possíveis.[10] Vamos por um momento desconsiderar a teoria quântica e examinar o assunto como um problema de relatividade geral. Em vez de invocar Niels Bohr, invocamos Albert Einstein. E se tentássemos modificar a métrica espaço-tempo? Se usarmos o espaço-

-tempo curvo de Einstein, tratamos o vácuo como um meio que poderia ser polarizado. Fazemos um pouco de "engenharia do vácuo", como chamou Tsung-Dao Lee, laureado com o prêmio Nobel.[11] Segundo essa interpretação, a deflexão de um raio de luz, digamos, perto de um corpo sólido é causada pela variação no índice de refração do campo de ponto zero, que então aumentaria a velocidade da luz. Se modificarmos o espaço-tempo em um grau extremo, a velocidade da luz aumenta enormemente. A massa então diminui e a intensidade da força de atração da energia aumenta – características que em teoria tornariam possível a viagem interestelar.

O que fazemos é distorcer e expandir o espaço-tempo atrás da nave espacial, contrair o espaço-tempo na frente dela e depois surfar por ela com uma velocidade maior do que a da luz. Em outras palavras, reestruturamos a relatividade geral como o faria um engenheiro. Se conseguíssemos fazer isso, poderíamos fazer uma nave espacial viajar a uma velocidade dez vezes maior do que a da luz, o que seria evidente para as pessoas na terra, mas não para os astronautas que estivessem dentro da nave. Teríamos uma propulsão de deflexão como a de *Star Trek*.

Por meio dessa "engenharia métrica", como Hal a chamou, estamos fazendo com que o espaço-tempo nos empurre para longe da Terra em direção ao nosso destino. Isso é possível se criarmos forças como as de Casimir em grande escala. Outro tipo possível de engenharia métrica, que também requer que usemos forças Casimir, é viajar através de buracos de vermes – "metrôs cósmicos"[12], como Hal os chamava, que nos ligam a partes distantes do Universo, como foi imaginado em *Contato*.

"Mas quão próximos estamos de qualquer uma dessas coisas?", indagou a audiência. Hal pigarreou, um tique característico dele. Podemos levar vinte anos para fazê-lo, replicou de maneira lacônica.

Ou podemos levar esse mesmo tempo apenas para chegar à conclusão de que não é possível chegar lá. Provavelmente não estávamos contemplando uma viagem espacial de grande porte durante a vida de Hal, embora ele ainda oferecesse esperança de extrair energia para um combustível terrestre antes de morrer.

O primeiro seminário internacional sobre propulsão foi indubitavelmente um sucesso, um bom ponto de encontro para os físicos que vinham trabalhando sozinhos em problemas de energia e impulso que poderiam levar meio século para ver a luz do dia. Ficou evidente que eles estavam no início de uma exploração que um dia, como havia dito Arthur C. Clarke, faria com que os esforços atuais de nos aventurarmos além da nossa atmosfera se parecessem com as tentativas de levantar voo com um balão de ar quente no século XIX.[13] Mas em diferentes partes do mundo, muitos dos antigos colegas de Puthoff, na ocasião também na casa dos sessenta anos, estavam trabalhando sem alarde em atividades mais terrestres, que eram sob todos os aspectos igualmente revolucionárias: baseavam-se na ideia de que toda comunicação no Universo existe como uma frequência pulsante e o campo fornece a base para que tudo se comunique com tudo.

Em Paris, a equipe do DigiBio, ainda em seu Portakabin, tinha àquela altura aperfeiçoado a arte de captar, copiar e transferir os sinais eletromagnéticos das células. Desde 1997, Benveniste e seus colegas do DigiBio deram entrada em três patentes em diferentes requerimentos. No caso de Benveniste, um biólogo, os requerimentos, naturalmente, foram na área médica. Ele acreditava que a descoberta poderia abrir caminho para uma biologia e uma medicina digitais, inteiramente novas, que substituiria o atual método desajeitado de tentativa e erro de tomar medicamentos.

Ocorreu-lhe que, se não precisávamos da molécula em si, mas apenas do sinal dela, não precisaríamos ingerir medicamentos, fazer biópsias ou realizar exames para verificar a presença de substâncias tóxicas ou de patógenos como parasitas e bactérias usando amostras físicas. Como Benveniste já demonstrara em uma pesquisa, era possível usar a sinalização de frequência para detectar as bactérias *E. coli*.[14] Sabe-se que partículas de látex tornadas sensíveis a determinado anticorpo se agruparão na presença das *E. coli* Kl. Gravando o sinal das *E. coli*, de outras bactérias e também de substâncias de controle, e depois aplicando-os às partículas de látex, Benveniste descobriu que as *E. coli* produziam os maiores agrupamentos de qualquer uma das frequências. Não demorou muito para que a gravação de sua equipe para detectar o sinal das *E. coli* se tornasse praticamente perfeita.

Utilizando a gravação digital, poderíamos expor esses patógenos como príons, que não têm nenhum método confiável de detecção, e não mais desperdiçar preciosos recursos laboratoriais para determinar se antígenos estão presentes no corpo e se este formou anticorpos para eles. Isso também pode significar que quando ficarmos doentes, talvez não precisemos tomar medicamentos. Poderíamos nos livrar de parasitas ou bactérias indesejáveis simplesmente tocando uma frequência hostil. Poderíamos usar métodos eletromagnéticos para detectar microrganismos perigosos em nossa agricultura ou usá-los para descobrir se os alimentos foram geneticamente modificados. Se conseguíssemos produzir as frequências corretas, não teríamos que usar pesticidas perigosos; poderíamos matar os insetos por meio de sinais eletromagnéticos. Não teríamos nem mesmo que fazer pessoalmente toda essa detecção. Quase todas as amostras para testes poderiam ser enviadas por e-mail e o procedimento poderia ser realizado a distância.

Nos Estados Unidos, a AND Corporation, uma companhia com escritórios em Nova York, Toronto e Copenhagen, estava trabalhando na inteligência artificial baseada nas ideias de Karl Pribram e Walter Schempp a respeito de como o cérebro funciona. O sistema patenteado por eles, chamado Tecnologia Neural Holográfica (Hnet), para o qual a empresa possui hoje uma patente internacional, usou os princípios da holografia e da codificação de onda para que os computadores aprendessem dezenas de milhares de memórias estímulo-resposta em menos de um minuto e respondessem a dezenas de milhares desses padrões em menos de um segundo. Do ponto de vista da AND, o sistema era uma réplica artificial de como o cérebro funciona. Células isoladas de neurônios com apenas algumas sinapses eram capazes de adquirir memórias de modo instantâneo. Milhões dessas memórias poderiam ser sobrepostas. O modelo demonstra como essas células podem memorizar a abstração – um conceito, digamos, ou um rosto humano. A AND tinha planos ambiciosos para essa tecnologia. Estava planejando criar unidades estratégicas de negócios em diferentes especialidades, que, se desenvolvidas de forma adequada, poderiam transformar o processamento de informações de praticamente qualquer atividade.

Fritz-Albert Popp e sua equipe do IIB estavam começando a testar a detecção de biofótons como uma maneira de determinar se o alimento estava fresco. As experiências dele e a abordagem teórica por trás delas estavam ganhando aceitação na comunidade científica.

Dean Radin colocou algumas de suas pesquisas na internet para que os visitantes participassem delas e envolveu-se em gigantescos experimentos computadorizados. Braud e Targ continuaram a fazer mais pesquisas sobre a intenção humana e a cura. Brenda Dunne e Bob Jahn não pararam de fazer acréscimos à grande massa de dados que reuniram. Roger Nelson, com seu Global Project, continuou a medir pequenos tremores no sismógrafo cósmico coletivo.

Edgar Mitchell proferiu o discurso de abertura da CASYS em 1999, uma conferência anual de matemática em Liège, Bélgica, patrocinada pela Society for the Study of Anticipatory Systems, que incorporou sua síntese de teorias da holografia quântica e da consciência humana. A descoberta da presença da ressonância quântica nos seres vivos e a capacidade do campo de ponto zero de codificar informações e proporcionar uma comunicação instantânea representavam nada menos do que a Pedra de Roseta da consciência humana, disse ele.[15] Todas as diferentes linhas de pesquisa que Mitchell investigara durante trinta anos afinal começavam a se juntar.

Nessa mesma conferência, ele e Pribram foram homenageados pela exploração do espaço exterior e interior – Pribram por seu trabalho científico a respeito do cérebro holográfico, e Mitchell pelo importante trabalho científico sobre a noética. Nesse mesmo ano, Pribram recebeu o prêmio Dagmar e Václav Havel por reunir as ciências exatas e as humanas.

Hal Puthoff era membro da subcomissão não oficial do Programa de Propulsão Avançada da NASA: Advanced Deep Space Transport Group, ou ADST (Grupo de Transporte Avançado do Espaço Cósmico) – um grupo, disse ele, que está na "vanguarda da vanguarda".[16]

Na função de diretor do Institute for Advanced Studies, Hal atuava como um órgão centralizador para inventores ou empresas que julgavam ter desenvolvido algum tipo de equipamento que utilizava o Campo de Ponto Zero. Hal fazia o teste supremo com cada um deles: teria que ficar claro que uma quantidade maior de energia saía do artefato do que entrava. Até o momento, os trinta aparelhos que ele testou falharam, mas Hal continua otimista, como só um cientista de vanguarda pode estar.[17]

Sob o aspecto da verdadeira importância das descobertas desses cientistas, essa utilização prática representava apenas uma espécie de banalidade tecnológica. Todos eles, Robert Jahn e Hal Puthoff, Fritz-Albert Popp e Karl Pribram, eram ao mesmo tempo filósofos e cientistas, e nas raras ocasiões em que não estavam ocupados dando seguimento às suas experiências, ocorreu-lhes que haviam escavado bastante e alcançado algo profundo, possivelmente até mesmo uma nova ciência. Eles tinham em mãos os primórdios de uma resposta para grande parte do que continuava faltando na física quântica. Peter Milonni, das instalações da NASA em Los Alamos, havia especulado que, se os pais da teoria quântica tivessem usado a física clássica com o campo de ponto zero, a comunidade científica teria ficado muito mais satisfeita com o resultado do que estava com as inúmeras incógnitas da física quântica.[18] Alguns acreditam que a teoria quântica será um dia substituída por uma teoria clássica modificada que leva em consideração o campo de ponto zero. O trabalho desses cientistas poderá retirar a palavra "quântica" da física quântica e criar uma física unificada do mundo, grande e pequeno.

Cada cientista fez sua própria incrível viagem de descoberta. Na condição de jovens cientistas com credenciais promissoras, cada um começou a carreira considerando certos princípios como sagrados – as ideias e a sabedoria que haviam recebido de seus colegas:

> O ser humano é uma máquina de sobrevivência em grande medida acionada por substâncias químicas e pela codificação genética.
> O cérebro é um órgão discreto, a sede da consciência, que também é em grande parte impulsionada por processos químicos – a comunicação das células e a codificação do DNA. O homem está essencialmente isolado de seu mundo, e sua mente está isolada de seu corpo.
> O tempo e o espaço são ordens finitas e universais. Nada viaja mais rápido do que a luz.

Cada um desses cientistas se deparou com uma anomalia nesse modo de pensar e teve a coragem e a independência de seguir tal linha de investigação. Um por um, por meio de uma experimentação meticulosa e do método de tentativa e erro, acabou chegando à conclusão de que todos esses princípios, que eram os fundamentos da física e da biologia, provavelmente estavam errados:

> A comunicação do mundo não ocorria na esfera visível de Newton, e sim no mundo subatômico de Werner Heisenberg.
> As células e o DNA se comunicavam por meio de frequências. O cérebro percebia e fazia seu próprio registro do mundo em ondas pulsantes.
> Uma subestrutura sustenta o Universo, que é basicamente um meio que registra tudo, proporcionando uma maneira para que tudo se comunique com tudo. As pessoas não podem ser separadas do ambiente delas. A consciência viva não é uma entidade isolada. Ela aumenta a ordem no resto do mundo. A consciência dos seres humanos possui poderes incríveis, de curar a nós mesmos, de curar o mundo e, de certo modo, de torná-lo como queremos que seja.

Todos os dias em seus laboratórios, esses cientistas captavam um minúsculo vislumbre das possibilidades indicadas por suas descobertas. Eles descobriram que somos muito mais impressionantes do que um acaso evolucionário ou máquinas genéticas de sobrevivência. O trabalho deles sugere uma inteligência descentralizada, porém unificada, que é bem mais grandiosa do que Darwin ou Newton haviam imaginado, um processo que não é nem aleatório nem caótico, mas inteligente e dotado de objetivo. Descobriram que no fluxo dinâmico da vida, a ordem triunfa.

Essas são descobertas que poderão mudar a vida das gerações futuras de muitas maneiras práticas, como as viagens sem combustível e a levitação instantânea. Entretanto, sob o aspecto do entendimento dos limites mais distantes do potencial humano, o trabalho deles sugeriu algo bem mais profundo. No passado, as pessoas acidentalmente evidenciavam alguma habilidade, como uma premonição, uma "vida passada", uma imagem clarividente, um dom para a cura, que logo era descartada como uma anomalia da natureza ou um conto do vigário. O trabalho desses cientistas sugeriu que essa não era uma capacidade anormal ou rara, mas que estava presente em todos os seres humanos. O trabalho deles fez alusão a habilidades humanas além de qualquer coisa que já sonhamos ser possível. Somos muito mais do que percebíamos. Se conseguíssemos entender cientificamente esse potencial, talvez pudéssemos entender como utilizá-lo de modo sistemático. Isso melhoraria bastante todas as áreas de nossa vida, da comunicação e autoconhecimento à interação com o mundo material. A ciência não mais nos reduziria ao nosso menor denominador comum. Ela nos ajudaria a dar o passo evolucionário final em nossa própria história, possibilitando que afinal compreendêssemos a nós mesmos em todo nosso potencial.

Essas experiências tinham ajudado a legitimar a medicina alternativa, que demonstrou trabalhar de maneira empírica, mas nunca foi compreendida. Se conseguíssemos desenvolver a ciência da medicina que trata os níveis humanos de energia e entender a natureza exata da "energia" que estava sendo tratada, as possibilidades para a melhora da saúde seriam inimagináveis.

Essas descobertas também confirmavam cientificamente a sabedoria antiga e o folclore das culturas tradicionais. Essas teorias oferecem a confirmação científica de muitos mitos e religiões em que os seres humanos acreditam desde o início dos tempos, mas que até agora só tinham a fé como ponto de apoio. Tudo que esses cientistas fizeram foi fornecer um sistema de referência científica para aquilo que os mais sábios entre nós já sabiam.

Os aborígines australianos tradicionais acreditam, assim como muitas outras culturas "primitivas", que as rochas, as pedras e as montanhas estão vivas e que criamos o mundo "cantando", ou seja, que estamos criando enquanto mencionamos as coisas. As descobertas de Braud e Jahn demonstraram que isso era mais do que uma simples superstição. E é exatamente no que os povos indígenas Achuar e Huaronani acreditam. Em nosso nível mais profundo, de fato compartilhamos nossos sonhos.

A revolução científica que se avizinha anunciou o fim do dualismo em todos os sentidos. Longe de destruir Deus, a ciência pela primeira vez estava provando Sua existência – ao demonstrar que uma consciência coletiva superior estava lá fora. Não é mais preciso haver duas verdades, a verdade da ciência e a verdade da religião. Poderia haver uma única visão unificada do mundo.

Essa revolução no pensamento científico também promete nos devolver um sentimento de otimismo, algo que foi removido da nossa autopercepção com a árida visão da filosofia do século XX, em grande parte derivada das opiniões abraçadas pela ciência. Não somos seres isolados vivendo a nossa vida separada em um planeta solitário de um Universo indiferente. Estamos e sempre estivemos no centro das coisas. As coisas não se desintegram. O centro as sustenta, e somos nós os responsáveis pela sustentação.

Temos muito mais poder do que percebíamos, de curar a nós mesmos, as pessoas que amamos e até mesmo nossas comunidades. Cada um de nós tem a capacidade – e em conjunto um grande poder coletivo – de melhorar nossa sorte na vida. A nossa vida, em todos os sentidos, está em nossas mãos. Essas constatações e descobertas eram audaciosas e muito poucas pessoas tinham ouvido falar nelas. Durante trinta anos, esses pioneiros haviam apresentado os seus achados em pequenas conferências matemáticas ou nos encontros anuais de minúsculas sociedades científicas criadas para promover um diálogo na ciência de vanguarda. Esses cientistas conheciam e admiravam o trabalho uns dos outros e eram reconhecidos nessas pequenas reuniões com seus colegas. Quase todos eles eram jovens quando fizeram suas descobertas, e antes de empreenderem o que se revelou uma mudança de direção para a vida inteira já eram altamente respeitados, até mesmo venerados. Agora eles estavam se aproximando da idade de se aposentar, e a maior parte do trabalho deles ainda não tinha visto a luz do dia na comunidade científica mais ampla. Todos eram como Cristóvão Colombo e ninguém acreditava no que eles tinham voltado para contar. A maior parte da comunidade científica simplesmente os ignorava e continuava a se agarrar à ideia de que a Terra era plana.

As atividades da propulsão espacial tinham sido a única face aceitável do campo de ponto zero. Apesar dos rigorosos protocolos científicos utilizados por esses cientistas, ninguém na comunidade ortodoxa estava levando qualquer outra descoberta deles a sério. Alguns, como Benveniste, tinham sido marginalizados. Durante muitos anos, Edgar Mitchell dependia de palestras que proferia a respeito de suas proezas no espaço cósmico para financiar sua pesquisa sobre a consciência. De vez em quando, Robert Jahn apresentava um artigo com provas estatísticas incontestáveis a uma publicação de engenharia, e os editores a descartavam de maneira peremptória. Não devido à parte científica, mas pelas implicações que iriam abalar a visão científica em vigor.

Não obstante, Jahn, Puthoff e os outros cientistas sabiam muito bem o que tinham nas mãos. Cada um deles prosseguiu confiante, característica do verdadeiro inventor. A maneira antiga era simplesmente mais um balão de ar quente. A resistência era como sempre havia sido na ciência. As novas ideias sempre foram consideradas heréticas. A comprovação de tais teorias poderia mudar o mundo para sempre. Muitas áreas precisavam ser aprimoradas, outros caminhos tinham que ser percorridos. Muitos destes poderiam se revelar desvios ou até mesmo becos sem saída, mas as primeiras investigações experimentais foram feitas. Foi um começo, um primeiro passo, a maneira como toda verdadeira ciência sempre começou.

NOTAS

Salvo indicação em contrário, todas as informações a respeito dos cientistas e todos os detalhes acerca de suas descobertas foram selecionados a partir de diversas entrevistas por telefone realizadas entre 1998 e 2001.

Agradecimentos

1. D. Reilly, "Is evidence for homeopathy reproducible?" *The Lancet*, 1994; 344: 1601-6.

Prólogo: A revolução iminente

1. M. Capek, *The Philosophical Impact of Contemporary Physics* (Princeton, New Jersey: Van Nostrand, 1961): 319, citado em F. Capra, *The Tao of Physics* (Londres: Flamingo, 1992). [Publicado em português pela Editora Cultrix, São Paulo, com o título *O Tao da Física*. (N. de T.)]
2. D. Zohar, *The Quantum Self* (Londres: Flamingo, 1991): 2; Danah Zohar oferece um excelente resumo da história filosófica da ciência antes e depois de Newton e Descartes.
3. Tenho um débito para com Brenda Dunne, gerente do laboratório PEAR em Princeton, por ter sido a primeira pessoa a me dar esclarecimentos sobre os interesses filosóficos dos teóricos quânticos. Ver também W. Heisenberg, *Physics and Philosophy* (Harmondsworth: Penguin, 2000), N. Bohr, *Atomic Physics and Human Knowledge* (Nova York: John Wiley & Sons, 1958) e R. Jahn e B. Dunne,

Margins of Reality: The Role of Consciousness in the Physical World (Nova York: Harvest/Harcourt Brace Jovanovich, 1987): 58-9.
4. Entrevista com Robert Jahn e Brenda Dunne, Amsterdã, 19 de outubro de 2000.
5. Na verdade, para determinar quais dos cientistas mereciam ser incluídos, tive que fazer certas escolhas arbitrárias. Escolhi o anestesiologista Stuart Hameroff e o trabalho dele sobre a consciência humana, quando poderia com a mesma facilidade ter escolhido o professor Roger Penrose, de Oxford. Apenas por razões de espaço omiti pioneiros, como Cyril Smith, da área da comunicação de células eletromagnéticas.

Capítulo 1: Luz na escuridão

1. Para o relato da viagem do dr. Mitchell, recorri a E. Mitchell, *The Way of the Explorer: An Apollo Astronaut's Journey Through the Material and Mystical Worlds* (G. P. Putnam, 1996): 61; M. Light, *Full Moon* (Londres: Jonathan Cape, 1999); uma visita a uma exposição de fotografias lunares (Londres: Tate Gallery, novembro de 1999); entrevistas pessoais com o dr. Mitchell (verão e outono de 1999); T. Wolfe, *The Right Stuff* (Londres: Jonathan Cape, 1980); e A. Chaikin, *A Man on the Moon* (Harmondsworth: Penguin, 1994).
2. Mitchell, *Way of the Explorer.* 61. Os resultados do dr. Mitchell foram publicados no *Journal of Parapsychology,* junho de 1971.
3. D. Loye, *An Arrow Through Chaos* (Rochester, Vt: Park Street Press, 2000).
4. A não localidade foi considerada comprovada por experiências realizadas por Alain Aspect e seus colegas em 1982 em Paris.
5. M. Schiff, *The Memory of Water: Homeopathy and the Battle of Ideas in the New Science* (Thorsons, 1995).

Capítulo 2: O mar de luz

1. H. Puthoff, "Everything for nothing", *New Scientist,* 28 de julho de 1990: 52-5.

2. J. D. Barrow, *The Book of Nothing* (Londres, Jonathan Cape, 2000): 216.
3. Uma simples equação mostrando energia para osciladores harmônicos seria representada como H = ΣihΩi(ni + 1/2). O 1/2 correspondia à energia do ponto zero. Durante a renormalização, os cientistas simplesmente abandonavam o 1/2. Conversa com Hal Puthoff, 7 de dezembro de 2000.
4. O campo de ponto zero é incluído na eletrodinâmica estocástica, mas na física clássica comum ele em geral é afastado pela "renormalização".
5. T. Boyer, "Deviation of the black-body radiation spectrum without quantum physics", *Physical Review*, 1969; 182: 1374-83.
6. Entrevistas com Richard Obousy, janeiro de 2001.
7. R. Sheldrake, *Seven Experiments that Could Change the World* (Londres: Fourth Estate, 1994): 75-6.
8. R. O. Becker e G. Selden, *The Body Electric* (Quill, 1985): 81.
9. A. Michelson e E. Morley, *American Journal of Science,* 1887, série 3; 34: 333-45, citado em Barrow, *Book of Nothing.* 143-4.
10. Citado em F. Capra, *The Tao of Physics* (Londres: Flamingo, 1976). [Publicado em português pela Editora Cultrix, São Paulo, com o título *O Tao da Física.* (N. de T.)]
11. E. Laszlo, *The Interconnected Universe: Conceptual Foundations of Transdisciplinary Unified Theory* (Cingapura: World Scientific, 1995).
12. A. C. Clarke, "When will the real space age begin?", *Ad Astra,* maio/junho de 1996: 13-5.
13. B. Haisch, "Brilliant disguise: light, matter and the Zero Point Field", *Science and Spirit,* 1999; 10: 30-1. Em outra parte, o dr. Haisch fez várias especulações interessantes a respeito da ligação entre a criação e o campo de ponto zero. Para o agnóstico, as flutuações aleatórias do vácuo em segundo plano são uma energia residual que restou do big-bang. Ver H. Puthoff, *New Scientist,* 28 de julho de 1990: 52. Os físicos da partícula teorizam que o Universo foi criado como um falso vácuo, com mais energia do que deveria ter tido. Quando essa energia declinou, produziu um vácuo quântico

comum, que resultou no big-bang e produziu toda a energia para a massa no Universo. Ver H. E. Puthoff, "The energetic vacuum: implications for energy research", *Speculations in Science and Technology,* 1990; 13: 247-57.

14. H. Puthoff, "Ground state of hydrogen as a zero-point-fluctuations-determined state", *Physical Review D;* 1987, 35: 3266-70.
15. Entrevista com Bernhard Haisch, Califórnia, 29 de outubro de 1999.
16. J. Gribbin, *Q is for Quantum: Particle Physics from A to Z* (Phoenix, 1999): 66; H. Puthoff, "Everything is for nothing"; 52.
17. Puthoff, "Ground state of hydrogen". Além disso, conversas com Hal Puthoff em 20 julho e 4 de agosto de 2000.
18. H. E. Puthoff "Source of vacuum electromagnetic zero-point energy", *Physical Review A,* 1989: 40: 4857-62; além disso, uma resposta a um comentário, 1991; 44: 3385;6.
19. H. Puthoff, "Where does the zero-point energy come from?", *New Scientist,* 2 de dezembro de 1989: 36.
20. Ibid.
21. Ibid.
22. No campo de ponto zero, Puthoff também encontrou uma explicação para a coincidência cosmológica descoberta a princípio pelo físico britânico Paul Dirac. Isso demonstrou que a densidade média da matéria – a atração média entre um elétron e um próton – tem um estreito relacionamento com o tamanho do Universo – medido pela razão entre o tamanho deste e o tamanho de um elétron. Puthoff descobriu que isso estava relacionado com a densidade da energia do campo de ponto zero. Ver *New Scientist,* 2 de dezembro de 1989.
23. Várias conversas com Hal Puthoff em 2000 e 2001; também H. Puthoff, "On the relationship of quantum energy research to the role of metaphysical processes in the physical world", www.meta-list.org.
24. Puthoff, "Everything for nothing".
25. S. Adler (em uma seleção de artigos concisos dedicados ao trabalho de Andrei Sakharov), "A key to understanding gravity", *New Scientist,* 30 de abril de 1981: 277-8.

26. B. Haisch, A. Rueda e H. E. Puthoff, "Beyond $E = mc^2$. A first glimpse of a universe without mass", *The Sciences*, novembro/dezembro de 1994: 26-31.
27. Puthoff, "Everything for nothing".
28. H. E. Puthoff, "Gravity as a zero-point-fluctuation force," *Physical Review A*, 1989; 30(5): 2333-42; também "Comment", *Physical Review A*, 1993; 47(4): 3454-5.
29. Ibid.
30. Entrevista com Hal Puthoff, 8 de abril de 2000.
31. Energy Conversion using High Charge Density [Conversão de Energia usando Densidade de Carga Elevada], US Patent n. 5,018,180.
32. Entrevista com Bernhard Haisch, Califórnia, 26 de outubro de 1999.
33. Robert Matthews, "Inertia: does empty space put up the resistance?" *Science, 1944;* 263: 613. Essa propriedade do vácuo também foi testada pelo Stanford Linear Accelerator Center.
34. B. Haisch, A. Rueda e H. E. Puthoff, "Inertia as a zero-point-field Lorentz force", *Physical Review A*, 1994; 49(2): 678-94.
35. B. Haisch, A. Rueda e H. E. Puthoff, dissertação apresentada na AIAA 98-3143, Advances ASME/SAE/ASEE Joint Propulsion Conference & Exhibit, 13-15 julho de 1998. Cleveland, Ohio.
36. B. Haisch *et al.*, "Beyond $E = mc^2$".
37. A. C. Clarke, *3001: The Final Odyssey* (HarperCollins, 1997): 258. [Publicado em português pela Editora Nova Fronteira com o título *3001: a odisseia final*. (N. de T.)]
38. Ibid.
39. Ibid.: 258-9.
40. Clarke, "When will the real space age begin?": 15.
41. A. Rueda, B. Haish e D. C. Cole, "Vacuum zero-point field pressure instability in astrophysical plasmas and the formation of cosmic voids", *Astrophysical Journal*, 1995; 445: 7-16.
42. R. Matthews, "Inertia".
43. D. C. Cole e H. E. Puthoff, "Extracting energy and heat from the vacuum", *Physical Review E*, 1993; 48(2): 1562-5.

44. Entrevista com Bernhard Haisch, Califórnia, 29 de outubro de 1999.
45. Entrevistas com Hal Puthoff em julho e agosto de 2000; também H. Puthoff, "On the relationship of quantum energy".
46. Clarke, "When will the real space age begin?".

Capítulo 3: Seres de luz

1. F. A. Popp, "MO-Rechnungen an 3,4 Benzpyren und 1,2-Benzpyren legen ein Modell zur Deutung der chemischen Karzinogeneses nahe", *Zeitschrift für Naturforschung,* 1972; 27b: 731; EA. Popp, "Einige Mõglichkeiten für Biosignale zur Steuerung des Zellwachstums", *Archiv für Geschwulsforschung,* 1974; 44: 295-306.
2. B. Ruth e F. A. Popp. "Experimentelle Untersuchungen zur ultras-chwachen Photonemission biologisher Systeme", *Zeitschrift für Naturforschung,* 1976; 31C: 741-5.
3. M. Rattemeyer, F. A. Popp e W. Nagl, *Naturuwissenschaften,* 1981; 11: 572-3.
4. R. Dawkins, *The Selfish Gene,* 2. edição (Oxford: Oxford University Press, 1989): 22.
5. Ibid.: prefácio, 2; ver também R. Sheldrake, *The Presence of the Past* (Londres: Collins, 1988): 83-5.
6. Dawkins, *The Selfish Gene:* 23.
7. Ibid.: 23; "Isso, no momento atual da biologia molecular, é o filtro de som adquirido da linguagem atrás do qual está oculta a ignorância, na falta de uma explicação melhor."
8. Entrevista por telefone com Fritz-Albert Popp, 29 de janeiro de 2001.
9. R. Sheldrake, *A New Science of Life* (Londres: Paladin, 1987): 24-5.
10. R. Sheldrake, *A New Science of Life: The Hypothesis of Formative Causation* (Londres: Blond and Briggs, 1981); Sheldrake, *Presence of the Past.*
11. Sheldrake expressou a opinião de que a não localidade na física quântica talvez possa, em última análise, explicar algumas de suas teorias. Ver o website de Sheldrake: www.sheldrake.org.

12. H. Reitere D. Gabor, *Sllteilung und Strahlung. Sonderheft der Wissenschaftlichen, Verojfentlichungen aus Deméter Siemens-Konzern* (Berlim: Springer, 1928).
13. R. Gerber, *Vibrational Medicine* (Santa Fé: Bear and Company, 1988): 82.
14. H. Burr, *The Fields of Life* (Nova York: Ballantine, 1972).
15. R. O. Becker e G. Selden, *The Body Electric: Electromagnetism and the Foundations of Life* (Quill, 1985): 83.
16. Experiências realizadas por Lund, Marsh e Beams são relatadas em Becker e Selden, *The Body Electric*: 82-5.
17. Becker e Selden, *Body Electric*: 73-4.
18. H. Fröhlich, "Long-range coherence and energy storage in biological systems", *International Journal of Quantum Chemistry,* 1968; 2: 641-9.
19. H. Fröhlich, "Evidence for Bose condensation-like excitation of coherent modes in biological systems", *Physics Letters,* 1975, 51a: 21; ver também D. Zohar, *The Quantum Self* (Londres: Flamingo, 1991): 65.
20. R. Nobili, "Schrödinger wave holography in brain cortex", *Physical Review A,* 1985; 32: 3618-26; R. Nobili, "Ionic waves in animal tissues", *Physical Review A,* 1987; 35:1901-22.
21. Becker e Selden, *The Body Electric:* 92-3; também R. Gerber, *Vibrational Medicine*: 98; M. Schiff, *The Memory of Water*: 12. Mais recentemente, outro italiano, Ezio Insinna, propôs que os centríolos, as pequenas estruturas com formato de roda de carroça que mantêm no lugar a estrutura celular, são osciladores, ou geradores de onda, praticamente "imortais". Em um embrião, essas ondas serão colocadas em movimento pelos genes do pai quando se unirem pela primeira vez com os genes da mãe, e dali em diante continuarão a pulsar durante toda a vida do organismo. No primeiro estágio de desenvolvimento do embrião, elas poderão começar a afetar a forma e o metabolismo da célula em uma determinada frequência e depois modificar a frequência à medida que o organismo vai amadurecendo. Correspondência com E. Insinna,

novembro de 1998. Ver. E. Insinna, "Syncronicity and coherent excitations in microtubules", *Nanobiology,* 1992; I: 191-208; "Ciliated cell electrodynamics: from cilia and flagella to ciliated sensory systems", in A. Malhotra (org.), *Advances in Structural Biology,* Stanford, Connecticut: JAI Press, 1999: 5. T.Y. Tsong também escreveu a respeito da linguagem eletromagnética das células: T.Y. Tsong, "Deciphering the language of cells", *Trends in Biochemical Sciences,* 1989; 14: 89-92.

22. F. A. Popp, Qiao Gu e Ke-Hsueh Li, "Biophoton emission: experimental background and theoretical approaches", *Modern Physics Letters B,* 1994; 8(21/ 22): 1269-96; também F.A. Popp, "Biophotonics: a powerful tool for investigating and understanding life", in H. P. Dürt, F. A. Popp e W. Schommers (orgs.), *What is Life?* (Cingapura: World Scientific).
23. S. Cohen e F. A. Popp, "Biophoton emission of the human body", *Journal of Photochemistry and Photobiology B: Biology,* 1997; 40:187-9.
24. Entrevistas com Fritz-Albert Popp em Coventry e por telefone, março de 2001.
25. F. A. Popp e Jiin-Ju Chang, "Mechanism of interaction between electromagnetic fields and living systems", *Science in China (Series C),* 2000; 43: 507-18.
26. O biólogo Rupert Sheldrake realizou recentemente uma pesquisa sobre as habilidades especiais dos animais. As pesquisas dele demonstraram que as colônias de cupim formam colunas e depois as inclinam em direção umas às outras até que as extremidades das novas colunas se encontram em um arco, de acordo com um plano mestre que está além de toda comunicação usual. Uma das melhores experiências para testar essa habilidade foi conduzida pelo naturalista sul-africano Eugène Marais, que colocou uma placa de aço em um grande ninho de cupins. Apesar da altura e da largura da placa, os cupins construíram um arco ou torre de cada lado da placa tão semelhantes que, quando a placa de aço foi retirada, as duas metades se encaixaram perfeitamente. Marais (e mais tarde

Sheldrake) chegaram à conclusão de que os cupins funcionam de acordo com um campo de energia organizadora bem mais avançado do que qualquer comunicação sensorial, especialmente porque muitas formas não foram capazes de penetrar na placa de aço. Sheldrake reuniu uma base de dados de mais de 2.700 casos de animais de estimação e o comportamento aparentemente telepático deles, além de uma série de entrevistas com donos de animais de estimação. Mais de 200 pesquisas dizem respeito à capacidade telepática de JayTee, um terrier de raça mista no norte da Inglaterra que ia para a janela esperar a dona, Pamela Smart, prevendo telepaticamente a chegada dela mesmo que ela se pusesse a caminho de casa em horas incomuns e em veículos estranhos. Ver R. Sheldrake, *Seven Experiments That Could Change the World: A Do-it-Yourself Guide to Revolutionary Science* (Fourth State, 1994): 68-86, e *Dogs That Know When Their Owners are Coming Home and Other Unexplained Powers of Animais* (Hutchinson, 1999).

27. Entrevista com Fritz-Albert Popp, 21 de março de 2001.
28. J. Hyvarien e M. Karlssohn, "Low-resistance skin points that may coincide with acupuncture loci", *Medical Biology,* 1977; 55: 88-94, como citado no *New England Journal of Medicine,* 1995; 333(4): 263.
29. B. Pomeranz e G. Stu, *Scientific Basis of Acupuncture* (Nova York: Springer-Verlag, 1989).
30. A. Colston Wentz, "Infertility" (Resenha de livro), *New England Journal of Medicine,* 1995; 333(4): 263.
31. Becker e Selden, *The Body Electric*: 235.

Capítulo 4: A linguagem da célula

1. J. Benveniste, B. Arnoux e L. Hadji, "Highly dilute antigen increases coronary flow of isolated heart from immunized guinea-pigs", *FASEB Journal,* 1992; 6: A1610. Também apresentado em "Experimental Biology – 98 (FASEB)", São Francisco, 20 de abril de 1998.
2. M. Schiff, *The Memory of Water: Homeopathy and the Battle of New Ideas in the New Science* (HarperCollins, 1994): 22.

3. Ibid.: 103
4. E. Davenas *et al.*, "Human basophil degranulation triggered by very dilute antiserum against IgE", *Nature*, 1988; 333 (6176): 816-8.
5. J. Maddox, "Editorial", *Nature*, 1988; 333: 818; ver também M. Schiff, *The Memory of Water*, 86.
6. Resposta de J. Benveniste à *Nature*, 1988; 334: 291. Para um relato completo da visita da *Nature*, ver J. Maddox, *et al.*, "High-dilution experiments a delusion", *Nature*, 1988; 334: 287-90. Resposta de J. Benveniste à *Nature*; também Schiff, *Memory of Water*, capítulo 6, p. 85-95.
7. Schiff, *Memory of Water*: 57.
8. Ibid.: 103.
9. J. Benveniste, "Understanding digital biology", relatório não publicado de intenções, 14 de junho de 1988; também entrevistas com J. Benveniste, outubro de 1999.
10. J. Benveniste, *et al.*, "Digital recording/transmission of the cholinergic signal", *FASEB Journal, 1996*, 10: A1479; J. Alissa *et al.*, "Molecular signalling at high dilution or by means of electronic circuitry", *Journal of Immunology*, 1993; 150: 146a; J. Alissa, "Electronic transmission of the cholinergic signal", *FASEB Journal*, 1995; 9: A683; Y. Thomas, "Modulation of human neutrophil activation by electronic' phorbol myristate acetate (PMA)", *FASEB Journal*, 1996; 10: A1479. (Uma lista completa dos artigos pode ser encontrada em www.digibio.com).
11. J. Benveniste, P. Jurgens *et al.*, "Transatlantic transfer of digitized antigen signal by telephone link", *Journal of Allergy and Clinical Immunology*, 1997; 99: S175.
12. Schhi *S*, *Memory of Water*: 14-15.
13. D. Loye, *An Arrow Through Chaos: How We See into the Future* (Rochester, Vt: Park Street Press, 1983): 146.
14. J. Benveniste *et al.*, "A simple and fast method for *in vivo* demonstration of electromagnetic molecular signaling (EMS) via high dilution or computer recording", *FASEB Journal*, 1999; 13: Al 63.
15. J. Benveniste *et al.*, "The molecular signal is not functioning in the absence of 'informed' water", *FASEB Journal*, 1999; 13: A163.

16. M. Jibu, S. Hagan, S. Hameroff *et al.*, "Quantum optical coherence in cytoskeletal microtubules: implicados for brain function", *BioSystems,* 1994; 32: 95-209.
17. A. H. Frey, "Electromagnetic field interactions with biological systems", *FASEB Journal,* 1993; 7: 272.
18. M. Bastide *et al.*, "Activity and chronopharmacology of very low doses of physiological immune inducers", *Immunology Today,* 1985; 6: 234-5; L. Demangeat *et al.*, "Modifications des temps de relaxation RMN à 4MHz des protons du solvant dans les très hautes dilutions salines de silice/lactose", *Journal of Medical Nuclear Biophysics,* 1992; 16: 135-45; B. J. Youbicier-Simo *et al.*, "Effects of embryonic bursectomy and *in ovo* administration of highly diluted bursin on an adrenocorticotropic and immune response to chickens", *International Journal of Immunotherapy,* 1993; IX: 169-80, P. C. Endler *et al.*, "The effect of highly diluted agitated thyroxin on the climbing activity of frogs", *Veterinary and Human Toxicology,* 1994; 36: 56-9.
19. P. C. Endler *et al.*, "Transmission of hormone information by non--molecular means", *FASEB Journal,* 1994; 8: A400; F. Senekowitsch *et al.*, "Hormone effects by CD record/replay", *FASEB Journal,* 1995; 9: A392.
20. *The Guardian,* 15 de março de 2001; ver também J. Sainte-Laudy e P. Belon, "Analysis of immunosuppressive activity of serial dilutions of histamines on human basophil activation by flow symmetry", *Inflammation Research,* 1996; Suplemento 1: S33-4.
21. D. Reilly, "Is evidence for homeopathy reproducible?", *The Lancet,* 1944: 344: 1601-6.
22. J. Jacobs, "Homeopathic treatment of cute childhood diarrhea", *British Homoeopathic Journal,* 1993; 82: 83-6.
23. E. S. M. deLange deKlerk e J. Bloomer, "Effect of homoeopathic medicine on daily burdens of symptoms in children with recurrent upper respiratory tract infections", *British Medical Journal,* 1994; 309: 1329-32.
24. F. J. Master, "A study of homoeopathic drugs in essential hypertension", *British Homoeopathic Journal,* 1987; 76: 120-1.

25. D. Reilly, "Is evidence for homeopathy reproducible?", *The Lancet*, 1944: 344: 1601-6.
26. Ibid.: 1585.
27. J. Benveniste, "Letter", *The Lancet*, 1998; 351: 367.
28. A descrição desses resultados é proveniente de uma conversa telefônica com Jacques Benveniste em 10 de novembro de 2000.

Capítulo 5: Ressoando com o mundo

1. Descrição das experiências de Lashley, fornecidas por Karl Pribram em uma entrevista por telefone em 14 de junho de 2000.
2. K. Pribram, "Autobiography in anecdote: the founding of experimental neuropsychology", in Robert Bilder (org.), *The History of Neuroscience in Autobiography* (San Diego, CA: Academic Press, 1998): 306; 49.
3. Descrição do protocolo do laboratório de Lashley feita por Karl Pribram, entrevista por telefone em 14 de junho de 2000.
4. K. S. Lashley, *Brain Mechanisms and Intelligence* (Chicago: University of Chicago Press, 1929).
5. K. S. Lashley, "In search of the engram", in Society for Experimental Biology, *Physiological Mechanisms in Animal Behavior* (Nova York: Academic Press, 1950): 501, citado in K. Pribram, *Languages of the Brain: Experimental Paradoxes and Principles in Neurobiology* (Nova York: Brandon House, 1971): 26.
6. Pribram, "Autobiography".
7. Citado in K. Pribram, *Brain and Perception: Holonomy and Structure in Figural Processing* (Hillsdale, NJ: Lawrence Erlbaum, 1991): 9.
8. M. Talbot, *The Holografic Universe* (Nova York: HarperCollins, 1991): 18-19.
9. D. Loye, *An Arrow Through Chaos* (Rochester, Vt: Park Street Press, 2000): 16; 17.
10. Karl Pribram, entrevista por telefone, 14 de junho de 2000.
11. Várias entrevistas com K. Pribram, junho de 2000; ver também Talbot, *Holographic Universe*: 19.

12. Descrição completa de sua descoberta, obtida em uma entrevista com Karl Pribram, Londres, 9 de setembro de 1999.
13. Pribram, "Autobiography".
14. Pribram, *Brain and Perception:* 27.
15. Pribram, *Brain and Perception*: Acknowledgements, XX; entrevista com Pribram, Londres, 9 de setembro de 1999.
16. Karl Pribram, entrevistas por telefone, 14 de junho e 7 de julho de 2000. Também um encontro em Liège, Bélgica, 12 de agosto de 1999.
17. Loye, *Arrow Through Chãos:* 150.
18. Talbot, *Holographic Universe:* 21.
19. Correspondência com K. Pribram, 5 de julho de 2001.
20. Talbot, *Holographic Universe:* 26.
21. R. DeValois e K. DeValois, *Spatial Vision* (Oxford: Oxford University Press, 1988).
22. Pribram, *Brain and Perception,* 76; também avaliações de DeValois e DeValois, "Spatial Vision", *Annual Review of Psychology,* 1980: 309-41.
23. Pribram, *Brain and Perception,* capítulo 9.
24. Pribram, *Brain and Perception,* 79.
25. Pribram, *Brain and Perception, 76-7.*
26. Pribram, *Brain and Perception,* 75.
27. Pribram, *Brain and Perception,* 137.
28. Ibid.
29. Entrevistas por telefone com Karl Pribram, maio de 2000.
30. Pribram, *Brain and Perception,* 141.
31. W.J. Schempp, *Magnetic Resonance Imagining: Mathematical Foundations and Applications* (Londres: Wiley-Liss, 1998).
32. R. Penrose, *Shadows of the Mind: A Search for the Missing Science of Consciousness* (Nova York: Vintage, 1994): 367.
33. S. R. Hameroff, *Ultimate Computing: Biomolecular Consciousness and Nanotechnology* (Amsterdã: North Holland, 1987).
34. Ibid.
35. Pribram, *Brain and Perception,* 283.
36. M. Jibu e K. Yasue, "A physical picture of Umezawa's quantum brain dynamics", in R. Trappl (org.) *Cybernetics and Systems Research,*

'92 (Cingapura: World Scientific, 1992); "The basis of quantum brain dynamics", in K. H. Pribram (org.) *Proceedings of the First Appalachian Conference on Behavioral Neurodynamics* (Radford: Center for Brain Research and Informational Sciences, Radford University, 17-20 setembro de 1992); "Intracellular quantum signal transfer in Umezawa's quantum brain dynamics", *Cybernetics Systems International,* 1993; 1 (24): 1-7; "Introduction to quantum brain dynamics", in E. Carvalho (org.) *Nature, Cognition and System III* (Londres: Kluwer Academic, 1993).

37. C. D. Laughlin, "Archetypes, neurognosis and the quantum sea", *Journal of Scientific Exploration,* 1996; 10: 375-400.
38. E. Insinna, correspondência e anexos para o autor, 5 de novembro de 1998; E. Insinna "Ciliated cell electrodynamics: from cilia and flagella to ciliated sensory systems", in A. Malhotra (org.), *Advances in Structural Biology* (Stanford, Conn: JAI Press, 1999): 5.
39. M. Jibu, S. Hagan, S. Hameroff *et al.,* "Quantum optical coherence in cytoskeletal microtubules: implications for brain function", *BioSystems,* 1994; 32: 95-209.
40. Ibid.
41. D. Zohar, *The Quantum Self* (Londres: Flamingo, 1991): 70.
42. E. Laszlo, *The Interconnected Universe: Conceptual Foundations of Transdisciplinary Unified Theory* (Cingapura: World Scientific, 1995): 41.
43. Hameroff, *Ultimate computing;* Jibu *et al.,* "Quantum optical coherence".
44. E. Del Giudice *et al.,* "Electromagnetic field and spontaneous symmetry breaking in biological matter", *Nuclear Physics,* 1983; B275 (FS17): 185-99.
45. D. Bohn, *Wholeness and the Implicate Order* (Londres: Routledge, 1983).
46. Pribram postulou que os seres humanos também possuem *loops "feedforward"* de imagens e informações que lhes permitem procurar ativamente informações ou estímulos específicos: procurar um parceiro de determinado tipo é apenas um exemplo (corres-

pondência trocada com Karl Pribram, 5 de julho de 2001). Uma explicação completa pode ser encontrada em Dave Loye, *Arrow Through Chaos:* 22-3.

47. Laszlo, *Interconnected Universe.*
48. M. Jibu e K. Yasue, "The basis of quantum brain dynamics", in K. H. Pribram (ed.), *Rethinking Neural Networks: Quantum Fields and Biological Data* (Hillsdale, NJ: Lawrence Erlbaum, 1993): 121-45.
49. Laszlo, *Interconnected Universe:* 100-1.
50. Laughlin, "Archetypes, neurognosis and the quantum sea".

Capítulo 6: O observador criativo

1. Para todas as informações relacionadas a Helmut Schmidt, correspondência com Helmut Schmidt, 14 e 16 de maio de 2001. Ver também R. S. Bourghton, *Parapsychology: The Controversial Science* (Nova York: Ballantine, 1991).
2. Com o tempo, Rhine escreveu os seus resultados em um livro intitulado *Extrasensory Perception* (Boston: Bruce Humphries, 1964).
3. Entrevista por telefone com Helmut Schmidt, 16 de maio de 2001.
4. Entrevista com Robert Jahn e Brenda Dunne, Amsterdã, 19 de outubro de 2000; B. G. Dunne, *Margins of Reality: The Role of Consciousness in the Physical World* (Nova York: Harcourt, Brace, Jovanovich, 1987): 58-62.
5. E. Lazlo, *The Interconnected Universe: Conceptual Foundations of Transdisciplinary Unified Theory* (Cingapura: World Scientific, 1995): 56.
6. H. Schmidt, "Quantum processes predicted?", *Neiv Scientist,* 16 de outubro de 1969: 58-62.114-15.
7. Para uma ampliação dessa ideia, ver D. Radin e R. Nelson, "Evidence for consciousness-related anomalies in random physical systems", *Foundations of Physics,* 1989; 19(12): 1499-514; D. Zohar, *The Quantum Self* (Londres: Flamingo, 1991): 33-4.

8. E. J. Squires, "Many views of one world – an interpretation of quantum theory", *European Journal of Physics,* 1987; 8: 173.
9. H. Schmidt, "Mental influence on random events", *New Scientist,* 24 de junho de 1971; 757-8.
10. Broughton, *Parapsychology*: 177.
11. A fonte para a descrição da máquina de Helmut Schmidt foi a correspondência trocada com ele em 20 de março de 1999; ver também Broughton, *Parapsychology*: 125-7; e D. Radin, *The Conscious Universe: The Scientific Truth of Psychic Phenomena* (Nova York: HarperEdge, 1997): 138-40.
12. Schmidt, "Quantum processes".
13. Schmidt, "Mental influence".
14. Ibid.
15. Entrevista por telefone com Helmut Schmidt, 14 de maio de 2001.
16. Para a história do programa PEAR, entrevistas com Brenda Dunne, Princeton, 23 de junho de 1998, e Robert Jahn e Brenda Dunne, Amsterdã, 19 de outubro de 2000.
17. Dunne e Jahn, *Margins of Reality*: 97-8.
18. R. G. Jahn *et al.,* "Correlations of random binary sequences with pre-stated operator intention: a review of a 12-year program", *Journal of Scientific Exploration,* 1997; 11: 345-67.
19. Entrevistas com Brenda Dunne, Amsterdã, 19 de outubro de 2000.
20. Jahn, "Correlations": 350.
21. Ibid.
22. Radin e Nelson, "Evidence for consciousness-related anomalies"; ver também R. D. Nelson e D. I. Radin, "When immovable objections meet irresistible evidence", *Behavioral and Brain Sciences,* 1987; 10: 600-1; "Statistically robust anomalous effects: replication in random event generator experiments", in L. Henchle e R. E. Berger (eds), *RIP1988* (Metuchen, NJ: Scarecrow Press, 1988): 23-6.
23. D. Radin e D. C. Ferrari, "Effect of consciousness on the fall of dice: a meta-analysis", *Journal of Scientific Exploration,* 1991; 5: 61-84.
24. Broughton, *Parapsychology*: 177.
25. Radin, *Conscious Universe*: 140.

26. Radin e Nelson, "Evidence for consciousness-related anomalies".
27. D. Radin e R. Nelson, "Meta-analysis of mind-matter interaction experiments, 1959-2000" (não publicado), www.boundaryinstitute.org.
28. Radin e Nelson, "Evidence for consciousness-related anomalies".
29. R. D. Nelson, "Effects size per hour: a natural unit for interpreting anomalous experiments", *PEAR Technical Note 94003,* setembro de 2004.
30. W. Braud, "Wellness implications of retroactive intentional influence: exploring an outrageous hypothesis", *Alternative Therapies,* 2000; 6(1): 37-48.
31. Para a explicação e a analogia do efeito tamanho, ver Rardin, *Conscious Universe:* 154-5 e W. Braud, "Wellness implications".
32. René Peoc'h, "Psychokinetic action of young chicks on the path of an 'illuminated source'". *Journal of Scientific Exploration,* 1995; 9(2): 223.
33. R. Jahn e B. Dunne, *Margins of Reality*: 242-59
34. B. J. Dunne, "Co-operator experiments with an REG device", *PEAR Technical Note 91005,* dezembro de 1991.
35. Entrevista com Brenda Dunne, Princeton, 23 de junho de 1998.
36. Jahn e Dunne, *Margins:* 257.
37. Jahn *et al.,* Correlations: 356; entrevista com Brenda Dunne, Princeton, 23 de junho de 1998.
38. B. J. Dunne, "Gender differences in human/machine anomalies", *Journal of Scientific Exploration,* 1998; 12(1): 3;55.
39. Entrevista com Brenda Dunne, Princeton, 23 de junho de 1998.
40. Entrevista com Robert Jahn e Brenda Dunne, Amsterdã, 19 de outubro de 2000.
41. R. G. Jahn e B. J. Dunne, "ArtREG: a random event experiment utilizing picture preference feedback". *Journal of Scientific Exploration,* 2000: 14(3): 383-409.
42. Entrevista com Robert Jahn e Brenda Dunne, Amsterdã, 19 de outubro de 2000.
43. R. Jahn, "A modular model of mind/matter manifestations", *PEAR Technical Note 2001.01,* maio de 2001.

44. As ideias contidas neste parágrafo me foram apresentadas em uma conversa com Robert Jahn e Brenda Dunne em Amsterdã no dia 19 de outubro de 2000; também R. Jahn, "Modular Model".
45. Jahn e Dunne, "Science of the Subjective".

Capítulo 7: Compartilhando sonhos

1. Descrição dos indígenas da Amazônia em um estudo realizado pelo The Institute of Noetic Sciences, publicado por M. Schlitz, "On consciousness, causation and evolution", *Alternative Therapies,* julho de 1998; 4(4): 82-90.
2. R. S. Broughton, *Parapsychology: The Controversial Science* (Nova York: Ballantine, 1991): 91-92.
3. Entrevista com William Braud, Califórnia, 25 de outubro de 1999.
4. Entrevista com William Braud, Califórnia, 25 de outubro de 1999.
5. D. Radin, *The Conscious Universe: The Scientific Truth of Psychic Phenomena* (HarperEdge: Nova York, 1997); também D. J. Bierman (ed.), *Proceedings of Presented Papers,* 37th Annual Parapsychological Association Convention, Amsterdã (Fairhaven, Mass.: Parapsychological Association, 1994): 71.
6. Broughton, *Parapsychology*: 98.
7. C. Tart, "Physiological correlates of psi cognition", *International Journal of Parapsychology,* 1963: 5; 375;86; entrevista com Charles Tart, Califórnia, 20 de outubro de 1999.
8. D. Delanoy, hoje da Universidade de Edimburgo, realizou experiências semelhantes; D. Delanoy e S. Sah, "Cognitive and psychological psi responses in remote positive and neutral emotional states", in Bierman (org.), *Proceedings of Presented Papers.*
9. C. Tart, "Psychedelic experiences associated with a novel hipnotic procedure: mutual hypnosis", in C. T. Tard (org.), *Altered States of Consciousness* (Nova York: John Wiley, 1969): 291-308.
10. W. Braud e M. J. Schlitz, "Consciousness interactions with remote biological systems: anomalous intentionality effects", *Subtle Energies,* 1991; 2(1): 1-46.

11. M. Schlitz e S. LaBerge "Autonomic detection of remote observation: two conceptual replications", in D. J. Bierman (org.), *Proceedings of Presented Papers:* 465-78.
12. W. Braud *et al.*, "Further studies of autonomic detection of remote staring: replication, new control procedures and personality correlates", *Journal of Parapsychology,* 1993: 57: 391-409. Essas experiências foram reproduzidas por Schlitz e LaBerge, "Autonomic detection".
13. W. Braud e M. Schlitz, "Psychokinetic influence on electrodermal activity", *Journal of Parapsychology,* 1983; 47(2): 95-119.
14. W. Braud *et al.*, "Attention focusing facilitated through remote mental interaction", *Journal of the American Society for Psychical Research,* 89(2): 103-15.
15. M. Schlitz e W. Braud, "Distant intentionality and healing: assessing the evidence", *Alternative Therapies,* 1997: 3(6): 62-73.
16. W. Braud e M. Schlitz, "Psychokinetic influence on electrodermal activity", *Journal of Parapsychology,* 1983; 47: 95-119. As experiências de Braud também foram reproduzidas de forma independente na Universidade de Edimburgo e na Universidade de Nevada. D. Delanoy, "Cognitive and physiological psi responses to remote positive and neutral emotional states", in D. J. Bierman (org.), *Proceedings of Presented Papers:* 1298-38; também R. Wezelman *et al.*, "An experimental test of magic: healing rituals", in E.C. May (org.), *Proceedings of Presented Papers,* 39a Annual Parapsychological Association Convention, San Diego, Califórnia (Fairhaven, Mass.: Parapsychological Association, 1996): 1-12.
17. W. Braud e M. Schlitz, "A methodology for the objective study of transpersonal imagery", *Journal of Scientific Exploration,* 1989; 3(1): 43-63.
18. W. G. Braud, "Psi-conductive states." *Journal of Communication,* 1975; 25(1): 142-52.
19. Broughton, *Parapsychology*: 103.
20. *Proceedings of the International Symposium on the Physiological and Biochemical Basis of Brain Activity,* São Petersburgo, Rússia, 22 a 24 de junho de 1992; ver também *Second Russian-Swedish*

Symposium on New Research in Neurobiology, Moscou, Rússia, 19 a 21 de maio de 1992.

21. R. Rosenthal, "Combining results of independent studies", *Psychological Bulletin,* 1978; 85: 185-93.
22. Radin, *Conscious Universe*: 79.
23. W. G. Braud, "Honoring our natural experiences", *The Journal of the American Society for Psychical Research,* 1994: 88(3): 293-308.
24. Anos mais tarde, essa ideia veio a ser o tema de um livro. *Be Careful What you Pray for ... You Just Might Get it,* de L. Dossey (HarperSanFranciso, 1997) fornece exemplos exaustivos do poder que os pensamentos negativos têm de nos prejudicar e também oferece sugestões sobre como podemos nos proteger deles.
25. W. G. Braud, "Blocking/shielding psychic functioning through psychological and psychic techniques: a report of three preliminary studies", in R. White e I. Solfvin (orgs.), *Research in Parapsychology,* 1984 (Metuchen, NJ: Scarecrow Press, 1985): 42-4.
26. W. G. Braud, "Implications and applications of laboratory psi findings", *European Journal of Parapsychology,* 1990-91; 8: 57-65.
27. W. Braud *et al.*, "Further studies of the bio-PK effect: feedback, blocking, generality/specificity", in White and Solfvin (eds), *Research in Parapsychology*: 45-8.
28. D. Bohm, *Wholeness and the Implicate Order* (Londres: Routledge, 1980).
29. E. Laszlo, *The Interconnected Universe: Conceptual foundations of Transdisciplinary Unified Theory* (Cingapura: World Scientific, 1995): 101.
30. J. Grinberg-Zylberbaum e J. Ramos, "Patterns of interhemispheric correlations during human communication", *International Journal of Neuroscience,* 1987; 36: 41-53; J. Grinberg-Zylberbaum *et al.*, "Human communication and the electrophysiological activity of the brain", *Subtle Energies,* 1992; 3(3): 25-43.
31. Isso foi explorado em detalhes por Ian Stevenson; ver I. Stevenson, *Children Who Remember Previous Lives* (Charlottesville, Va: University Press of Virginia, 1987).

32. Laszlo, *Interconnected Universe*: 102-3.
33. Braud, *Honoring Our Natural Experiences.*
34. De fato, Marilyn Schlitz e Charles Honorton realizaram uma experiência mostrando que pessoas que tinham um talento artístico se saíam melhor na PES do que a população geral. Ver M.J. Schlitz e C. Honorton, "Banzfeld psi performance within an artistically gifted population", *The Journal of the American Society for Psychical Research, 1992;* 86(2): 83-98.
35. L. E Berkman e S. L. Syme, "Social networks, host resistance and mortality: a nine-year follow-up study of Alameda County residents", *American Journal of Epidemiology,* 1979; 109(2): 186-204.
36. L. Galland, *The Four Pillars of Healing* (Nova York: Random House, 1997): 103-5.

Capítulo 8: A visão prolongada

1. C. Backster, "Evidence of a primary perception of plant life", *International Journal of Parapsychology,* 1967; X: 141. O artigo "Toward a quantum theory of life process", de Puthoff, escrito em 1972, nunca foi publicado. "Com uma visão retrospectiva de trinta anos e a ausência de uma verificação inequívoca tanto do efeito Backster quanto dos táquions – os dois fulcros desta proposta –, ela parece um tanto ingênua. Mas ela me fez começar", escreveu Puthoff para o autor em 15 de março de 2000. Ele também comenta: "A propósito, nunca cheguei a fazer a experiência sugerida".
2. H. Puthoff, "Toward a quantum theory of life process".
3. G. R. Schmeidler, "PK effects upon continuously recorded temperatures", *Journal of the American Society of Psychical Research,* 1997; 67 (4), citado in H. Puthoff e R. Targ, "A perceptual channel for information transfer over kilometer distances: historical perspective and recent research", *Proceedings of the IEEE,* 1976; 64 (3): 329-54.
4. S. Ostrander e L. Schroeder, *Psychic Discoveries Behind the Iron Curtain* (hoje condensado em *Psychic Discoveries,* Nova York:

Marlowe & Company, 1997), publicado em 1971, causou uma enxurrada de preocupação a respeito da chamada "guerra psíquica".

5. J. Schanbel, *Remote Viewers: The Secret History of America's Psychic Spies* (Nova York: Dell, 1997): 94-5.
6. Han Turner é um pseudônimo de um funcionário da CIA chamado de "Bill O'Donnell" no livro de Schnabel.
7. Uma descrição completa do recinto das instalações militares da Virgínia Ocidental é encontrada em *Remote Viewers,* de Schnabel.
8. H. Puthoff e R. Targ, "Final report, covering the period january 1974-February 1975 Part 1 – executive summary", 1º de dezembro de 1975, *Perceptual Augmentation Techniques*, SRI Project 3183; H.E. Puthoff, "CIA-initiated remote viewing program at Stanford Research Institute, *Journal of Scientific Exploratioti,* 1996; 10(1): 63-75.
9. R. Targ, *Miracles of Mind: Exploring Nonlocal Consciousness and Spiritual Healing* (Novato, Califórnia: New World Library, 1999): 46-7; D. Radin, *The Conscious Universe: The Scientific Truth of Psychic Phenomena* (Nova York: HarperEdge, 1997): 25-6.
10. C. A. Robinson Jr., "Soviets push for beam weapon", *Aviation Week,* 2 de maio de 1977.
11. Entrevista com Edwin May, Califórnia, 25 de outubro de 1999.
12. H. Puthoff, "CIA-initiated remote viewing program at Stanford Research Institute".
13. Entrevista com Hal Puthoff, 20 de janeiro de 2000; Schnabel, *Remote Viewers.*
14. H. Puthoff, "Experimental psi research: implication for physics", in R. Jahn (org.), *The Role of Consciousness in the Physical World,* AAA Selected Symposia Series (Boulder, Colorado: Westview Press, 1981): 41.
15. R. Targ e H. Puthoff, *Mind-Reach: Scientists Look at Psychic Ability* (Nova York: Delacorte Press, 1977): 50.
16. Schnabel, *Remote Viewers:* 142.
17. Puthoff e Targ, "Perceptual channel": 342.
18. Ibid.: 338.
19. Ibid.: 330-1.

20. Ibid.: 336.
21. B. Dunne e J. Bisaha, "Precognitive remote viewing in the Chicago area: a replication of the Stanford experiment", *Journal of Parapsychology*, 1979; 43: 17-30.
22. Radin, *Conscious Universe*: 105.
23. L. M. Kogan, "Is telepathy possible?" *Radio Engineering*, 1966; 21 (Jan): 75, citado em Puthoff e Targ, "Perceptual channel": 329-53.
24. H. Puthoff e R. Targ, "Final report, covering the period January 1974-February 1975 Part 1 – executive summary", 1° de dezembro de 1975, *Perceptual Augmentation Techniques*, SRI Project 3183: 58.
25. Entrevista por telefone com Hal Puthoff, 20 de janeiro de 2000; ver também Targ e Puthoff, *Mind-Reach*.
26. Schnabel, *Remote Viewers*: 74-5.
27. Entrevista com Edwin May e Dean Radin, Califórnia, 25 de outubro de 1999.
28. Várias entrevistas por telefone com Hal Puthoff, agosto de 2000.
29. J. Utts, "An assessment of the evidence for psychic functioning", *Journal of Scientific Exploration*, 1996; 10: 3-30.

Capítulo 9: O interminável aqui e agora

1. R. Targ e J. Katra, *Miracles of Mind: Exploring Nonlocal Consciousness and Spiritual Healing* (Novato, Califórnia: New World Library, 1999): 42-4.
2. B. J. Dunne e R. G. Jahn, "Experiments in remote human/machine interaction", *Journal of Scientific Exploration*, 1992; 6(4): 311-32.
3. Em todas as experiências do SRI, nunca foi encontrado um limite para a distância máxima ao longo da qual o canal funcionava. Muitos anos depois, em uma irônica inversão das pesquisas do SRI, Russell Targ pediu a uma paranormal russa em Moscou que fizesse uma sessão de visão a distância de um local-alvo desconhecido em San Francisco. Foi solicitado a Djuna Davitashvili, famosa agente de cura psíquica russa, que nunca participara antes

de experiências de visão a distância, que descrevesse onde estava um colega deles naquele momento em um local de San Francisco desconhecido do próprio Targ. Depois que a foto da pessoa lhe foi mostrada, Djuna Davitashvili descreveu corretamente uma praça com um carrossel (posteriormente, Targ foi informado que o colega estava de fato diante de um carrossel em uma praça no Píer 39 de San Francisco). Tanto a praça quanto os cavalos que ela desenhou eram extraordinariamente semelhantes aos do local efetivo. Um relato completo é encontrado em R. Targ e J. Katra, *Miracles of Mind:* 29-36.

4. Para a experiência de visão a distância de Chicago, Arizona e Moscou, ver R. G. Jahn e B. J. Dunne, *Margins of Reality* (Nova York: Harcourt Brace Jovanovich, 1987): 162-7.
5. Para os exemplos da NASA e do canal de irrigação, ver Jahn e Dunne, *Margins:* 188.
6. D. Radin, *The Conscious Universe: The Scientific Truth of Psychic Phenomena* (Nova York: Harper Edge, 1997): 113-4; R. Broughton, *Parapsychology: The Controversial Science* (Nova York: Ballantine, 1991): 292.
7. Um excelente resumo dessa e de outras pesquisas sobre precognição é encontrado em Radin, *The Conscious Universe:* 111-25.
8. R. S. Broughton, *Parapsychology:* 95-7.
9. Ibid.: 98. O Maimonides não foi o primeiro a documentar cientificamente os sonhos. Na primeira parte do século XX, J. W. Dunne havia realizado experiências com voluntários, demonstrando cientificamente que as coisas com que as pessoas sonhavam em grande medida se tornavam realidade. J. W. Dunne, *An Experiment in Time* (Londres: Faber, 1926).
10. Na realidade, a expectativa de Radin de ter encontrado um refúgio seguro para conduzir sua pesquisa foi prematura. Assim que publicou um livro sobre a pesquisa psíquica e começou a atrair certa atenção da mídia, a universidade recusou-se a renovar o contrato dele. Radin teve então que procurar trabalho em projetos de pesquisa com financiamento privado. No momento em que escrevo

estas linhas, ele está trabalhando no Institute of Noetic Sciences.

11. Para uma descrição completa da experiência de Radin, ver Radin, *Conscious Universe:* 119-24.
12. D. J. Bierman e D. I. Radin, "Anomalous anticipatory response on randomized future conditions", *Perceptual and Motor Skills,* 1997; 84: 689-90.
13. D. J. Bierman, "Anomalous aspects of intuition", dissertação apresentada no Fourth European Meeting da Society for Scientific Exploration, Valência, 1998; também uma entrevista com o professor Bierman, Valência, 9 de outubro de 1998.
14. D. I. Radin e E. C. May, "Testing the intuitive data sorting model with pseudorandom number generators: a proposed method", in D. H. Weiner e G. Nelson (orgs.), *Research in Parapsychobgy 1986* (*Mexuàizn,* NJ: Scarecrow, 1987): 109; 11. Uma descrição do teste é apresentada em Broughton, *Parapsychology:* 137-9.
15. Broughton, *Parapsychology:* 175-6; entrevistas por telefone com Helmut Schmidt, maio de 2001.
16. H. Schmidt, "Additional affect for PK on pre-recorded targets", *Journal of Parapsychology,* 1985; 49: 229-44; "PK tests with and without pre-observation by animals", in L. S. Henkel e J. Palmer (eds), *Research in Parapsychology 1989* (Metuchen, NJ: Sacrecrow Press, 1990): 15-9, in W. Braud, "Wellness implications of retroactive intentional influence: exploring an outrageous hypothesis". *Alternative Therapies,* 2000, 6(1): 37-48.
17. R. G. Jahn *et al.,* "Correlations of random binary sequences with pre-stated operator intention: a review of a 12-year program", *Journal of Scientific Exploration,* 1997; 11(3): 345-67.
18. Braud, "Wellness implications".
19. J. Gribbin, *Q is for Quantum Particle: Physics from A to Z* (Phoenix, 1999): 531-4.
20. Radin, entrevistas por telefone em 2001.
21. E. Laszlo, *The Interconnected Universe, Conceptual Foundations of Transdisciplinary Unified Theory* (Cingapura: World Scientific, 1995): 31.

22. D. Bohm, *Wholeness and the Implicate Order* (Londres: Roudedge, 1980): 211.
23. Ibid.
24. Braud, "Wellness implications".

Capítulo 10: O campo que cura

1. Entrevista com Elisabeth Targ, Califórnia, outubro de 1999.
2. Ibid.
3. B. Grad, "Some biological effects of 'laying-on-hands' a review of experiments with animals and plants", *Journal of the American Society for Psychical Research,* 1965; 59: 95-127.
4. L. Dosey, *Be Careful What You Pray for ... You Just Might Get It* (HarperSanFrancisco, 1997): 179.
5. B. Grad, "Dimensions in 'Some biological effects of the laying on of hands' and their implications", in H. A. Otto e J. W. Knight (eds), *Dimensions in Wholistic Healing: New Frontiers in the Treatment of the Whole Person* (Chicago: Nelson-Hall, 1979): 199-212.
6. B. Grad, R. J. Cadoret e G. K. Paul, "The influence of an unorthodox method of treatment on wound healing in mice", *International Journal of Parapsychology,* 1963; 3: 5-24.
7. B. Grad, "Healing by the laying on of hands; review of experiments and implications", *Pastoral Psychology,* 1970; 21: 19-26.
8. F. W. Snel e P. R. Hol, "Psychokinesis experiments in casein induced amyloidosis of the hamster *Journal of Parapsychology,* 1983; 5(1): 51-76; B. Grad, "Some biological effects of laying on of hands"; F. W. J. Snel e P. C. Van der Sijde, "The effect of paranormal healing on tumor growth", *Journal of Scientific Exploration,* 1995; 9(2): 209-21.
9. J. Barry, "General and comparative study of the psychokinetic effect on a fungus culture", *Journal of Parapsychology,* 1968; 32: 237-43; E. Haraldsson e T. Thorsteinsson, "Psychokinetic effects on yeast: an exploratory experiment", in W. G. Roll, R. L. Morris e J. D. Morris (orgs.), *Research in Parapsychology* (Metuchen, NJ: Scarecrow Press,

1972): 20-1; E. W. J. Snel, “Influence on malignant cell growth research”, *Letters of the University of Utrecht,* 1980; 10: 19-27.

10. C. B. Nash, “Psychokinetic control of bacterial growth”, *Journal of the American Society for Psychical Research,* 1982; 51: 217-21.
11. G. E. Solfvin, “Psi expectancy effects in psychic healing studies with malarial mice”, *European Journal of Parapsychology,* 1982; 4(2): 160-97.
12. R. Stanford, ‘”Associative activation of the unconscious’ and ‘visualization as methods for influencing the PK target”, *Journal of the American Society for Psychical Research,* 1969; 63: 338-51.
13. R. N. Miller, “Study on the effectiveness of remote mental healing”, *Medical Hypothesis,* 1982; 8: 481-90.
14. R. C. Byrd, “Positive therapeutic effects of intercessory prayer in a coronary care unit population”, *Southern Medical Journal,* 1988; 81(7): 826-9.
15. B. Greyson, “Distance healing of patients with major depression”, *Journal of Scientific Exploration,* 1996; 10(4): 447-65.
16. F. Sicher e E. Targ *et al.,* “A randomized double-blind study of the effect of distant healing in a population with advanced AIDS: report and a small scale study”, *Western Journal of Medicine,* 1998; 168(6): 356-63.
17. W. Harris *et al.,* “A randomized, controlled trial of the effects of remote, intercessory prayer on outcomes in patients admitted to the coronary care unit”, *Archives of Internal Medicine,* 1999; 159 (19): 2273-8.
18. Entrevistas com E. Targ na Califórnia e por telefone, em 28 de outubro de 1999 e 6 de março de 2001.
19. Harris *et al.,* “A randomized, controlled trial of the effects of remote, intercessory prayer”.
20. J. Barret, “Going the distance”, *Intuition,* 1999; junho/julho: 30-1.
21. E. E. Green, “Coper Wall research psychology and psychophysics: subtle energies and energy medicine: emerging theory and practice”, *Proceedings,* primeira conferência anual da International Society for the Study of Subtle Energies and Energy Medicine (ISSEEM), Boulder, Colorado, 21 a 25 de junho de 1991.

22. Resumos de pesquisas sobre a energia de cura do Qigong e informações a respeito do Qigong Database, um centro de recursos computadorizados de pesquisas publicadas sobre a cura do Qigong, in L. Sossey, *Be Careful What Your Pray For:* 175-7.
23. R. D. Nelson, "The physical basis of intentional healing systems", *PEAR Technical Note, 99001,* janeiro de 1999.
24. G. A. Kaplan, *et al.,* "Social connections and morality from all causes and from cardiovascular disease: perspective evidence from Eastern Finland", *American Journal of Epidemiology,* 1988; 128: 370-80.
25. D. Reed, *et al.,* "Social network and coronary heart disease among Japanese men in Hawaii", *American Journal of Epidemiology,* 1983; 117: 384-96; M. A. Pascucci e G. L. Loving, "Ingredients of an old and healthy life: centenarian perspective", *Journal of Holistic Nursing,* 1997; 15: 199-213.
26. G. Schwarz, *et al.,* "Accuracy and replicability of anomalous after death communication across skilled mediums", *Journal of the Society for Psychical Research,* 2001; 65: 1-25.

Capítulo 11: Telegrama de Gaia

1. Todo o material a respeito do julgamento de O. J. Simpson: arquivos do *Sunday Times.* Transcrições do julgamento do dia do veredicto: dados estatísticos do julgamento de O. J. Simpson compilados pela Associated Press.
2. Entrevista com Brenda Dunne em Princeton, 28 de junho de 1998.
3. R. D. Nelson *et al.,* "FieldREG anomalies in group situations", *Journal of Scientific Exploration,* 1996; 10(1): 111-41.
4. Ibid.
5. Ibid.
6. Ibid; também correspondência com R. Nelson, 26 de julho de 2001.
7. R. D. Nelson e E. L. Mayer, "A FieldREG application at the San Francisco Bay Revels, 1996", relatado em D. Radin, *The Conscious Universe: The Scientific Truth of Psychic Phenomena* (Nova York: HarperEdge, 1997): 171.

8. Nelson, "FieldREG anomalies", 136.
9. R. D. Nelson *et al.*, "FieldREGII: consciousness field effects: replications and explorations", *Journal of Scientific Exploration,* 1998; 12(3): 425-54.
10. Toda a pesquisa no Egito: R. Nelson, "FieldREG measurements in Egypt: resonant consciousness at sacred sites", Princeton Engineering Anomalies Research, School of Engineering/Applied Science, *PEAR Technical Note* 97002, julho de 1997; entrevista por telefone com Roger Nelson, 2 de fevereiro de 2001; Nelson *et al.*, "FieldREGII".
11. Em todas as descrições das experiências de Dean Radin neste capítulo, sou grata ao excelente relato que ele fez do próprio trabalho em *The Conscious Universe:* 157-74. Ver também D. I. Radin, J. M. Rebman e M. P. Cross, "Anomalous organization of random events by group consciousness: two exploratory experiments", *Journal of Scientific Exploration,* 1996; 10:363-74.
12. D. Vaitl, "Anomalous effects during Richard Wagners operas", texto apresentado no Fourth European Meeting da Society for Scientific Exploration, Valência, Espanha, de 9 a 11 de outubro de 1998.
13. Ibid.
14. D. Bierman, "Exploring correlations between local emotional and global emotional events and the behavior of a random number generator", *Journal of Scientific Exploration,* 1996; 10: 363-74.
15. R. Nelson, "Wishing for good weather, a natural experiment in group consciousness", *Journal of Scientific Exploration,* 1997; 11(1): 47-58.
16. J. S. Hagel, *et al.,* "Effects of group practice of the Transcendental Meditation Program on preventing violent crime in Washington DC: results of the National Demonstration Project, junho-julho de 1993", *Social Indicators Research,* 1994; 47: 153-201.
17. M. C. Dillbeck *et al.,* "The Transcendental Meditation program and crime rate change in a sample of48 cities", *Journal of Crime and Justice,* 1981; 4: 25-45.
18. D. W. Orme-Johnson *et al.,* "International peace project in the Middle East: the effects of the Maharishi technology of the unified field", *Journal of Conflict Revolution,* 1988; 32: 776-812.

19. J. Lovelock, *Gaia: a New Look at Life on Earth* (Oxford: Oxford University Press, 1979).
20. R. Nelson *et al.*, "Global resonance of consciousness: Princess Diana and Mother Teresa", *Electronic Journal ofParapsycholgy,1998.*
21. Entrevista por telefone com R. Nelson, 2 de fevereiro de 2001.
22. N. A. Klebanoff e P. K. Keyser, "Menstrual synchronization: a qualitative study", *Journal of Holistic Nursing,* 1996; 14(2): 98-114.
23. Em um discurso que proferiu em 1999 em Liège, Bélgica, Mitchell mencionou um relatório pouco conhecido que registrou as experiências de cosmonautas russos que passaram seis meses a bordo da espaçonave *Mir.* De maneira semelhante a Mitchell, eles também experimentaram percepções extraordinárias tanto no estado desperto quanto durante o sono, inclusive a precognição. É bem possível que uma viagem espacial de longa duração proporcione alguns recursos extraordinários de entrar em contato com o campo. S. V. Krichevskii, "Extraordinary fantastic states/dreams of the astronauts in near-earth orbit: a new cosmic phenomenon", *Sozn Fiz Real,* 1996; 1(4).

Capítulo 12: A era do ponto zero

1. Entrevista com Richard Obousy, Brighton, 20 de janeiro de 2001.
2. Confirmado por Graham Ennis no Propulsion Workshop, Brighton, 20 de janeiro de 2001.
3. C. Sagan, *Contact* (Londres: Orbit, 1997). [Publicado em português pela Companhia das Letras com o título *Contato.* (N. de T.)]
4. R. Forward, "Extracting electrical energy from the vacuum by cohesion of charged foliated conductors", *Physical Review B,* 1984: 30:1700.
5. H. Puthoff, "Space propulsion: can empty space itself provide a solution?" *Ad Astra,* 1997; 9(1): 42-6.
6. Ibid.
7. Ibid.
8. H. Puthoff, citado em *The Observer,* 7 de janeiro de 2001: 13.

9. Entrevistas por telefone e em pessoa com Hal Puthoff, janeiro de 2001.
10. Hal Puthoff, "SETI: the velocity of light limitation and the Alcubierre warp drive: an integrating overview", *Physics Essays,* 1996; 9(1): 156-8.
11. H. Puthoff, "Everything for nothing", *New Scientist,* 28 de julho de 1990: 52-5.
12. H. Puthoff, entrevista em Brighton no dia 20 de janeiro de 2001.
13. Citado no site do Propulsion Workshop: www.workshop.cwc.net.
14. J. Benveniste, "Specific remote detection for bacteria using an electromagnetic/digital procedure", *FASEB Journal,* 1999; 13: A852.
15. E. Mitchell, "Natures mind", discurso de abertura, CASYS 1999, Liège, Bélgica, 8 de agosto de 2000.
16. H. Puthoff, "Far out ideas grounded in real physics", *Jane's Defense Weekly,* 26 de julho de 2000; 34(4): 42-6.
17. Ibid.
18. P. W. Milonni, "Semi-classical and quantum electrodynamical approaches in nonrelativistic radiation theory", *Physics Reports,* 1976; 25: 1-8.

BIBLIOGRAFIA

Abraham, R., McKenna, T. e Sheldrake, R., *Trialogues at the Edge of the West: Chaos, Creativity and the Resacralization of the World* (Santa Fé, NM: Bear, 1992).

Adler, R. *et al.*, "Psychoneuroimmunology: interactions between the nervous system and the immune system", *Lancet,* 1995; 345: 99-103.

Adler, S. (em uma seleção de artigos breves dedicados ao trabalho de Andrei Sakharov), "A key to understanding gravity", *New Scientist,* 30 de abril de 1981: 277-8.

Aissa, J. *et al.*, "Molecular signalling at high dilution or by means of electronic circuitry". *Journal of Immunology,* 1993: 150: 146A.

Aissa, J., "Electronic transmission of the cholinergic signal", *FASEB Journal,* 1995; 9: A683.

Arnold, A., *The Corrupted Sciences* (Londres: Paladin, 1992).

Atmanspacher, H., "Deviations from physical randomness due to human agent intention?", *Chaos, Solitons and Fractals,* 1999; 10(6): 935-52.

Auerbach, L., *Mind Over Matter: A Comprehensive Guide to Discovering Your Psychic Powers* (Nova York: Kensington, 1996).

Backster, C., "Evidence of a primary perception in plant life", *International Journal of Parapsychology,* 1967; X: 141.

Ballentine, R., *Radical Healing: Mind-Body Medicine at its Most Practical and Transformative* (Londres: Rider 1999).

Bancroft, A., *Modem Mystics and Sages* (Londres: Granada, 1978).

Barrett, J., "Going the distance", *Intuition,* 1999; junho/julho: 30-1.

Barrow, J. D., *Impossibility: The Limits of Science and the Science of Limits* (Oxford: Oxford University Press, 1998).

Barrow, J., *The Book of Nothing* (Londres: Jonathan Cape, 2000).

Barry, J., "General and comparative study of the psychokinetic effect on a fungus culture", *Journal of Parapsychology,* 1968; 32: 237-43.

Bastide, M., *et al.*, "Activity and chronopharmacology of very low doses of physiological immune inducers", *Immunology Today,* 1985; 6: 234-5.

Becker, R. O., *Cross Currents: The Perils of Electropollution, the Promise of Electromedicine* (Nova York: Jeremy F. Tarcher/Putnam, 1990).

Becker, R. O. e Selden, G., *The Body Electric: Electromagnetism and the Foundation of Life* (Londres: Quill/William Morrow, 1985).

Behe, M. J., *Darwin's Black Box: The Biochemical Challenge to Evolution* (Nova York: Touchstone, 1996).

Benor, D. J., "Survey of spiritual healing research", *Complementary Medical Research,* 1990; 4: 9-31.

Benor, D. J., *Healing Research,* vol. 4 (Deddington, Oxfordshire: Helix Editions, 1992).

Benstead, D. e Constantine, S., *The Inward Revolution* (Londres: Warner, 1998).

Benveniste, J., "Reply", *Nature,* 1988; 334: 291.

Benveniste, J., "Reply (to Klaus Linde e colegas) 'Homeopathy trials going nowhere'", *Lancet,* 1997; 350: 824, *Lancet,* 1998: 351: 367.

Benveniste, J., "Letter", *Lancet,* 1998; 351-367.

Benveniste, J., "Understanding digital biology", relatório de intenções inédito, 14 de junho de 1998.

Benveniste, J., "From water memory to digital biology", *Network: The Scientific and Medical Network Review,* 1999; 69: 11-14.

Benveniste, J., "Specific remote detection for bacteria using an electromagnetic/digital procedure", *FASEB Journal,* 1999; 13: A852.

Benveniste, J., Arnoux, B. e Hadji, L., "Highly dilute antigen increases coronary flow of isolated heart from immunized guinea-pigs", *FASEB Journal,* 1992; 6: Al610. Também apresentado no "Experimental Biology – 98 (FASEB)", São Francisco, 20 de abril de 1998.

Benveniste, J., Jurgens, P. *et al.*, "Transatlantic transfer of digitized antigen signal by telephone link", *Journal of Allergy and Clinical Immunology,* 1997; 99: S175.

Benveniste, J. *et al.*, "Digital recording/transmission of the cholinergic signal", *FASEB Journal,* 1996; 10: Al 479.

Benveniste, J. *et al.*, "Digital biology: specificity of the digitized molecular signal", *FASEB Journal,* 1998; 12: A412.

Benveniste, J. *et al.*, "A simple and fast method for *in vivo* demonstration of electromagnetic molecular signaling (EMS) via high dilution or computer recording", *FASEB Journal,* 1999; 13: A163.

Benveniste, J. *et al.*, "The molecular signal is not functioning in the absence of 'informed' water", *FASEB Journal,* 1999: A163.

Berkman, L. F. e Syme, S. L., "Social networks, host resistance and mortality: a nine-year follow-Up study of Alameda County residents", *American Journal of Epidemiology,* 1979; 109(2): 186-204.

Bierman, D. J. (org.), *Proceedings of Presented Papers,* 37th Annual Parapsychological Association Convention, Amsterdã (Fairhaven, Mass.: Parapsychological Association, 1994).

Bierman, D. J., "Exploring correlations between local emotional and global emotional events and the behavior of a random number generator", *Journal of Scientific Exploration,* 1996; 10: 363-74

Bierman, D. J., "Anomalous aspects of intuition", dissertação apresentada no Fourth European Meeting da Society for Scientific Exploration, Valência, Espanha, de 9 a 11 de outubro de 1998.

Bierman, D. J. e Radin, D.I., "Anomalous anticipatory response on randomized future conditions", *Perceptual and Motor Skills,* 1997; 84: 689-90.

Bischof, M., "The fate and future of field concepts – from metaphysical origins to holistic understanding in the biosciences", palestra proferida no Fourth Biennial European Meeting da Society for Scientific Exploration, Valência, Espanha, de 9 a 11 de outubro de 1998.

Bischof, M., "Holism and field theories in biology: non-molecular approaches and their relevance to biophysics", in J. J. Clang *et al.* (orgs.). *Biophotons* (Amsterdã: Kluwer Academic, 1998): 375-94.

Blom-Dahl, C.A., "Precognitive remote perception and the third source paradigm", dissertação apresentada no Fourth Biennial European

Meeting da Society for Scientific Exploration, Valência, Espanha, de 9 a 11 de outubro de 1998.

Bloom, W. (org.), *The Penguin Book of New Age and Holistic Writing* (Harmondsworth: Penguin, 2000).

Bohm, D., *Wholeness and the Implicate Order* (Londres: Routledge, 1980).

Boyer, T., "Deviation of the blackbody radiation spectrum without quantum physics", *Physical Review*, 1969; 182: 1374.

Braud, W. G., "Psi-conductive states", *Journal of Communication*, 1975; 25(1): 142-52.

Braud. W. G., "Psi-conductive conditions: explorations and interpretations", in B. Shapin e L. Coly (orgs.), *Psi and States of Awareness*, trabalhos de uma conferência internacional realizada em Paris, França, de 24 a 26 de agosto de 1977.

Braud. W. G., "Blocking/shielding psychic functioning through psychological and psychic techniques: a report of three preliminary studies", in R. White e I. Solfvin (orgs.), *Research in Parapsychology*, 1984 (Metuchen, NJ: Sacrecrow Press, 1985): 42:4.

Braud, W. G., "On the use of living target systems in distant mental influence research", in L. Coly e J. D. S. McMahon (orgs.), *Psi Research Methodology: A Re-Examination*, trabalhos de uma conferência international realizada em Chapei Hill, Carolina do Norte, de 29 a 30 de outubro de 1988.

Braud, W. G., "Distant mental influence of rate of hemolysis of human red blood cells", *Journal of the American Society for Psychical Research*, 1990: 84(1): 1;24.

Braud, W. G., "Implications and applications of laboratory psi findings", *European Journal of Parapsychology*, 1990-91; 8: 57-65.

Braud, W. G., "Reactions to an unseen gaze (remote attention): a review, with new data on autonomic staring detection", *Journal of Parapsychology* 1993; 57: 373-90.

Braud, W. G., "Honoring our natural experiences", *Journal of the American Society for Psychical Research*, 1994; 88(3): 293-308.

Braud, W. G., "Reaching for consciousness: expansions and complements", *Journal of the American Society for Psychical Research,* 1994; 88(3): 186-206.

Braud, W. G., "Wellness implications of retroactive intentional influence: exploring an outrageous hypothesis", *Alternative Therapies,* 2000; 6(1): 37-48.

Braud, W.G. e Schlitz, M., "Psychokinetic influence on electrodermal activity", *Journal of Parapsychology* 1983; 47(2): 95-119.

Braud, W. G. e Schlitz, M., "A methodology for the objective study of transpersonal imagery", *Journal of Scientific Exploration,* 1989; 3(1): 43-63.

Braud, W. G. e Schlitz, M., "Consciousness interactions with remote biological systems: anomalous intentionality effects", *Subtle Energies,* 1991; 2(1): 1-46.

Braud, W. *et al.,* "Further studies of autonomic detection of remote staring: replication, new control procedures and personality correlates", *Journal of Parapsychology,* 1993; 57: 391-409.

Braud, W. et al., "Attention focusing facilitated through remote mental interaction", *Journal of the American Society for Psychical Research,* 1995; 89(2): 103-15.

Braud, W. et al., "Further studies of the bio-PK effect: feedback, blocking, generality/specificity", in R. White e J. Solfvin (orgs.), *Research in Parapsychology* 1984 (Metuchen, NJ: Scarecrow Press, 1985): 45-8.

Brennan, B. A., *Hands of Light: A Guide to Healing Through the Human Energy Field* (Nova York: Bantam, 1988).

Brennan, J. H., *Time Travel: A New Perspective* (St. Paul, Nimm.: Llewellyn, 1997).

Broughton, R. S., *Parapsychology: The Controversial Science* (Nova York: Ballantine, 1991).

Brown, G. *The Energy of Life: The Science of What Makes Our Minds and Bodies Work* (Nova York: Free Press/Simon & Schuster, 1999).

Brockman, J., *The Third Culture: Beyond the Scientific Revolution* (Nova York: Simon & Schuster, 1995).

Buderi, R., *The Invention that Changed the World: The Story of Radar from War to Peace* (Londres: Abacus, 1998).

Bunnell, T., "The effect of hands-on healing on enzyme activity", *Research in Complementary Medicine,* 1996; 3: 265-40: 314; *3rd* Annual Symposium on Complementary Health Care, Exeter, de 11 a 13 de dezembro de 1996.

Burr, H., *The Fields of Life* (Nova York: Ballantine, 1972).

Byrd, R. C., "Positive therapeutic effects of intercessory prayer in a coronary care unit population", *Southern Medical Journal,* 1988; 81(7): 826-9.

Capra, F., *The Turning Point: Science, Society and the Rising Culture* (Londres: Flamingo, 1983).

Capra, F., *The Tao of Physics: An Explanation of the Parallels Between Modern Physics and Eastern Mysticism* (Londres: Flamingo, 1991).

Capra, F., *The Web of Life: A New Syntheses of Mind and Matter* (Londres: Flamingo, 1997).

Carey, J., *The Faber Book of Science* (Londres: Faber & Faber, 1995).

Chaikin, K., *A Man on the Moon: The Voyages of the Apollo Astronauts* (Harmondsworth: Penguin, 1998).

Chopra, D., *Quantum Healing: Exploring the Frontiers of Mind/Body Medicine* (Nova York: Bantam, 1989). [Publicado em português pela Editora Best Seller com o título *A cura quântica: o poder da mente e da consciência na busca da saúde integral.* (N. de T.)]

Clarke, A. C., "When will the real space age begin?", *Ad Astra,* maio/junho de 1996: 13-15.

Clarke, A. C., *3001: The Final Odyssey* (Londres: HarperCollins, 1997). [Publicado em português pela Editora Nova Fronteira com o título *3001: a odisseia final.* (N. de T.)].

Coats, C., *Living Energies: An Exposition of Concepts Related to the Theories of Victor Schauberger* (Bath: Gateway, 1996).

Coen, E., *The Art of Genes: How Organisms Make Themselves* (Oxford: Oxford University Press, 1999).

Cohen, S. e Popp, F.A., "Biophoton emission of the human body", *Journal of Photochemistry and Photobiology B: Biology* 1997; 40:187-9.

Coghill, R. W., *Something in the Air* (Coghill Research Laboratories, 1998).

Coghill, R. W., *Electrohealing: The Medicine of the Future* (Londres: Thorsons, 1992).

Cole, D. C. e Puthoff, H. E., "Extracting Energy and heat from the vacuum", *Physical Review E,* 1993; 48(2): 1562-65.

Cornwell, J., *Consciousness and Human Identity* (Oxford: Oxford University Press, 1998).

Damasio, A. R., *Descartes' Error: Emotion, Reason and the Human Brain* (Nova York: G.P. Putnam, 1994).

Davelos, J., *The Science of Star Wars* (Nova York: St. Martin's Press, 1999).

Davenas, E. *et al.,* "Human basophil degranulation triggered by very dilute antiserum against IgE", *Nature,* 1988; 333(6176): 816-18.

Davidson, J., *Subtle Energy* (Saffron Walden: C.W. Daniel, 1987).

Davidson, J., *The Web of Life: Life Force; The Energetic Constitution of Man and the Neuro-Endocrine Connection* (Saffron Walden: C.W. Daniel, 1988).

Davidson, J., *The Secret of the Creative Vacuum: Man and the Energy Dance* (Saffron Walden: C.W. Daniel, 1989).

Dawkins, R., *The Selfish Gene* (Oxford: Oxford University Press, 1989).

Delanoy, D. e Sah, S., "Cognitive and psychological psi responses in remote positive and neutral emotional states", in R. Bierman (org.) *Proceedings of Presented Papers,* American Parapsychological Association, 37th Annual Convention, Universidade de Amsterdã, 1994.

Del Giudice, E., "The roots of cosmic wholeness are in quantum theory," *Frontier Science: An Electronic Journal,* 1997; 1(1).

Del Giudice, E. e Preparata, G., "Water as a free electric dipole laser", *Physical Review Letters,* 1998: 61: 1085-88.

Del Giudice, E. *et al.,* "Electromagnetic field and spontaneous symmetry breaking in biological matter", *Nuclear Physics,* 1983; B275(F517): 185-99.

De Lange deKlerk, E. S. M. e Bloomer, J., "Effect of homeopathic medicine on daily burdens of symptoms in children with recurrent upper respiratory tract infections", *British Medical Journal*, 1994; 309: 1329-32.

Demangeat, L. *et al.*, "Modifications des temps de relaxation RMN à 4MHz des protons du solvant dans les trés hautes dilutionis salines de silice/lactose", *Journal of Medical Nuclear Biophysics*, 1992; 16: 135-45E.

Dennett, D. C., *Consciousness Explained* (Londres: Allen Lane/Penguin, 1991).

DeValois, R. e DeValois, K., "Spatial vision", *Annual Review of Psychology*, 1980: 309-41.

DeValois, R. e DeValois, K., *Spatial Vision* (Oxford: Oxford University Press, 1988).

DiChristina, M., "Star travelers", *Popular Science*, junho de 1999: 54-9.

Dillbeck, M. C. *et al.*, "The Transcendental Meditation program and crime rate change in a sample of 48 cities", *Journal of Crime and Justice*, 1981; 4: 25-45.

Dobyns, Y. H., "Combination of results from multiple experiments", Princeton Engineering Anomalies Research, *PEAR Technical Note* 97008, outubro de 1997.

Dobyns, Y. H. *et al.*, "Response to Hansen, Utts and Markwick: statistical and methodological problems of the PEAR remote viewing (sic) experiments", *Journal of Parapsychology*, 1992; 56: 115-146.

Dossey, L., *Space, Time and Medicine* (Boston, Mass.: Shambhala, 1982).

Dossey, L., *Recovering the Soul: Scientific and Spiritual Search* (Nova York: Bantam, 1989).

Dossey, L., *Healing Words: The Power of Prayer and the Practice of Medicine* (San Francisco: HarperSanFrancisco, 1993).

Dossey, L., *Prayer is Good Medicine: How to Reap the Healing Benefits of Prayer* (San Francisco: HarperSanFrancisco, 1996).

Dossey, L., *Be Careful What You Pray For... You Just Might Get It: What Can We Do About the Unintentional Effect of Our Thoughts, Prayers, and Wishes* (San Francisco: HarperSanFrancisco, 1998).

Dossey, L., *Reinventing Medicine: Beyond Mind-Body to a New Era of Healing* (San Francisco: HarperSanFrancisco, 1999).

DuBois, D. M. (org.), *CASYS '99;* Third International Conference on Computing Anticipatory Systems (Liège, Bélgica: CHAOS, 1999).

DuBois, D. M. (org.), *CASYS2000:* Fourth International Conference on Computing Anticipatory Systems (Liège, Bélgica: CHAOS, 2000).

Dumitrescu, I. F., *Electrographic Imaging in Medicine and Biology: Electrographic Methods in Medicine and Biology*, J. Kenyon (org.), C.A. Galia (trad.) (Dudbury, Suffolk: Neville Spearman, 1983).

Dunne, B. J., "Co-operator experiments with an REG device", Princeton Engineering Anomalies Research, *PEAR Technical Note* 91005, dezembro de 1991.

Dunne, B. J., "Gender differences in human/machine anomalies", *Journal of Scientific Exploration,* 1998; 12(1): 3-55.

Dunne, B. J. e Bisaha, J., "Precognitive remote viewing in the Chicago area: a replication of the Stanford experiment", *Journal of Parapsychology,* 1979; 43: 17-30.

Dunne, B. J. e Jahn, R. G., "Experiments in remote human/machine interaction", *Journal of Scientific Exploration,* 1992; 6(4): 311-32.

Dunne, B. J. e Jahn, R. G., "Consciousness and anomalous physical phenomena", Princeton Engineering Anomalies Research, School of Engineering/Applied Science, *PEAR Technical Note* 95004, maio de 1995.

Dunne, B. J. *et al.,* "Precognitive remote perception", Princeton Engineering Anomalies Research, *PEAR Technical Note* 83003, agosto de 1983.

Dunne, B. J. *et al.,* "Operator-related anomalies in a random mechanical cascade", *Journal of Scientific Exploration,* 1998; 2(2): 155-79.

Dunne, B. J. *et al.,* "Precognitive remote perception III: complete binary data base with analytical refinements", Princeton Engineering Anomalies Research, *PEAR Technical Note* 89002, agosto de 1989.

Dunne, J. W., *An Experiment in Time* (Londres: Faber, 1926).

Dziemidko, H. E., *The Complete Book of Energy Medicine* (Londres: Gaia, 1999).

Endler, P. C. *et al.*, "The effect of highly diluted agitated thyroxin on the climbing activity of frogs", *Veterinary and Human Toxicology*, 1994: 36: 56-9.

Endler, P. C. *et al.*, "Transmission of hormone information by non-molecular means", *FASEB Journal*, 1994; 8: A400(abs).

Ernst, E. e White, A., *Acupuncture: A Scientific Appraisal* (Oxford: Butter-worth-Heinemann, 1999).

Ertel, S., "Testing ESP leisurely: report on a new methodological paradigm", dissertação apresentada na 23rd International SPR Conference, Durham, Reino Unido, de 3 a 5 de setembro de 1999.

Feynman, R. P., *Six Easy Pieces: The Fundamentals of Physics Explained* (Harmondworth: Penguin, 1998).

Forward, R. P., "Extracting electrical energy from the vacuum by cohesion of charged foliated conductors", *Physics Review B*, 1984; 30:1700.

Fox, M. e Sheldrake, R., *The Physics of Angels: Exploring the Realm Where Science and Spirit Meet* (San Francisco: HarperSanFrancisco, 1996).

Frayn, M., *Copenhagen* (Londres: Methuen, 1998).

Frey, A. H., "Electromagnetic field interactions with biological systems", *FASEB Journal*, 1993; 7: 272.

Fröhlich, H., "Evidence for Bose condensation-like excitation of coherent modes in biological systems", *International Journal of Quantum Chemistry*, 1968; 2: 641-49.

Fröhlich, H., "Long-range coherence and energy storage in biological systems", *International Journal of Quantum Chemistry*, 1968; 2: 641-49.

Galland, L., *The Four Pillars of Healing* (Nova York: Random House, 1997).

Gariaev, P. P. *et al.*, "The DNA-wave biocomputer", dissertação apresentada em CASYS 2000. Fourth International Conference on Computing Anticipatory Systems, Liège, Bélgica, 9 a 14 de agosto de 2000.

Gerber, R., *Vibrational Medicine* (Santa Fé: Bear, 1988).

Gleick, J., *Chaos: Making a New Science* (Londres: Cardinal, 1987).

Grad. B., "Some biological effect of' laying-on-hands': a review of experiments with animals and plants *Journal of the American Society for Psychical Research,* 1965; 59: 95-127.

Grad. B., "Healing by the laying on of hands; review of experiments and implications", *Pastoral Pshychology,* 1970; 21: 19-26.

Grad, B., "Dimensions in 'Some biological effects of the laying on of hands' and their implications", in H. A. Otto e J. W. Knight (orgs), *Dimensions in Wholistic Healing: New Frontiers in the Treatment of the Whole Person* (Chicago: Nelson-Hall, 1979): 199-212.

Grad, B. *et al.,* "The influence of an unorthodox method of treatment on wound healing in mice", *International Journal of Parapsychology,* 1963; 3(5): 24.

Gerber, R., *Vibrational Medicine: New Choices for Healing Ourselves* (Santa Fe: Bear, 1988).

Graham, H., *Soul Medicine: Restoring the Spirits to Healing* (Londres: Newleaf, 2001).

Green, B., *The Elegant Universe: Superstrings, Hidden Dimensions and the Quest for the Ultimate Theory* (Londres: Vintage, 2000).

Green, E. E., "Copper wall research psychology and psychophysics: subtle energies and energy medicine: emerging theory and practice", *Proceedings,* First Annual Conference, International Society for the Study of Subtle Energies and Energy Medicine (ISSSEEM), Boulder, Colorado, de 21 a 25 de junho de 1991.

Greenfield, S. A., *Journey to the Centers of the Mind: Toward a Science of Consciousness* (Nova York: W. H. Freeman, 1995).

Greyson, B., "Distance healing patients with major depression", *Journal of Scientific Exploration,* 1996; 10(4): 447-65.

Goodwin, B., *How the Leopard Changed its Spots: The Evolution of Complexity* (Londres: Phoenix, 1994).

Grinberg-Zylberbaum, J. e Ramos, J., "Patterns of interhemispheric correlations during human communication", *International Journal of Neuroscience,* 1987; 36: 41-53.

Grinberg-Zylberbaum, J. *et al.*, “Human communication and the electrophysiological activity of the brain”, *Subtle Energies*, 1992; 3(3): 25-43.

Gribbin, J., *Almost Everyone’s Guide to Science* (Londres: Phoenix, 1999).

Gribbin, J., *Q is for Quantum: Particle Physics from Ato Z* (Londres: Phoenix Giant, 1999).

Hagelin, J. S. *et al.*, “Effects of group practice of the Transcendental Meditation Program on preventing violent crime in Washington DC: results of the National Demonstration Project, junho-julho de 1993”, *Social Indicators Research*, 1994; 47: 153-201.

Haisch, B., “Brilliant disguise: light, matter and the Zero Point Field”, *Science and Spirit*, 1999; 10: 30-1.

Haisch, B. M. e Rueda, A. “A quantum broom sweeps clean”, *Mercury: The Journal of the Astronomical Society of the Pacific*, 1996; 25(2): 12-15.

Haisch, B. M. e Rueda, A., “The Zero Point Field and inertia”, apresentada em Causality and Locatity in Modem Physics Astronomy: Open Questions and Possible Solutions. Simpósio realizado em homenagem a Jean-Pierre Vigier, York University, Toronto, de 25 a 29 de agosto de 1997.

Haisch, B. M. e Rueda, A., “The Zero Point Field and the NASA challenge to create the space drive”, apresentada no seminário de Física de Propulsão Avançada, NASA Lewis Research Center, Cleveland, Ohio, de 12 a 14 de agosto de 1997.

Haisch, B. M. e Rueda A., “An electromagnetic basis for inertia and gravitation: what are the implications for twenty-first century physics and technology?”, apresentada no Space Technology and Applications International Forum – 1998, copatrocinado por NASA, DOE e USAF, Albuquerque, NM, de 25 a 29 de janeiro de 1998.

Haisch, B. M. e Rueda, A., “Progress in establishing a connection between the electromagnetic zero point field and inertia”, apresentada no Space Technology and Applications International Forum

– 1999, copatrocinado por NASA, DOE e USAF, Albuquerque, NM, de 31 de janeiro a 4 de fevereiro de 1999.

Haisch, B. e Rueda, A., "On the relation between zero-point-field induced inertial mass and the Einstein-deBroglie formula", *Physics Letters A*.

Haisch, B., Rueda, A. e Puthoff, H. E., "Beyond $E = mc^2$: a first glimpse of a universe without mass", *Sciences,* novembro/dezembro de 1994: 26-31.

Haisch, B., Rueda, A. e Puthoff, H. E., "Inertia as a zero-point-field Lorentz force", *Physical Review A,* 1994; 49(2): 678-94.

Haisch, B., Rueda, A. e Puthoff, H. E., "Physics of the zero point field: implications for inertia, gravitation and mass", *Speculations in Science and Technology* 1997; 20: 99-114.

Haisch, B., Rueda, A. e Puthoff, H. E., "Advances in the proposed electromagnetic zero-point-field theory of inertia", dissertação apresentada na AIAA, Advances ASME/SAE/ASEE Joint Propulsion Conference and Exhibit, Cleveland, Ohio, de 13 a 15 de julho de 1998.

Hall, N., *The New Scientist Guide to Chaos* (Harmondsworth: Penguin, 1992).

Hameroff, S. R., *Ultimate Computing: Biomolecular Consciousness and Nanotechnology* (Amsterdã: North Holland, 1987).

Haraldsson, E. e Thorsteinsson, T., "Psychokinetic effects on yeast: an exploratory experiment", in W. G. Roll, R. L. Morris e J. D. Morris (orgs.), *Research in Parapsychology* (Metuchen, NJ: Scarecrow Press, 1972): 20-21.

Harrington, A. (org.), *The Placebo Effect: An Interdisciplinary Exploration* (Cambridge, Mass.: Harvard University Press, 1997).

Harris, W. S. *et al.,* "A randomized, controlled trial of the effects of remote, intercessory prayer on outcomes in patients admitted to the coronary care unit", *Archives of Internal Medicine* 1999; 159(19): 2273-78.

Hawking, S., *A Brief History of Time: From the Big Bang to Black Holes* (Londres: Bantam Press, 1988).

Hill, A., "Phantom limb pain: a review of the literature on attributes and potential mechanisms", www.stir.ac.uk.

Ho, Mae-Wan, "Bioenergetics and the coherence of organisms", *Neuronetwork World,* 1995; 5: 733-50.

Ho, Mae-Wan, "Bioenergetics and Biocommunication", in R. Cuthbertson *et al.* (orgs.), *Computation in Cellular and Molecular Biological Systems* (Cingapura: World Scientific, 1996): 251-64.

Ho, Mae-Wan, *The Rainbow and the Worm: The Physics of Organisms* (Cingapura: World Scientific, 1999).

Hopcke, R. H., *There Are No Accidents: Synchronicity and the Stories of Our Lives* (Nova York: Riverhead, 1997).

Horgan, J., *The End of Science Facing the Limits of Knowledge in the Twilight of the Scientific Age* (Londres: Abacus, 1998).

Hunt, V. V., *Infinite Mind: The Science of Human Vibrations* (Malibu, Calif.: Malibu, 1995).

Hyvarien, J. e Karlssohn, M., "Low-resistance skin points that may coincide with acupuncture loci", *Medical Biology,* 1977; 55: 88-94, citado no *New England Journal of Medicine,* 1995; 333(4): 263.

Ibison, M., "Evidence that anomalous statistical influence depends on the details of random process", *Journal of Scientific Exploration,* 1998; 12(3): 407-23.

Ibison, M. e Jeffers, S., "A double-slit diffraction experiment to investigate claims of consciousness-related anomalies", *Journal of Scientific Exploration,* 1998; 12(4): 543-50.

Insinna, E., "Synchronicity and coherent excitations in microtubules", *Nanobiology,* 1992; 1:191-208.

Insinna, E., "Ciliated cell electrodynamics: from cilia and flagella to ciliated sensory systems", in A. Malhotra (org.) *Advances in Structural Biology* (Stanford, Connecticut JAI Press, 1999): 5.

Jacobs, J., "Homeopathic treatment of acute childhood diarrhoea", *British Homeopathic Journal,* 1993; 82: 83-6.

Jahn, R. G., "The persistent paradox of psychic phenomena: an engineering perspective", *IEEE Proceedings of the IEEE,* 1982; 70(2): 136-70.

Jahn, R., "Physical aspects of the psychic phenomena", *Physics Bulletin,* 1988; 39: 235-37.

Jahn, R. G., "Acoustical resonances of assorted ancient structures", *Journal of the Acoustical Society of America* 1996; 99(2): 659-58.

Jahn, R. G., "Information, consciousness, and health", *Alternative Therapies,* 1996; 2(3): 32-8.

Jahn, R., "A modular model of mind/matter manifestations", *PEAR Technical Note* 2001.01, maio de 2001 (resumo).

Jahn, R. G. e Dunne, B. J., "On the quantum mechanics of consciousness with application to anomalous phenomena", *Foundations of Physics,* 1986; 16(8): 721-72.

Jahn, R. G. e Dunne, B. J., *Margins of Reality: The Role of Consciousness in the Physical World* (Londres: Harcourt Brace Jovanovich, 1987).

Jahn, R. e Dunne, B., "Science of the subjective", *Journal of Scientific Exploration,* 1997; 11(2): 201-24.

Jahn, R. G. e Dunne, B. J., "ArtREG: a random event experiment utilizing picture-preference feedback *Journal of Scientific Exploration,* 2000; 14(3): 383-409.

Jahn, R. G. *et al.*, "Correlations of random binary sequences with prestated operator intention: a review of a 12-year program", *Journal of Scientific Exploration,* 1997; 11: 345-67.

Jaynes, J., *The Origin of Consciousness in the Breakdown of the Bicameral Mind* (Harmondsworth: Penguin, 1990).

Jibu, M. e Yasue, K., "A physical picture of Umezawa's quantum brain dynamics", in R. Trappl (org.) *Cybernetics and Systems Research,* '92 (Cingapura: World Scientific, 1992).

Jibu, M. e Yasue, K., "The basis of quantum brain dynamics", in K. H. Pribram (org.) *Proceedings of the First Appalachian Conference on Behavioral Neurodynamic,* Radford University, de 17 a 20 de setembro de 1992 (Radford: Center for Brain Research and Informational Sciences, 1992).

Jibu, M. e Yasue, K., "Intracellular quantum signal transfer in Umezawa's quantum brain dynamics", *Cybernetic Systems International,* 1993; 1(24): 1-7.

Jibu, M. e Yasue, K., "Introduction to quantum brain dynamics", in E. Carvallo (org.), *Nature, Cognition and System III* (Londres: Kluwer Academic, 1993).

Jibu, M. e Yasue, K., "The basis of quantum brain dynamics", in K. H. Pribram (org.), *Rethinking Neural Networks: Quantum Fields and Biological Data* (Hillsdale, NJ: Lawrence Erlbaum, 1993): 121-45.

Jibu, M. *et al.*, "Quantum optical coherence in cytoskeletal microtubules: implications for brain function", *BioSystems,* 1994; 32: 95-209.

Jibu, M. *et al.*, "From conscious experience to memory storage and retrieval: the role of quantum brain dynamics and boson condensation of evanescent photons", *International Journal of Modem Physics B,* 1996; 10(13/14): 1735-54.

Kaplan, G. A. *et al.*, "Social connections and morality from all causes and from cardiovascular disease: perspective evidence from Eastern Finland", *American Journal of Epidemiology,* 1988; 128: 370-80.

Katchmer, G. A. Jr., *The Tao of Bioenergetics* (Jamaica Plain, Mass.: Yangs Martial Arts Association, 1993).

Katra, J. e Targ. R., *The Heart of the Mind: How to Experience God Without Belief* (Novato, Califórnia: New World Library, 1999).

Kelly, M. O. (org.), *The Fireside Treasury of Light: An Anthology of the Best in New Age Literature* (Londres: Fireside/Simon & Schuster, 1990).

Kiesling, S., "The most powerful healing God and women can come up with", *Spirituality and Health,* 1999; inverno: 22-7.

King, J. *et al.*, "Spectral density maps of receptive fields in the rats somatosensory cortex", in *Origins: Brain and Self Organization* (Hillsdale, NJ: Lawrence Erlbaum, 1995).

Klebanoff, N. A. e Keyser, P. K., "Menstrual synchronization: a qualitative study", *Journal of Holistic Nursing,* 1996; 14(2): 98-114.

Krishnamurti e Bohm, D., *The Ending of Time: Thirteen Dialogues* (Londres: Victor Golancz, 1991).

Lafeille, R. e Fulder, S. (orgs.), *Towards a New Science of Health* (Londres: Routledge, 1993).

Laszlo, E., *The Interconnected Universe: Conceptual Foundations of Transdisciplinary Unified Theory* (Cingapura: World Scientific, 1995).

Laughlin, C. D., "Archetypes, neurognosis and the quantum sea", *Journal of Scientific Exploration,* 1996; 10: 375-400.

Lechleiter, J. *et al.,* "Spiral waves: spiral calcium wave propagation and annihilation in Xenopus laevis oocytes", *Science,* 1994; 263: 613.

Lee, R. H., *Bioelectric Vitality: Exploring the Science of Human Energy* (San Clemente, Califórnia: China Healthways Institute, 1997).

Lessell, C. B. *The Infinitesimal Dose: The Scientific Roots of Homeopathy* (Saffron Walden: C.W. Daniel, 1994).

Levitt, B. B., *Electromagnetic Fields; A Consumer's Guide to the Issues and How to Protect Ourselves* (Nova York: Harcourt Brace, 1995).

Liberman, J., *Light: Medicine of the Future* (Santa Fé, NM: Bear, 1991).

Light, M., *Full Moon* (Londres: Jonathan Cape, 1999).

Liquorman, W. (org.), *Consciousness Speaks: Conversations with Ramesh S. Balsekar* (Redondo Beach, Califórnia: Advaita Press, 1992).

Lorimer, D. (org.), *The Spirit of Science: From Experiment to Experiment* (Edimburgo: Floris, 1998).

Lovelock, J., *Gaia: A New look at Life on Earth* (Oxford: Oxford University Press, 1979).

Loye, D., *An Arrow Through Chaos* (Rochester, Vt.: Park Street Press, 2000).

Loye, D., *Darwin's Lost Theory of Love: A Healing Vision for the New Century* (Lincoln, Neb.: iUniverse.com, Inc., 2000).

Marcer, P. J., "A quantum mechanical model of evolution and consciousness", *Proceedings of the I4'h International Congress of Cybernetics,* Namur, Bélgica, de 22 a 26 de agosto de 1995. Symposium XI: 429-34.

Marcer, P. J., "Getting quantum theory off the rocks", *Proceedings of the 14'h International Congress of Cybernetics,* Namur, Bélgica, de 22 a 26 de agosto de 1995, Symposium XI: 435-40.

Marcer, P. J., "The jigsaw, the elephant and the lighthouse", *ANPA 20 Proceedings,* 1998, 93-102.

Marcer, P. J. e Schempp, W., "Model of the neuron working by quantum holography", *Informatica,* 1997; 21: 519-34.

Marcer, P. J. e Schempp, W., "The model of the prokaryote cell as an anticipatory system working by quantum holography", *Proceedings of the First International Conference on Computing Anticipatory Systems,* Liège, Bélgica, de 11 a 15 de agosto de 1997.

Marcer, P. J. e Schempp, W., "The model of the prokaryote cell as an anticipatory system working by quantum holography", *International Journal of Computing Anticipatory Systems,* 1997; 2: 307-15.

Marcer, P. J. e Schempp, W., "The brain as a conscious system", *International Journal of General Systems,* 1998; 27(1-3): 231-48.

Mason, K., *Medicine for the Twenty-First Century: The Key to Healing with Vibrational Medicine* (Shaftesbury, Dorset: Element, 1992).

Master, F. J., "A study of homeopathic drugs in essential hypertension", *British Homeopathic Journal,* 1987; 76; 120-1.

Matthews, D. A., *The Faith Factor: Proof of the Healing Power of Prayer* (Nova York: Viking 1998).

Matthews, R., "Does empty space put up the resistance?", *Science,* 1994; 263: 613.

Matthews, R., "Nothing like a vacuum", *New Scientist,* 25 de fevereiro de 1995: 30-33.

Matthews, R., "Vacuum power could clean up", *Sunday Telegraph,* 31 de dezembro de 1995.

McKie, R., "Scientists switch to warp drive as sci-fi energy source is tapped", *Observer,* 7 de janeiro de 2001.

McMoneagle, J., *Mind Trek: Exploring Consciousness, Time, and Space through Remote Viewing* (Charlottesville, Va.: Hampton Road, 1997).

McMoneagle, J., *The Ultimate Time Machine: A Remote Viewer's Perception of Time, and Predictions for the New Milennium* (Charlottesville, Va.: Hampton Road, 1998).

Miller, R. N. "Study on the effectiveness of remote mental healing", *Medical Hypotheses,* 1982; 8: 481-90.

Milonni, R. W., "Semi-classical and quantum electrodynamical approaches in nonrelativistic radiation theory", *Physics Reports,* 1976; 251-8.

Mims, C., *When We Die* (Londres: G.P. Putnam, 1996).

Mitchell, E., *The Way of the Explorer: An Apollo Astronaut's Journey Through the Material and Mystical Worlds* (Londres: G.P. Putnam, 1996).

Mitchell, E., "Natures mind", keynote address to CASYS 1999: Third International Conference on Computing Anticipatory Systems, 8 de agosto de 1999 (Liège, Bélgica: CHÃOS, 1999).

Moody, R. A. Jr., *The Light Beyond* (Nova York: Bantam, 1989).

Morris, R. L. *et al.,* "Comparison of the sender/no sender condition in the ganzfeld", in N. L. Zingrone (org.), *Proceedings of Presented Papers,* 38th Annual Parapsychology Association Convention (Fairhaven, Mass.: Parapsychology Association).

Moyers, W., *Healing and the Mind* (Londres: Aquarian/Thorsons, 1993).

Murphy, M., *The Future of the Body: Explorations into the Further Evolution of Human Nature* (Los Angeles: Jeremy P. Tarcher, 1992).

Nash, C. B., "Psychokinetic control of bacterial growth?", *Journal of the American Society por Psychical Research,* 1982; 51: 217-21.

Nelson, R. D., "Effect size per hour: a natural unit for interpreting anomalous experiments", Princeton Engineering Anomalies Research, School of Engineering/Applied Science, *PEAR Technical Note* 94003, setembro de 1994.

Nelson, R., "FieldREG measurements in Egypt: resonant consciousness at sacred sites", Princeton Engineering Anomalies Research, School of Engineering/Applied Science, *PEAR Technical Note* 97002, julho de 1997.

Nelson, R., "Wishing for good weather: a natural experiment in group consciousness", *Journal of Scientific Exploration,* 1997; 11(1): 47-58.

Nelson, R. D., "The physical basis of intentional healing systems", Princeton Engineering Anomalies Research, School of Engineering/Applied Science, *PEAR Technical Note* 99001, janeiro de 1999.

Nelson, R. D. e Radin, D. I., "When immovable objections meet irresistible evidence", *Behavioral and Brain Sciences,* 1987; 10: 600-601.

Nelson, R. D. e Radin, D. I., "Statistically robust anomalous effects: replication in random event generator experiments", in L. Henckle e R.E. Berger (orgs.) *RIP 1988* (Metuchen, NJ: Scarecrow Press, 1989).

Nelson, R. D. e Mayer, E. L., "A FieldREG application at the San Francisco Bay Revels, 1996", relatado em D. Radin, *The Conscious Universe: The Scientific Truth of Psychic Phenomena* (Nova York: HarperEdge, 1997): 171.

Nelson, R.D. *et al.,* "A linear pendulum experiment: effects of operator intention on damping rate", *Journal of Scientific Exploration,* 1994; 8(4): 471-89.

Nelson, R.D. *et al.,* "FieldREG anomalies in group situations", *Journal of Scientific Exploration,* 1996; 10(1): 111-41.

Nelson, R. D. *et al.,* "FieldREGII: consciousness field effects: replications and explorations", *Journal of Scientific Exploration,* 1998; 12(3): 425-54.

Nelson, R. D. *et al.,* "Global resonance of consciousness: Princess Diana and Mother Teresa", *Electronic Journal of Parapsychology,* 1998.

Ness, R. M. e Williams, G. C., *Evolution and Healing: The New Science of Darwinian Medicine* (Londres: Phoenix, 1996).

Nobili, R., "Schrödinger wave holography in brain cortex", *Physical Review A,* 1985; 32: 3618-26.

Nobili, R., "Ionic waves in animal tissues", *Physical Review A,* 1987; 35: 1901-22.

Nuland, S. B., *How We Live: The Wisdom of the Body* (Londres: Vintage, 1997).

Odier, M., "Psychophysics: new developments and new links with science", dissertação apresentada no Fourth Biennial European Meeting of the Society for Scientific Exploration, Valência, de 9 a 11 de outubro de 1998.

Orstein, R. e Swencionis, C. (orgs.), *The Healing Brain: A Scientific Reader* (Nova York: Guilford Press, 1990).

Orme-Johnson, W. *et al.*, "International peace project in the Middle East: the effects of the Maharishi technology of the unified field", *Journal of Conflict Resolution,* 1988; 32: 776-812.

Ostrander, S. e Schroeder, L., *Psychic Discoveries* (Nova York: Marlowe, 1997).

Pascucci, M. A. e Loving, G. L., "Ingredients of an old and healthy life: centenarian perspective", *Journal of Holistic Nursing,* 1997; 15: 199-213,

Penrose, R., *The Emperor's New Mind: Concerning Computers, Minds and The Laws of Physics* (Oxford: Oxford University Press, 1989).

Penrose, R., *Shadows of the Mind: A Search for the Missing Science of Consciousness* (Londres: Vintage, 1944).

Peoc'h, R., "Psychokinetic action of young chicks on the path of an illuminated source", *Journal of Scientific Exploration,* 1995; 9(2): 223.

Pert, C., *Molecules of Emotion: Why You Feel the Way You Feel* (Londres: Simon & Schuster, 1998).

Pinker, S., *How the Mind Works* (Harmondsworth: Penguin, 1998).

Pomeranz, B. e Stu, G., *Scientific Basis of Acupuncture* (Nova York: Springer-Verlag, 1989).

Popp, F. A., "Biophotonics: a powerful tool for investigating and understanding life" in H. P. Dühr, F. A. Popp e W. Schommers (orgs.), *What is Life?* (Cingapura: World Scientific).

Popp, F. A. e Chang, Jiin-Ju, "Mechanism of interaction between electromagnetic fields and living systems." *Science in Chine (Series C),* 2000; 43: 507-18.

Popp, F. A., Gu, Qiao e Li, Ke-Hsueh, "Biophoton emission: experimental background and theoretical approaches", *Modern Physics Letters B,* 1994; 8(21/22): 1269-96.

Powell, A. E., *The Etheric Double and Allied Phenomena* (Londres: Theosophical Publishing House, 1979).

Pribram, K. H., *Languages of the Brain: Experimental Paradoxes and Principles in Neuropsychology* (Nova York: Brandon House, 1971).

Pribram, K. H., *Brain and Perception: Holonomy and Structure in Figural Processing* (Hillsdale, NJ: Lawrence Erlbaum, 1991).

Pribram, K. H. (org.), *Rethinking Neural Networks: Quantum Fields and Biological Data,* trabalhos da First Appalachian Conference on Behavioral Neurodynamics (Hillsdale, NJ: Lawrence Erlbaum, 1993.

Pribram, K. H., "Autobiography in anecdote: the founding of experimental neuropsychology", in R. Bilder (org.), *The History of Neuroscience in Autobiography* (San Diego, Califórnia: Academic Press, 1998): 306-49.

Puthoff, H., "Toward a quantum theory of life process", inédito, 1972.

Puthoff, H. E., "Experimental psi research: implications for physics", in R. Jahn (org.), *The Role of Consciousness in the Physical World,* AAA Selected Symposia Series (Boulder, Colorado: Westview Press, 1981).

Puthoff, H. E., "ARV (associational remote viewing) applications", in R. A. White e J. Solfvin (orgs.), *Research in Parapsychology 1984.* Resumos e dissertações da 27th Annual Convention of the Parapsychology Association, 1984 (Metuchen, NJ: Scarecrow Press, 1985).

Puthoff, H., "Ground state of hydrogen as a zero-point-fluctuation-determined state", *Physical Review D;* 1987, 35: 3266.

Puthoff, H. E., "Gravity as a zero-point-fluctuation force", *Physical Review A;* 1989, 39(5): 2333-42.

Puthoff, H. E., "Source of vacuum electromagnetic zero-point energy", *Physical Review A;* 1989, 40: 4857-62.

Puthoff, H. E., "Where does the zero-point energy come from?" *New Scientist,* 2 de dezembro de 1989: 36.

Puthoff, H. E., "Everything for nothing", *New Scientist,* 28 de julho de 1990: 52-5.

Puthoff, H. E., "The energetic vacuum implications for energy research", *Speculations in Science and Technology,* 1990; 13(4): 247.

Puthoff, H. E., "Reply to comment", *Physical Review A,* 1991; 44: 3385-86.

Puthoff, H. E., "Comment", *Physical Review A,* 1993; 47(4): 3454-55.

Puthoff, H. E., "CIA-initiated remote viewing program at Stanford Research Institute", *Journal of Scientific Exploration,* 1996; 10(1): 63-76.

Puthoff, H, "SETI, the velocity-of-light limitation, and the Alcubierre warp drive: an integrating overview", *Physics Essays,* 1996; 9(1): 156-8.

Puthoff, H., "Space propulsion: can empty space itself provide a solution?", *Ad Astra,* 1997: 9(1): 42-6.

Puthoff, H. E., "Can the vacuum be engineered for spaceflight applications? Overview of theory and experiments", *Journal of Scientific Exploration,* 1998; 12(10): 295-302.

Puthoff, H., "On the relationship of quantum energy research to the role of metaphysical processes in the physical world", 1999, divulgado no site www.meta-list.org.

Puthoff, H. E., "Polarizable-vacuum (PV) representation of general relativity", setembro de 1999, divulgado no site de arquivos de Los Alamos, www.lanl.gov/worldview/.

Puthoff, H., "Warp drive win? Advanced propulsion", *Janes Defense Weekly,* 26 de julho de 2000: 42-6.

Puthoff, H. e Targ, R., "Physics, entropy, and psychokinesis", in L. Oteri (org.), *Quatum Physics and Parapsychology,* trabalhos de uma conferência internacional realizada em Genebra, Suíça, de 26 a 27 de agosto de 1974.

Puthoff, H. e Targ, R., "A perceptual channel for information transfer over kilometer distances: historical perspective and recent research", *Proceeding of the IEEE,* 1976, 64(3): 329-54.

Puthoff, H. e Targ, R., "Final report, covering the period January 1974-February 1975", 1º de dezembro de 1975, *Perceptual Augmentation Techniques,* Parte I e II, SRI Projects 3183, documentos confidenciais até julho de 1995.

Puthoff, H. E. *et al.,* "Calculator-assisted PSI amplification II: use of the sequential-sampling technique as a variable-length majority vote code", in D. H. Weiner e D. I. Radin (orgs.), *Research in Parapsychology 1985,* resumos e dissertações da 28ª Convenção Annual da Parapsychological Association, 1985 (Metuchen, NJ: Scarecrow Press, 1986).

Radin, D.I., *The Conscious Universe: The Scientific Truth of Psychic Phenomena* (Nova York: HarperEdge, 1997).

Radin, D. e Ferrari, D.C., "Effect of consciousness on the fall of dice: a meta-analysis", *Journal of Scientific Exploration,* 1991; 5: 61-84.

Radin, D. I. e May, E. C., "Testing the intuitive data sorting model with pseudorandom number generators: a proposed method", in D. H. Weiner e R. G. Nelson (orgs.), *Research in Parapsychology 1986* (Metuchen, NJ: Scarecrow Press, 1987): 109-11.

Radin, D. e Nelson, R., "Evidence for consciousness-related anomalies in random physical systems", *Foundation of Physics, 1989;* 19(2): 1499-514.

Radin, D. e Nelson, R., "Meta-analysis of mind-matter interactions experiments, 1959-2000", www.boundaryinstitute.org.

Radin, D. I., Rebman, J. M. e Cross, M. P., "Anomalous organization of random events by group consciousness: two explanatory experiments", *Journal of Scientific Exploration,* 1996: 143-68.

Randles, J., *Paranormal Source Book: The Comprehensive Guide to Strange Phenomena Worldwide* (Londres: Judy Piatkus, 1999).

Reanney, D., *After Death: A New Future for Human Consciousness* (Nova York: William Morrow, 1991).

Reed, D. *et al.,* "Social networks and coronary heart disease among Japanese men in Hawaii", *American Journal of Epidemiology,* 1983; 117: 384-96.

Reilly, D., "Is evidence for homeopathy reproducible?", *Lancet,* 1994; 344: 1601-06.

Robinson, C. A. Jr., "Soviets push for beam weapon", *Aviation Week,* 2 de maio de 1977.

Rosenthal, R., "Combining results of independent studies", *Psychological Bulletin,* 1978; 85: 185-93.

Rubik, B., *Life at the Edge of Science* (Oakland, Califórnia: Institute for Frontier Science, 1996).

Rueda, A. e Haish, B., "Contribution to inertial mass by reaction of the vacuum to accelerated motion", *Foundations of Physics,* 1998; 28(7): 1057-107.

Rueda, A., Haish, B. e Cole, D. C., "Vacuum zero-point field pressure instability in astrophysical plasmas and the formation of cosmic voids", *Astrophysical Journal,* 1995; 445: 7-16.

Sagan, Carl, *Contact* (Londres: Orbit, 1997).

Sanders, P. A. Jr., *Scientific Vortex Information: An M.I.T.-Trained Scientist's Program* (Sedona, Arizona: Free Soul, 1992).

Sardello, R., "Facing the world with soul: disease and the reimagination of modem life", *Aromatherapy Quarterly,* 1992; 35: 13-7.

Schiif, M., *The Memory of Water: Homeopathy and the Battle of Ideas in the New Science* (Londres: Thorsons, 1995).

Schiff, M., "On consciousness, causation and evolution", *Alternative Therapies,* julho de 1998; 4(4): 82-90.

Schiff, M. e Braud, W., "Distant intentionality and healing: assessing the evidence", *Alternative Therapies,* 1997; 3(6): 62-73.

Schlitz, M. J. e Honorton, C., "Ganzfeld psi performance within an artistically gifted population", *Journal of the American Society for Psychical Research,* 1992; 86(2): 83-98.

Schlitz, M. J. e LaBerge, S., "Autonomic detection of remote observation: two conceptual replications", in D. J. Bierman (org.) *Proceedings of Presented Papers,* 37th Annual Parapsychological Association Convention, Amsterdã (Fairhaven, Mass.: Parapsychological Association, 1994): 352-60.

Schlitz, M. J. e LaBerge, S., "Covert observation increases skin conductance in subjects unaware of when they are being observed: a replication", *Journal of Parapsychology,* 1997; 61: 185-96.

Schmidt, H., "Quantum processes predicted?", New Scientist, 16 de outubro de 1969: 114-15.

Schmidt, H., "Mental influence on random events", *New Scientist and Science Journal,* 24 de junho de 1971; 757-8.

Schmidt, H., "Toward a mathematical theory of psi"., *Journal of the American Society for Psychical Research,* 1975; 69(4): 301-319.

Schmidt, H., "Additional affect for PK on pre-recorded targets", *Journal of Parapsychology,* 1985; 49:229-44.

Schnabel, J., *Remote Viewers: The Secret History of America's Psychic Spies* (Nova York: Dell, 1997).

Schwartz, G. *et al.*, "Accuracy and replicability of anomalous after-death communication across highly skilled mediums", *Journal of the Society for Psychical Research,* 2001; 65: 1-25.

Scott-Mumby, K., *Virtual Medicine: A New Dimension in Energy Healing* (Londres: Thorsons, 1999).

Senekowitsch, F. *et al.*, "Hormone effects by CD record/replay", *FASEB Journal,* 1995; 9: A392 (abs).

Sharma, H., "Lessons from the placebo effect", *Alternative Therapies in Clinical Practice,* 1997; 4(5): 179-84.

Shealy, C. N., *Sacred Healing: The Curing Power of Energy and Spirituality* (Boston, Mass.: Element, 1999).

Sheldrake, R., *A New Science of Life: The Hypothesis of Formative Causation* (Londres: Paladin, 1987).

Sheldrake, R., "An experimental test of the hypothesis of formative causation", *Rivista Di Diologia-Biologia Fórum,* 1992; 85(3/4): 431-3.

Sheldrake, R., *The Presence of the Past: Morphic Resonance and the Habits of Nature* (Londres: HarperCollins, 1994).

Sheldrake, R., *The Rebirth of Nature: The Greening of Science and God* (Rochester, Vt.: Park Street Press, 1994).

Sheldrake, R., *Seven Experiments That Could Change the World: A Do-it Yourself Guide to Revolutionary Science* (Londres: Fourth Estate, 1995).

Sheldrake, R., "Experimenter effects in scientific research: how widely are they neglected?", *Journal of Scientific Exploration,* 1998; 12(1): 73-8.

Sheldrake, R., "The sense of being stared at: experiments in schools", *Journal of the Society for Psychical Research,* 1998; 62:311-23.

Sheldrake, R., "Could experimenter effects occur in the physical and biological sciences?", *Skeptical Inquirer,* 1998; 22(3): 57-8.

Sheldrake, R., *Dogs that Know When Their Owners Are Coming Home and Other Unexplained Powers of Animals* (Londres: Hutchinson, 1999).

Sheldrake, R., "How widely is blind assessment used in scientific research": *Alternative Therapies,* 1999; 5(3): 88-91.

Sheldrake, R., "The 'sense of being stared at' confirmed by simple experiments", *Biology Forum,* 1999; 92: 53-76.

Sheldrake, R. e Smart, P., "A dog that seems to know when his owner is returning: preliminary investigations", *Journal of the Society for Psychical Research,* 1998; 62: 220-32.

Sheldrake, R. e Smart, P., "Psychic pets: a survey in north-west England", *Journal of the Society for Psychical Research,* 1997; 68: 353-64.

Sicher, F., Targ, E. *et al.*, "A randomized double-blind study of the effect of distant healing in a population with advanced AIDS: report of a small scale study", *Western Journal of Medicine,* 1998; 168(6): 356-63.

Sigma, R., *Ether-Technology: A Rational Approach to Gravity Control* (Kempton, 111.: Adventures Unlimited Press, 1996).

Silver, B. L., *The Ascent of Science* (Londres: Solomon Press/Oxford University Press, 1998).

Snel, F. W. J., "PK Influence on malignant cell growth research", *Letters of the University of Utrecht,* 1980; 10: 19-27.

Snel, F. W. J. e Hol, P. R., "Psychokinesis experiments in casein induced amyloidosis of the hamster", *Journal of Parapsychology,* 1983; 5(1): 51-76.

Snellgrove, B., *The Unseen Self: Kirlian Photography Explained* (Saffron Walden: C.W. Daniel, 1996).

Solfvin, G. F., "Psi expectancy effects in psychic healing studies with malarial mice", *European Journal of Parapsychology,* 1982; 4(2): 160-97.

Squires, E. J., "Many views of one world – an interpretation of quantum theory", *European Journal of Physics,* 1987; 8: 173.

Stanford, R., "'Associative activation of the unconscious' and 'Visualization' as methods for influencing the PK target", *Journal of the American Society for Psychical Research,* 1969; 63: 338-51.

Stevenson, I., *Children Who Remember Previous Lives* (Charlottesville, Va.: University Press of Virgínia, 1987).

Stillings, D., "The historical context of energy field concepts", *Journal of the U. S. Psychotronics Association,* 1989; 12(2): 4-8.

Talbot, M., *The Holographic Universe* (Londres: HarperCollins, 1996).

Targ, E., "Evaluating distant healing: a research review", *Alternative Therapies*; 1997; 3(6); 74-8.

Targ, E., "Research in distant healing intentionality is feasible and deserves a place on our national research agenda", *Alternative Therapies,* 1997: 3(6): 92-6.

Targ, R. e Harary, K., *The Mind Race: Understanding and Using Psychic Abilities* (Nova York: Villard, 1984).

Targ, R. e Katra, J., *Miracles of Mind: Exploring Nonlocal Consciousness and Spiritual Healing* (Novato, Califórnia: New World Library, 1999).

Targ, R. e Puthoff, H., *Mind-Reach Scientists Look at Psychic Ability* (Nova York: Delacorte Press, 1977).

Tart, C., "Physiological correlates of psi cognition", *International Journal of Parapsychology,* 1963; 5: 375-86.

Tart, C., "Psychedelic experiences associated with a novel hypnotic procedure: mutual hypnosis", in C.T. Tard (org.) *Altered States of Consciousness* (Nova York: John Wiley, 1969): 291-308.

"The truth about psychics" – what the scientists are saying...", *The Week,* 17 de março de 2001.

Thomas, Y., "Modulation of human neutrophil activation by 'electronic' phorbol myristate acetate (PMA)", *FASEB Journal,* 1996; 10: A1479.

Thomas, Y. *et al.,* "Direct transmission to cells of a molecular signal (phorbol myristate acetate, PMA) via an electronic device, *FASEB Journal,* 1995; 9: A227.

Thompson Smith, A., *Remote Perceptions: Out-of-Body Experiences, Remote Viewing and Other Normal Abilities* (Charlottesville, Va.: Hampton Road, 1998).

Thurnell-Read, J., *Geopathic Stress: How Earth Energies Affect Our Lives* (Shaftesbury Dorset: Element, 1995).

Tiller, W. A., "What are subtle energies", *Journal of Scientific Exploration,* 1993; 7(3): 293-304.

Tsong, T. Y., "Deciphering the language of cells", *Trends in Biochemical Sciences,* 1989; 14: 89-92.

Utts, J., "An assessment of the evidence for psychic functioning", *Journal of Scientific Exploration,* 1996; 10: 3-30.

Utts, J. e Josephson, B. D., "The paranormal: the evidence and its implications for consciousness" (publicado originalmente em uma forma ligeiramente mais breve), *New York Times Higher Education Supplement,* 5 de abril de 1996: v.

Vaitl, D., "Anomalous effects during Richard Wagners operas", dissertação apresentada no Fourth Biennial European Meeting of the Society for Scientific Exploration, Valência, Espanha, de 9 a 11 de outubro de 1998.

Vincent, J. D., *The Biology of Emotions,* J. Hughes (trad.) (Oxford: Basil Blackwell, 1990).

Vithoulkas, G., *A New Model for Health and Disease* (Mill Valley, Califórnia: Health and Habitat, 1991).

Wallach, H., "Consciousness studies: a reminder", dissertação apresentada no Fourth Biennial European Meeting of the Society for Scientific Exploration, Valência, Espanha, de 9 a 11 de outubro de 1998.

Walleczek, J., "The frontiers and challenges of biodynamics research", in Jan Walleczek (org.), *Self-Organized Biological Dynamics and Nonlinear Control: Toward Understanding Complexity Chaos and Emergent Function in Living Systems* (Cambridge: Cambridge University Press, 2000).

Weiskrantz, L., *Consciousness Lost and Found: A Neuropsychological Exploration* (Oxford: Oxford University Press, 1997).

Wezelman, R. *et al.,* "An experimental test of magic: healing rituals", *Proceedings of Presented Papers,* 37th Annual Parapsychological Association Convention, San Diego, Califórnia (Fairhaven, Mass.: Parapsychological Association, 1996): 1-12.

Whale, J., *The Catalyst of Power: The Assemblage Point of Man* (Forres, Scotland: Findhorn Press, 2001).

White, M., *The Science of the X-Files* (Londres: Legend, 1996). "Why atoms don't collapse", *New Scientist,* 9 de julho de 1997: 26.

Williamson, T., "A sense of direction for dowsers?", *New Scientist*, 19 de março de 1987: 40-3.

Wolf, F. A., *The Body Quantum: The New Physics of Body Mind, and Health* (Londres: Heinemann, 1987).

Wolfe, T„ *The Right Stuff* (Londres: Picador, 1990).

Youbicier-Simo, B.J. *et al.*, "Effects of embryonic bursectomy and *in ovo* administration of highly diluted bursin on an adrenocorticotropic and immune response to chickens", *International Journal of Immunotherapy*, 1993; IX: 169-80.

Zeki, S., 4 *Vision of the Brain* (Oxford: Blackwell Scientific, 1993).

Zohar, D., *The Quantum Self* (Londres: Flamingo, 1991).

TIPOGRAFIA:
Din Condensed [entretítulos]
Minion Pro [texto]

PAPEL:
Ivory Slim 65 g/m² [miolo]
Cartão Supremo 250 g/m² [capa]

IMPRESSÃO:
Rettec Artes Gráficas e Editora [outubro de 2024]

1ª EDIÇÃO:
Julho de 2023 [2 reimpressões]